国家骨干高职院校项目建设成果

Jisuanji Zuzhuang yu Weihu

计算机组装与维护

许 伟 徐 杰 主 编
李小伍 叶津凌 副主编
秦小明 主 审

人民交通出版社股份有限公司
China Communications Press Co.,Ltd.

内 容 提 要

本书是交通安全与智能控制专业职业岗位核心能力课程教材，是在各高等职业院校积极践行和创新先进职业教育思想和理念，深入推进“校企合作、工学结合”人才培养模式的大背景下，根据新的教学标准和课程标准组织编写而成的。

本书以计算机组装、硬件故障维修和日常使用为目标，内容主要包括透视计算机、主机部件的配置、外围设备的使用、硬件装机实战、系统软件的安装与管理、计算机故障检测与日常维护等，共6个项目、17个工作任务。

本书主要供高职高专院校交通安全与智能控制、计算机及应用等专业教学使用。

图书在版编目(CIP)数据

计算机组装与维护／许伟，徐杰主编．—北京：人民交通出版社股份有限公司，2015.1

国家骨干高职院校项目建设成果

ISBN 978-7-114-12255-2

Ⅰ.①计… Ⅱ.①许… ②徐… Ⅲ.①电子计算机－组装②计算机维护 Ⅳ.①TP30

中国版本图书馆CIP数据核字(2015)第113559号

国家骨干高职院校项目建设成果

书　　名： 计算机组装与维护
著 作 者： 许　伟　徐　杰
责任编辑： 卢仲贤　司昌静
出版发行： 人民交通出版社股份有限公司
地　　址： (100011)北京市朝阳区安定门外外馆斜街3号
网　　址： http://www.ccpress.com.cn
销售电话： (010)59757973
总 经 销： 人民交通出版社股份有限公司发行部
经　　销： 各地新华书店
印　　刷： 北京市密东印刷有限公司
开　　本： 787×1092　1/16
印　　张： 12.5
字　　数： 314千
版　　次： 2015年1月　第1版
印　　次： 2015年1月　第1次印刷
书　　号： ISBN 978-7-114-12255-2
定　　价： 56.00元

江西交通职业技术学院
优质核心课程系列教材编审委员会

序

PREFACE

为配合国家骨干高职院校建设，推进教育教学改革，重构教学内容，改进教学方法，在多年课程改革的基础上，江西交通职业技术学院组织相关专业教师和行业企业技术人员共同编写了“国家骨干高职院校重点建设专业人才培养方案和优质核心课程系列教材”。经过三年的试用与修改，本套丛书在人民交通出版社股份有限公司的支持下正式出版发行。在此，向本套丛书的编审人员、人民交通出版社股份有限公司及提供帮助的企业表示衷心感谢！

人才培养方案和教材是教师教学的重要资源和辅助工具，其优劣对教与学的质量有着重要的影响。好的人才培养方案和教材能够提纲挈领，举一反三，而差的则照搬照抄，不知所云。在当前阶段，人才培养方案和教材仍然是教师以育人为目标，服务学生不可或缺的载体和媒介。

基于上述认识，本套丛书以适应高职教育教学改革需要、体现高职教材“理论够用、突出能力”的特色为出发点和目标，努力从内容到形式上有所突破和创新。在人才培养方案设计时，依据企业岗位的需求，构建了以岗位需求为导向，融教学生产于一体的工学结合人才培养模式；在教学内容取舍上，坚持实用性和针对性相结合的原则，根据高职院校学生到工作岗位所需的职业技能进行选择。并且，从分析典型工作任务入手，由易到难设置学习情境，寓知识、能力、情感培养于学生的学习过程中，力求为教学组织与实施提供一种可以借鉴的模式。

本套丛书共涉及汽车运用技术、道路桥梁工程技术、物流管理和交通安全与智能控制等27个专业的人才培养方案，24门核心课程教材。希望本套丛书能具有学校特色和专业特色，适应行业企业需求、高职学生特点和经济社会发展要求。我们期待它能够成为交通运输行业高素质技术技能人才培养中有力的助推器。

用心用功用情唯求致用，耗时耗力耗资应有所值。如此，方为此套丛书的最大幸事！

江西省交通运输厅总工程师 胡钊芳

2014 年 12 月

前　言

FOREWORD

为落实《国家中长期教育改革和发展规划纲要(2010—2020)》的精神,深化职业教育教学改革,积极推进课程改革和教材建设,满足职业教育发展的新需求,根据工学结合理实一体化课程开发程序和方法,我们编写了一套供高职高专院校交通安全与智能控制、计算机及应用等专业教学使用的教材。

本套教材在启动之时,学院精心组织、充分准备了编写规范和要求。结合目前高等职业教育的特点,以项目教学模式贯穿全书内容,充分实现"学中做"、"做中学"的目的,将知识点融入工作任务中,突出以任务单元为驱动的特点。坚持面向交通、面向高速公路,以能力为本位,以职业发展为导向,以经济结构调整和科技进步服务为原则;注重理论知识与实践技能的有机结合,实践内容与现行行业标准紧密结合,是实用性很强的技能型教材。

本书详细介绍了当前各种计算机主流配件的分类、技术特性、选购原则、基本工作原理、常见使用和维护方法,以及如何组装微型计算机,如何合理进行软硬件设置、测试及优化;详述了硬盘初始化的方法及 Windows 的安装,常见驱动程序的安装等;分析了多媒体微型计算机系统的故障原因、常规检测方法、维修步骤和原理。本书配有大量的图片,以详细、直观的步骤讲解相关操作,易于读者理解和掌握。

本书有如下特点:

1. 整合学习体系

将计算机组装与维护分成透视计算机、主机部件的配置、外围设备的使用、硬件装机实战、系统软件的安装与管理、计算机故障检测与日常维护 6 个学习项目,保证项目的完整性与独立性。内容以项目为单元,按照"项目分析"、"项目技能"和"项目目标"的结构描述项目要求,以"任务概述"、"任务知识"、"任务实施"和"任务工作单"组织内容,融"教、学、做"于一体,构建以行动导向为主要特点的理论、实践一体化模式。

2. 理论、实践一体化

本书将理论学习与实践学习融为一体,通过任务工作单环节提炼技能要求,有利于提高读者的实际操作能力。

3. 引导读者主动学习

读者通过任务概述了解任务目标。围绕任务目标,引导学习任务知识,最终掌握任务技能,把理论知识应用到实践中,提高对理论知识的掌握。

4. 形式多样

在内容组织形式上，以项目模块为单元，采用任务方式组织教材，并辅以情境假设、知识拓展和重点提示等形式展开，条理清楚，知识安排合理。重点提示主要用于对知识点中需要强调、注意的内容进行理论上的归纳、总结。

本书由许伟、徐杰担任主编，李小伍和叶津凌担任副主编。其中，许伟编写项目一和项目六，徐杰编写项目三，李小伍编写项目二，叶津凌编写项目四和项目五。陈英、丁荔芳两位老师参与编写。本书的编写得到江西路通科技有限公司的大力支持，在企业专家秦小明的悉心指导下顺利完成，在此表示衷心的感谢。该书编写过程中参考了大量的著作资料，在此向所有著作的作者表示真诚的感谢。

由于编者水平有限，书中难免存在一些不足和缺点，恳请广大师生及读者不吝批评指正，以使本书在教学实践中不断完善。

作　者

2014 年 12 月

目　录

CONTENTS

项目一　透视计算机

项目概述

一、项目分析

按照项目式教学方式，重新组织结构，避免填充式教学。既突出实践技能目的，又调动学生主动学习兴趣；同时，划分工作任务为单元，使单、散知识点汇聚成任务模式，直接驱动技能培养，使学生专业技能增强，形成严谨务实的工作作风。

本项目为开篇内容，对计算机初学者来讲需要一个认知过程，从硬件实物识别、设备连接到计算机性能评价与选购，工作任务完全以技能要求为目的进行划分，循序渐进地学习计算机的基础知识，同时达到具备评价主机特点和初期选购计算机的能力。项目划分为2个任务，计算机软、硬件认知和计算机性能评价与选购。

工作任务组织形式及培养能力：

(1)通过分组活动，培养团队协作能力；

(2)通过规范文明操作，培养良好的职业道德和安全环保意识；

(3)通过小组讨论、上台演讲评述，培养与客户的沟通能力；

(4)通过查阅资料、文献、培养个人自学能力和获取信息的能力；

(5)通过项目化的任务单元活动，掌握解决实际问题的能力；

(6)填写任务工作单、制订工作计划，培养工作方法能力；

(7)能独立使用各种媒体完成学习任务。

二、项目技能

(1)掌握硬件实物特征，能够辨别计算机组成部件；

(2)掌握软件系统知识，能够准确判断系统和应用软件类型；

(3)检查主机内部，能够描述主机组成部件；

(4)检查外围设备，学会检查电源和数据线的连接情况；

(5)了解字长、时钟主频、内存容量等专业术语，具备评价主机特点的能力；

(6)利用机型、性价比和售后服务等知识，具备合理选购计算机的能力。

三、项目目标

根据项目设计要求，使学生能够掌握计算机发展概况、计算机系统的基本组成、计算机硬件组成、计算机系统性能指标和计算机选购方法等相关知识。具备计算机认知的能力，达到初学者硬件判定、识别的能力。通过进一步的熟练操作能够掌握主机硬件的性能评价，制定合理的计算机选购方案，培养学生从事计算机销售等岗位应具备的主机评价和选购的职业能力。

工作任务一　计算机软、硬件认知

任务概述

【情境假设】

今天,小王准备了一台电脑,向我了解计算机主机的硬件结构,想知道主机运行的原理。于是我们先把显示器、鼠标、键盘和音箱的连接线与机箱断开,再把机箱面板打开。计算机似乎变得不那么神秘了。机箱中大块的板子上插了好多块卡,还有好多的连接线,原来这就是计算机的"五脏六腑"。

通过情境假设,了解计算机发展概况,掌握计算机硬件的外形及特点,识别各硬件名称并描述硬件功能,学会检测外围设备连接的情况。掌握字长、时钟主频和运算速度等专业术语,根据主机配置情况能够评价机器运行的性能,按照用户的要求,可以提出合理的计算机选购方案。

任务知识

一、计算机概述

从 1946 年第一台计算机诞生起,经过 60 多年变迁,计算机已经应用到社会的各个领域。它让我们的工作更加高效,让我们的生活更加便利。

1. 计算机的产生与发展

世界上第一台电子数字式计算机于 1946 年诞生,它的名称叫 ENIAC,使用了 17468 个真空电子管,每小时耗电 174 千瓦,占地 170 平方米,重达 30 吨,每秒钟可进行 5000 次加法运算。在当时,它已是运算速度的绝对冠军,并且其运算的精确度和准确度也是史无前例的。ENIAC 奠定了电子计算机的发展基础,在计算机发展史上具有划时代的意义。它的问世标志着电子计算机时代的到来。

ENIAC 诞生后,数学家冯·诺依曼提出了重大的改进理论,主要有两点:

①电子计算机应该以二进制为运算基础;

②电子计算机应采用"存储程序"方式工作,并且进一步明确指出了整个计算机的结构应由五个部分组成:运算器、控制器、存储器、输入装置和输出装置。

冯·诺依曼的这些理论的提出,解决了计算机的运算自动化问题和速度配合问题,对后来计算机的发展起了决定性的作用。直至今天,绝大部分的计算机还是采用冯·诺依曼方式工作。

计算机的发展先后经历了四个阶段,如表 1-1 所示。

第一阶段:电子管计算机(1946—1957 年)。

该阶段计算机主要的特点是使用电子真空管作为逻辑元件,存储器用延迟线或磁鼓,软件主要是机器语言,开始使用符号语言。表现为体积大、速度相对慢且重。

第二阶段:晶体管计算机(1956—1964 年)。

该阶段的计算机一般被称为第二代计算机,大量采用了晶体管和印刷电路。晶体管计算机不论是在运算速度还是在可靠性上都优于电子管计算机，其代表机型有 IBM 7000 系列、UNIVAC II 等。

第三阶段：集成电路计算机（1965—1970 年）。

虽然晶体管比起电子管是一个明显的进步，但晶体管还是产生大量的热量，这会损害计算机内部的敏感部分。1958 年发明了集成电路（IC），将三种电子元件结合到一片小小的硅片上。科学家使更多的元件集成到单一的半导体芯片上。于是，计算机变得更小，功耗更低，速度更快，代表机型有 IBM 360 系列。

第四阶段：大规模集成电路计算机（1971 年至今）。

集成电路出现后，大规模集成电路也迅速发展起来了。大规模集成电路（LSI）可以在一个芯片上容纳几百个元件。到了 20 世纪 80 年代，超大规模集成电路（VLSI）在芯片上容纳了几十万个元件，后来的 ULSI 将数字扩充到百万级。可以在硬币大小的芯片上容纳如此数量的元件使得计算机的体积和价格不断下降，而功能和可靠性不断加强，代表机型有 IBM PC 系列。

计算机发展历程

表 1-1

阶段 项目	第一代 （1946—1957 年）	第二代 （1956—1964 年）	第三代 （1965—1970 年）	第四代 （1971 年至今）
电子器件	电子真空管	晶体管	中、小规模集成电路	大规模和超大规模集成电路
主存储器	磁芯、磁鼓	磁带、磁鼓、磁盘	磁芯、磁鼓、半导体、存储器	半导体存储器
处理方式	机器语言、汇编语言	监控程序、作业批量处理高级语言编译	多道程序、实时处理	实时、分时处理、网络操作系统
运算速度	5000 到 3 万次/秒	几十至几百万次/秒	百万至几百万次/秒	几百万至几亿次/秒
典型机型	ENIAC、EDVAC、IBM 705	IBM 7000、CDC6600	IBM 360、PDP 11、NOVA 1200	IBM 370、VAX11、IBM PC

从 20 世纪 80 年代开始，日本、美国以及欧洲的一些发达国家都宣布开始新一代计算机的研究。普遍认为新一代计算机应是智能型的。计算机能模拟人的智能行为，理解人类自然语言，并继续向着微型、网络化的方向发展。

2. 计算机的主要特点

（1）快速的运算能力

计算机的执行速度用 MIPS 衡量。现代的计算机执行速度在几十 MIPS 以上，巨型计算机的速度可以达到千万个 MIPS。如此高的运算速度是其他任何计算工具都无法比拟的。它使得过去需要几年甚至几十年才能完成的复杂运算任务，现在只需几天、几小时，甚至更短的时间就可以完成。这正是计算机被广泛使用的主要原因之一。

（2）计算精度高

电子计算机的计算精度在理论上不受限制，一般的计算机均能达到 15 位有效数字，通过一定的技术手段，可以实现任何精度要求。著名数学家挈依列，曾经为计算圆周率 π，整整花了 15 年时间，才算到第 707 位。现在将这件事交给计算机做，几个小时就可计算到 10 万位。

（3）超强的记忆能力

计算机中有许多存储单元，用以记忆信息。内部记忆能力是电子计算机和其他计算工具的一个重要区别。由于具有内部记忆信息的能力，在运算过程中就可以不必每次都从外部获取数据，而只需事先将数据输入到内部的存储单元中，运算时即可直接从存储单元中获得数据，从而大大提高了运算速度。计算机存储器的容量可以很大，而且它记忆力特别强。

（4）复杂的逻辑判断能力

人是有思维能力的。思维能力本质上是一种逻辑判断能力，也可以说是因果关系分析能力。借助于逻辑运算，可以让计算机做出逻辑判断，分析命题是否成立，并可根据命题成立与否做出相应的对策。例如，数学中有个“四色问题”，说是不论多么复杂的地图，使相邻区域颜色不同，最多只需四种颜色就够了。100多年来不少数学家一直想去证明它或者推翻它，却一直没有结果，成了数学中著名的难题。1976年两位美国数学家终于使用计算机进行了非常复杂的逻辑推理，验证了这个著名的猜想。

（5）按程序自动工作的能力

一般的机器是由人控制的，人给机器一个指令，机器就完成一个操作。计算机的操作也是受人控制的，但由于计算机具有内部存储能力，可以将指令事先输入到计算机存储起来，在计算机开始工作以后，从存储单元中依次去取指令，用来控制计算机的操作，从而使人们可以不必干预计算机的工作，实现操作的自动化。

3. 计算机的应用领域

计算机的应用领域已渗透到社会的各行各业，正在改变着传统的工作、学习和生活方式，推动着社会的发展。计算机的主要应用领域如下：

（1）科学计算（或数值计算）

科学计算是指利用计算机来完成科学研究和工程技术中提出的数学问题的计算。在现代科学技术中，科学计算问题是大量的和复杂的。利用计算机的高速计算、大存储容量和连续运算的能力，可以实现人工无法解决的各种科学计算问题。

例如，建筑设计中为了确定构件尺寸，通过弹性力学导出一系列复杂方程，长期以来由于计算方法跟不上而一直无法求解。而计算机不但能求解这类方程，并且引起弹性理论上的一次突破，出现了有限单元法。

（2）数据处理（或信息处理）

数据处理是指对各种数据进行收集、存储、整理、分类、统计、加工、利用、传播等一系列活动的统称。据统计，80%以上的计算机主要用于数据处理，这类工作量大面宽，决定了计算机应用的主导方向。

目前，数据处理已广泛地应用于办公自动化、企事业计算机辅助管理与决策、情报检索、图书管理、电影电视动画设计、会计电算化等各行各业。信息正在形成独立的产业，多媒体技术使信息展现在人们面前的不仅是数字和文字，也有声情并茂的声音和图像信息。

（3）辅助技术（或计算机辅助设计与制造）

计算机辅助技术包括计算机辅助设计（Computer Aided Design，简称CAD）、计算机辅助制造（Computer Aided Manufacturing，简称CAM）和计算机辅助教学（Computer Aided Instruction，简称CAI）等。

（4）过程控制（或实时控制）

过程控制是利用计算机及时采集检测数据，按最优值迅速地对控制对象进行自动调节或自动控制。采用计算机进行过程控制,不仅可以大大提高控制的自动化水平,而且可以提高控制的及时性和准确性,从而改善劳动条件、提高产品质量及合格率。因此,计算机过程控制已在机械、冶金、石油、化工、纺织、水电、航天等部门得到广泛的应用。

例如,在汽车工业方面,利用计算机控制机床、控制整个装配流水线,不仅可以实现精度要求高、形状复杂的零件加工自动化,而且可以使整个车间或工厂实现自动化。

(5)人工智能(或智能模拟)

人工智能(Artificial Intelligence)是计算机模拟人类的智能活动,诸如感知、判断、理解、学习、问题求解和图像识别等。现在人工智能的研究已取得不少成果,有些已开始走向实用。例如,能模拟高水平医学专家进行疾病诊疗的专家系统;具有一定思维能力的智能机器人等。

(6)网络应用

计算机技术与现代通信技术的结合构成了计算机网络。计算机网络的建立,不仅解决了一个单位、一个地区、一个国家中计算机与计算机之间的通信和各种软、硬件资源的共享,也大大促进了国际的文字、图像、视频和声音等各类数据的传输与处理。

【重点提示】

计算机分类时,一般采用两种分类标准:一是按主要的电路来分,二是按计算机的硬件大小和发展趋势来分。前者包括电子计算机、晶体管计算机、集成电路计算机、大规模集成电路计算机,后者包括巨型化计算机、微型化计算机、网络化计算机和智能化计算机。

【知识拓展】

按照计算机硬件大小和发展趋势分类如下。

1. 巨型化

巨型化并不是指计算机的体积大,而是指计算机的存储容量大、运算速度高、功能强。巨型电子计算机是相对于计算机而言的一种运算速度更高、存储容量更大、功能更完善的计算机。巨型机是指每秒能运算5000万次以上,存储容量超过百万个字节的电子计算机。

2. 微型化

微型计算机已进入仪器、仪表、家用电器等小型仪器设备中,同时也作为工业控制过程的心脏,使仪器设备实现“智能化”。随着微电子技术的进一步发展,笔记本型、掌上型等微型计算机必将以更优的性能价格比受到人们的欢迎。

3. 网络化

随着计算机应用的深入,特别是家用计算机越来越普及,一方面希望众多用户能共享信息资源,另一方面也希望各计算机之间能互相传递信息进行通信。

计算机网络是现代通信技术与计算机技术相结合的产物。计算机网络已在现代企业的管理中发挥着越来越重要的作用,如银行系统、商业系统、交通运输系统等。

4. 智能化

计算机人工智能的研究是建立在现代科学基础之上。智能化是计算机发展的一个重要方向,新一代计算机,将可以模拟人的感觉行为和思维过程,进行“看”、“听”、“说”、“想”、“做”,具有逻辑推理、学习与证明的能力。

二、计算机系统的基本组成

完整的计算机系统包括硬件系统和软件系统。硬件系统就像是计算机的“躯干”，是物质基础。而软件系统则是建立在这个“躯干”上的“灵魂”，硬件系统和软件系统互相依赖，不可分割，两个部分又由若干个部件组成，如图 1-1 所示。

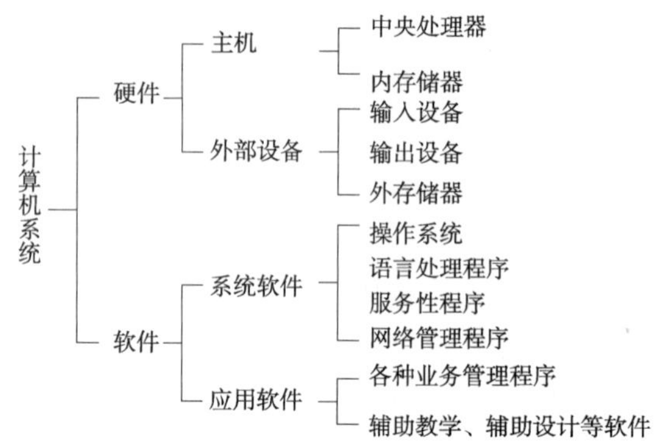

图 1-1　计算机系统的组成

1. 计算机硬件系统

硬件是组成计算机系统的各个物理部件的总称，它是计算机系统快速、可靠、自动工作的物质基础。计算机硬件系统包括控制器、运算器、存储器、输入设备和输出设备五部分，如图 1-2 所示。

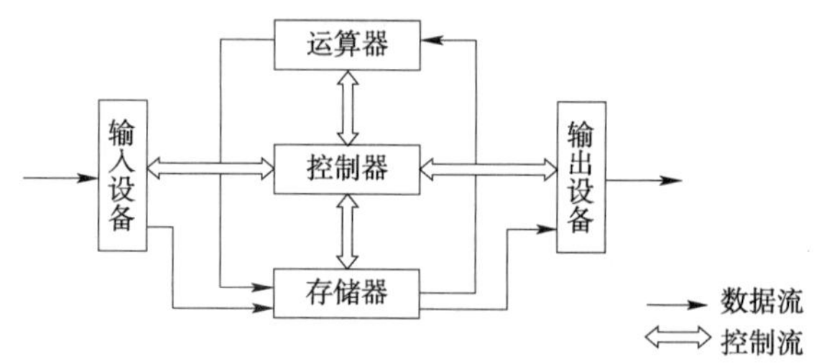

图 1-2　冯·诺依曼结构计算机硬件系统

(1)运算器

运算器是执行算术运算和逻辑运算的部件，它的任务是对信息进行加工处理。运算器由算术逻辑单元、累加器、状态寄存器和通用寄存器组等组成。

算术逻辑单元是用于完成加、减、乘、除等算术运算，与、或、非等逻辑运算及移位、求补等操作的部件。累加器用于暂存操作数和运算结果。状态寄存器也称为标志寄存器，用于存放算术逻辑单元在工作中产生的状态信息。通用寄存器组是一组寄存器，运算时用于暂存操作数或数据地址。

算术逻辑单元、累加器和通用寄存器的位数决定了 CPU 的字长。字长通常和算术逻辑单元、累加器和通用寄存器的长度是一致的。例如，在 32 位字长的 CPU 中，算术逻辑单元、累加器和通用寄存器都是 32 位的。

(2)控制器

控制器用以控制和协调计算机各部件自动、连续地执行各条指令，通常由指令部件、时序部件及操作控制部件组成。控制器是计算机的神经中枢。它按照主频的节拍产生各种控制信号，以指挥整机工作，即决定在什么时间、根据什么条件执行什么动作，使整个计算机能够有条不紊自动执行程序。

控制器要从内存中按顺序取出各条指令。每取出一条指令，就分析这条指令，然后根据指令的功能向各部件发出控制命令，控制它们执行这条指令中规定的任务。当各部件执行完控制器发出的命令之后，都会发出对执行情况的"反馈信息"。当控制器得知一条执行完后，会自动顺序取出下一条要执行的命令，重复上面的工作过程，只不过对不同的指令发出不同的控制命令而已。例如，首先控制器取出程序中的第一条指令，经控制器识别出这是一条加法指令，于是它发出如下控制命令序列到各部件中。

①向内存发出取数命令，按指令所指出的地址取出加数。

②把取出的加数送到运算器中，和原来已取出来暂时存在运算器中的被加数进行加法运算。

③向内存发出存数命令，并送去准备存数的地址，把结果存到内存中指定的单元。上面用文字描述的命令，在计算机中都是由控制器发出的电信号实现的。

(3)存储器

它就像一座房子，里面有很多的"房间"，这些"房间"都编上了房号，称为地址。通过地址可以指向存储器某位置上的数据。存储器可分为主存储器和辅助存储器两类。

①主存储器(也称为内存储器)，属于主机的一部分，用于存放系统当前正在执行的数据和程序，属于临时存储器。

②辅助存储器(也称外存储器)，它属于外部设备，用于存放暂不用的数据和程序，属于永久存储器。

(4)输入设备

现在的计算机能够接收各种各样的数据，既可以是数值型的数据，也可以是各种非数值型的数据，如图形、图像、声音等都可以通过不同类型的输入设备输入到计算机中，进行存储、处理和输出。计算机的输入设备按功能可分为下列几类：

①字符输入设备：键盘；

②光学阅读设备：光学标记阅读机、光学字符阅读机；

③图形输入设备：鼠标器、操纵杆、光笔；

④图像输入设备：摄像机、扫描仪、传真机；

⑤模拟输入设备：语言模/数转换识别系统。

最常用的两种输入设备是键盘和鼠标器。

(5)输出设备

输出设备是人与计算机交互的一种部件，用于数据的输出。它把各种计算结果数据或信息以数字、字符、图像、声音等形式表示出来。常见的输出设备有显示器、打印机、绘图仪、影像输出系统、语音输出系统、磁记录设备等。

2. 计算机软件系统

通常我们把没有软件的计算机叫"裸机"。安装了软件的计算机才能正常使用。软件就是计算机系统的"灵魂"，可以控制计算机的各项操作。

软件是一系列按照特定顺序组织的计算机数据和指令的集合。软件一般分为系统软件和应用软件。

(1)系统软件

系统软件是指控制和协调计算机及其外部设备，支持应用软件的开发和运行的软件。

其主要的功能是进行调度、监控和维护系统等。系统软件是用户和裸机的接口,主要包括:

①操作系统软件,如 DOS、Windows、Linux、Netware 等;

②各种语言的处理程序,如低级语言、高级语言、编译程序、解释程序等;

③各种服务性程序,如机器的调试、故障检查和诊断程序,杀毒程序等;

④各种数据库管理系统,如 SQL Sever、Oracle、Informix、Foxpro 等。

(2)应用软件

应用软件是为解决各种实际问题而编制的计算机应用程序及其有关资料。应用软件主要有以下几种:

①用于科学计算方面的数学计算软件包、统计软件包;

②文字处理软件包,如 WPS、Office 等;

③图像处理软件包,如 Photoshop、动画处理软件 3DSMAX 等;

④各种财务管理软件、税务管理软件、工业控制软件、辅助教育软件等。

3. 计算机的结构形式

目前,常见的微型计算机有台式和便携式两种。

(1)台式机

台式计算机仍旧是计算机结构的主要形式,按主机箱的放置形式不同又分为卧式和立式两种。它的系统装置、键盘、显示器都是独立的,通过电缆和插头连接在一起。它的特点是价格便宜,空间大,通风条件好,系统扩充、维护、维修比较方便。用户可以根据需要组装。

(2)便携机

便携式计算机把主机、硬盘、键盘、显示器等部件组装在一起,体积小,用蓄电池供电,采取轻便的液晶显示器,在电路设计上也采取了小型化措施。由于便携的特点,它更适合于经常外出的人员携带。目前,便携式计算机价格相对台式机价格要高,硬件的扩充和维修都比较困难。

【重点提示】

系统软件是计算机和用户之间交流的平台。系统软件 Windows 让用户更方便、更高效地使用计算机。而应用软件是在安装了系统软件的前提下安装使用的,满足人们的专门需要。

三、计算机硬件组成

微型计算机硬件是由主机、显示器、键盘、鼠标、打印机等部件构成。具有多媒体功能的计算机还有音箱、话筒和游戏操纵杆等,除此之外,计算机还可以连接打印机、扫描仪和数码相机等设备,如图 1-3 所示。

图 1-3　微型计算机的硬件组成

1. 主机

微型计算机的主机由主板、中央处理器、内存、机箱和电源组成,主板是其核心部件。

2. 主板

主板也叫系统板、母板或底板。它是位于机箱底部的一块大型线路板,是连接计算机其他硬件的载体。它是计算机中最重要的部件之一,如

图 1-4 所示。

3. 中央处理器

中央处理器(Central Processing Unit,即 CPU),是计算机的核心部件,一般由逻辑运算单元、控制单元和存储单元组成。其中运算器负责各种算术运算和逻辑运算;而控制器不具有运算功能,它只是读取各种指令,并对指令进行分析、做出相应的控制,并且把相应的数据暂时存储在存储单元中,如图 1-5 所示。

图 1-4　主板

图 1-5　CPU

CPU 的性能决定了一台计算机的运行速度。我们常说的 16 位、32 位、64 位就是指 CPU 一次同时处理的二进制数据的位数。早期的 16 位机型有 IBM PC/XT,32 位机型有 486,现在酷睿机型都是 64 位。

4. 存储器

存储器(Memory)是计算机系统中的记忆设备,用来存放程序和数据。计算机中的全部信息,包括输入的原始数据、计算机程序、中间运行结果和最终运行结果都保存在存储器中。它根据控制器指定的位置存入和取出信息,如图 1-6 所示。

存储器是用来存储程序和数据的部件,有了存储器,计算机才有记忆功能,才能保证正常工作。按用途存储器可分为主存储器(内存)和辅助存储器(外存)。外存通常是磁性介质或光盘等,能长期保存信息。内存指主板上的存储部件,用来存放当前正在执行的数据和程序,但仅用于暂时存放程序和数据,关闭电源或断电,数据就会丢失。

5. 机箱

机箱作为计算机配件中的一部分,包括外壳、支架、面板上的各种开关、指示灯等。外壳用钢板和塑料结合制成,硬度高,主要起保护机箱内部元件的作用;支架主要用于固定主板、电源和各种驱动器。机箱有很多种类型。此外,计算机机箱具有屏蔽电磁辐射的重要作用。现在市场普遍使用的机箱有 AT、ATX、Micro ATX 以及最新的 BTX,如图 1-7 所示。

6. 显示器

显示器是一种输出设备,它可以把计算机计算和获取的结果生动、形象地展现在用户面前,就像电视机一样。在每个显示屏下方都有功能按钮,如亮度、对比度和画面比例的调节按钮,还有电源开关。和计算机其他硬件一样,显示屏也不断地发展,由原来的模拟到现在的数控,由原来的 CRT 到现在 LCD 液晶显示器,如图 1-8 和图 1-9 所示。

显示器的大小按照屏幕对角线的尺寸大小来测量,有 17 英寸、19 英寸、22 英寸等。正常的 22 英寸的显示器要比 22 英寸的电视机小很多。

正面

反面

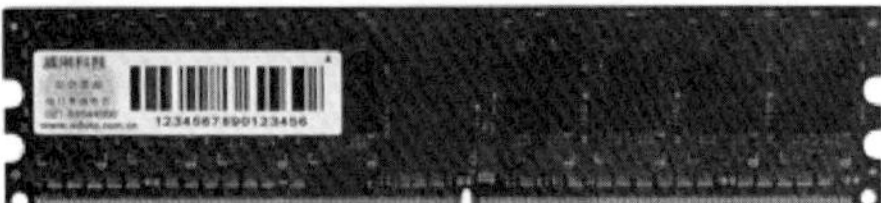

图 1-6　内存条

图 1-7　机箱

图 1-8　CRT 显示器

图 1-9　LCD 显示器

7. 键盘

键盘是最常用也是最主要的输入设备，通过键盘，可以将英文字母、数字、标点符号等输入到计算机中，从而向计算机发出命令、输入数据等。常用键盘大多为 101 键和 104 键。104 键的键盘比 101 键多了 3 个 Widows95 专用键。键盘如图 1-10 所示。

8. 鼠标

鼠标按接口类型可分为串行鼠标、PS/2 鼠标、总线鼠标、USB 鼠标（多为光电鼠标）四种。串行鼠标是通过串行口与计算机相连，有 9 针接口和 25 针接口两种；PS/2 鼠标通过一个六针微型 DIN 接口与计算机相连，它与键盘的接口非常相似，使用时应注意区分；总线鼠标的接口在总线接口卡上；USB 鼠标通过 USB 接口，直接插在计算机的 USB 口上。鼠标如图 1-11 所示。

图 1-10　键盘

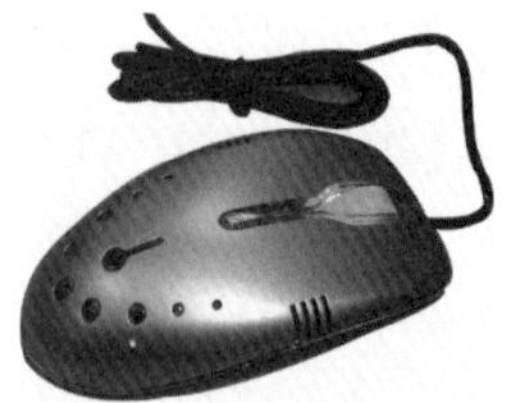

图 1-11　鼠标

9. 音箱和话筒

音箱是通过音频线把主机箱中的信号转换成声音，常用于播放音乐、电影及视频。计算机的音箱通常有一对，外加一个低音炮。有的音箱备有自己的电源线，叫作有源音箱；有的没有电源线，只要和计算机相连，打开计算机，音箱就通上了电，叫作无源音箱。音箱如图 1-12所示。

话筒和麦克风有些不同。计算机话筒有根细长的脖子，小巧的脑袋，可以用来录音，还可以用于网络对话聊天。话筒如图 1-13 所示。

10. 打印机

打印机是计算机系统常用的输出设备。在显示器上输出的内容只能即时查看，便于用户检查与修改，但不能保存。为了计算机输出的内容留下书面记录以便保存，就需要用打印机打印输出。按打印机的打印方式来分，目前常用的打印机有点阵打印机、喷墨打印机和激光打印机。激光打印机如图 1-14 所示。

图 1-12　音箱

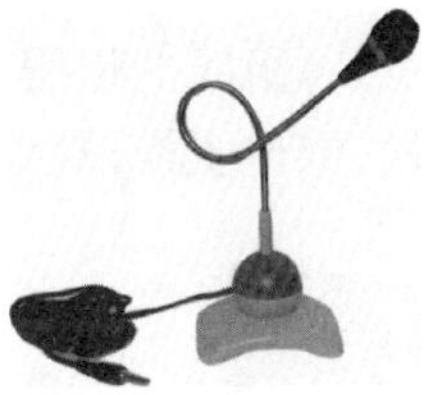

图 1-13　话筒

图 1-14　激光打印机

【重点提示】

1. 计算机系统分为硬件系统和软件系统。
2. 机箱中 CPU 是核心，总管控制。各部件由主板来支撑运行。
3. 计算机的外部设备有显示器、键盘、鼠标、打印机等。

任务实施

计算机硬件识别

一、操作目的

①观察、认识主机结构及系统连接，识别硬件。

②了解计算机主机中各部件的作用，检查外围设备数据线、电源线的连接。

二、操作工具及设备

①提供 CRT 显示器、LCD 显示器各 1 台，卧式主机箱、立式主机箱各 1 台，键盘、鼠标 1 套，扫描仪 1 台、打印机 1 台，如图 1-15 所示。

②5 把螺丝刀、5 把软毛刷，如图 1-16 所示。

三、操作步骤

①陈述计算机硬件结构的组成，向学生展示外围设备（显示器、打印机、扫描仪、键盘、鼠标），说明外围设备的用途。

②描述立式机箱与卧式机箱的特征，用螺丝刀打开机箱面板，检查机箱中的部件，说出各部件的名称及功能。

③查看主板上内存条，用正确方法把内存条从插槽中拆卸下来。

④观察内存条外形，陈述内存条存储数据的特性，指出内存条的主要组成部分。

⑤按规范操作要求，拧松螺丝，拆开 CPU 风扇的固定条，把风扇取出，然后看到 CPU，把 CPU 插座旁的细杆掰起，取出 CPU。

⑥观察 CPU 的正反面，简述 CPU 的特征和功能。

⑦按规范操作要求把显示卡的卡口片掰开，拧松背面螺丝后，从主板上拔出显示卡。

⑧按规范操作要求，正确断开主板上硬盘数据线，用螺丝刀把硬盘从铁架上拆下。

⑨观察硬盘外形，陈述硬盘背部数据线接口、电源线接口及硬盘的功能。

⑩简述显示卡的背部接口和显示卡的功能。

⑪正确断开主板上光驱数据线，用螺丝刀把光驱从铁架上拆卸下来。

⑫观察光驱外形，陈述光驱背部数据线接口、电源线接口及光驱的功能。

⑬断开机箱在主板上的插线，观察每组线的作用及连接的方法。

⑭用螺丝刀把主板上的螺丝拧松，取出主板，观察其外形，简述主板结构及功能。

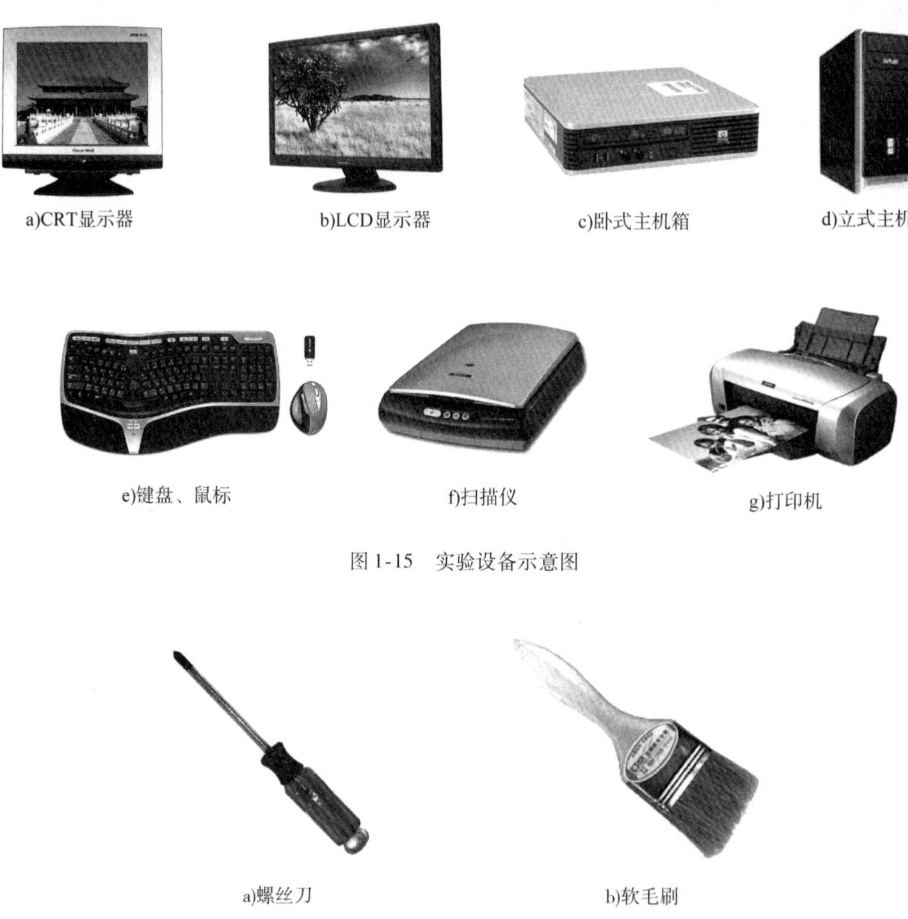

a)CRT显示器　b)LCD显示器　c)卧式主机箱　d)立式主机箱

e)键盘、鼠标　f)扫描仪　g)打印机

图 1-15　实验设备示意图

a)螺丝刀　b)软毛刷

图 1-16　操作工具示意图

四、注意要点

①拆卸硬件时，应该按照正确要求操作，不可以用力过大，以免损坏部件。

②在拿取部件时，尽量避免用手接触插卡的连接部分，以免汗渍腐蚀金属片。

任务工作单

<table>
<tr><td rowspan="3">项目学习:透视计算机
工作任务:计算机软、硬件认知</td><td>班级</td><td colspan="3"></td></tr>
<tr><td>姓名</td><td></td><td>学号</td><td></td></tr>
<tr><td>日期</td><td></td><td>评分</td><td></td></tr>
</table>

一、工单内容

1. 识别计算机硬件,检查外围设备的连接情况。
2. 查看主机内部组成,简述主机部件功能。

二、准备工作

1. 中央处理器简称 CPU,它是计算机系统的核心,主要包括________和________两个部件。
2. 计算机系统通常由____________和____________两个大部分组成。
3. 计算机软件系统分为________和________两大类。
4. 计算机常用的辅助存储器有________、________、________。
5. 依次说出下列设备的名称。

(1)

(2)

正面

反面

(3)

(4)

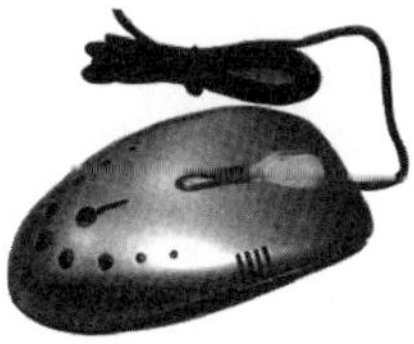

(5)

(6)

答:(1)________________　　(2)________________

(3)________________　　(4)________________

(5)________________　　(6)________________

三、任务操作

1. 说出下列设备的作用

2. 简述显示器的类型和参数，判断显示器尺寸大小的标准是什么？

3. 简述计算机主机的组成部件。简述键盘、鼠标及显示器的安装步骤。

四、工作小结

1. 在完成工作任务的过程中，你是如何计划并实施的，在小组中承担了哪些具体工作？

2. 对本次工作任务，你有哪些好的建议和意见？

工作任务二　计算机性能评价与选购

【情境假设】

小王通过前面计算机硬件知识的掌握，现在想亲手为自己选购一台计算机。但是，对计算机的机型和性能要求没有标准，也不知道从哪些方面考虑，只知道计算机主要用于学习和上网娱乐。

本任务主要掌握计算机系统字长、时钟主频、内存容量和存取周期等性能指标，学会评价主机综合性能。熟悉兼容机和品牌机的特征，参照性价比和售后服务等因素合理选购计算机。

 任务知识

一、计算机系统性能指标

计算机系统的性能不是由单一指标来决定的，而是由体系结构、软硬件配置、指令系统等多方面因素决定的。衡量计算机系统性能因素主要有字长、时钟主频、运算速度、内存容量、存取周期和外部设备等。

1. 字长

字长是指计算机运算器运行一次运算所能并行处理的二进制数的位数。如 80386 微型计算机（简称微机）的字长为 32 位，则表示一次可并行处理 32 位的二进制数。字长标志着计算机处理数据的精度，反映计算机处理信息的能力，字长越长，计算机运算速度越快、运算精度越高，处理能力越强。字长从最初的 4 位、8 位、16 位、32 位至现在的 64 位。

2. 时钟主频

时钟主频指 CPU 的时钟频率，即时钟脉冲发生器所产生的时钟信号频率，单位是兆赫兹（MHz）。它的高低从一定程度上决定了计算机速度的快慢，通常主频越高，速度越快。

3. 运算速度

运算速度是指计算机每秒钟能执行的指令条数，常用百万次/秒（MIPS）表示，是衡量计算机性能的重要指标。

4. 内存容量

内存容量是指计算机系统配备的内存总字节数。内存容量反映的是内存储器存储数据的能力，容量越大，计算机所能运行的程序越大，能处理的数据越多，运算速度越快，处理能力越强。

5. 存取周期

存取周期是指 CPU 从内存储器中连续进行两次独立的存取操作之间所需的最短时间。这个时间越短，说明存储器的存取速度越快。内存储器的存取周期也是影响整个计算机系统性能的主要指标之一。

6. 外部设备

外部设备指计算机系统允许配置外部设备的种类和数量,允许配备的数量越多,其输入输出的处理能力越强。

7. 兼容性

系统的兼容性一般包括硬件的兼容、数据和文件的兼容、系统程序和应用程序的兼容、硬件和软件的兼容等。对于用户而言,兼容性越高,则越便于硬件和软件的维护和使用。

8. 系统的可靠性

系统的可靠性一般用平均无故障时间来衡量,对于用户来说,这一指标非常重要。

【重点提示】

1. 字长、时钟主频、运算速度和存储周期都是与 CPU 部件相关的性能参数。

2. 内存容量是与内存条相关的性能参数。

3. 外部设备是指打印机、扫描仪、摄像头等。

4. 兼容性是指主机中各部件兼容的情况。

刚购买的计算机,应该连续拷机 8 小时以上,评定计算机的可靠性,这是考核新机的必要操作。

二、计算机选购指南

随着计算机知识的不断普及和计算机应用领域的不断延伸,越来越多的计算机已经摆到寻常百姓的书桌上。相信不久的将来,家用电脑会像电视机一样成为每个家庭不可缺少的一部分。那么如何选择一台称心如意的电脑呢? 下面大家一起来看看在选购时要注意哪些问题。

1. 依据电脑的用途来考虑

选购家用电脑首先要做的是需求分析,应做到心中有数、有的放矢。用户在购买电脑之前一定要明确自己的用途,也就是说究竟想让电脑做什么工作、具备什么样的功能。只有明确了这一点才能有针对性地选择不同档次的电脑。

用户在购买电脑的过程中应遵循够用和耐用两个原则。

(1)够用原则

所谓够用原则,是指在满足使用的同时要精打细算,节约每一分钱,买一台能满足自己使用要求的电脑即可。不要花大价钱去选那些配置高档、功能强大的电脑,这些电脑的有些功能也许用户根本就没有用。例如用户使用电脑只是打打字、上上网、听听音乐、学习一些常用软件之类的,那么 4000 ~ 5000 元的电脑配置足以应对,选择 7000 ~ 8000 元的电脑就显得太奢侈了。

(2)耐用原则

所谓耐用原则,是指在精打细算的同时必要的花费不能省,用户在做购机需求分析的时候要具有一定的前瞻性。也许随着用户电脑水平的提高需要使用 Photoshop、3DSMAX、AutoCAD、大型游戏之类的软件,如果在配置低的电脑上进行升级肯定是不划算的,为此需要在选购电脑的时候选择那些配置较高、功能较强大的以备后用。这个问题对于学生来说尤为突出。

2. 品牌机还是兼容机

现在大多的品牌机都是以具体商家确定的,市场上的品牌有很多,比如联想、惠普、戴尔等。一般品牌机性能比较稳定,服务更全面。对于非计算机专业的人士是一种不错的选择。

兼容机是由各个厂商生产的硬件组装起来的电脑，由于各个硬件来自不同的厂家，因而售后服务比较烦琐，但价格相对便宜。

两者的优劣比较如下：

①品牌机的价格要比同样档次兼容机的价格高。

②兼容机的升级比品牌机更容易。稳定性不如品牌机。

3. 选购性价比

性价比是机型的配置和价格的比例，性价比越高越好。电脑的选购不能以价格作为购买的唯一因素。价格必须在同等配置的条件下才可以比较。选购电脑时，质量和性能是首要考虑的，其次才是价格。同样性能的电脑，价格越低越好，就是我们常说的性价比很高。

4. 注重产品的售后服务及质保

电脑的售后服务显得更为重要，因为电脑像其他电器一样会出现问题。所以用户在选购电脑的时候，售后服务问题应该放到重要的位置上来考虑。电脑的整体性能是集硬件、软件和服务于一体的，服务在无形中影响着计算机的性能。用户在购买电脑之前，一定要问清楚售后服务条款再决定是否购买。说得具体一些，尽管现在计算机售后服务有“三包”约束，但是各厂家的售后服务各有特色、良莠不齐，对此用户一定要有明确的了解。

一些杂牌计算机生产厂商相比品牌厂商而言，它们的存在时间较短、容易倒闭，一旦倒闭售后服务将无从谈起。

5. 选择台式机型还是笔记本机型

选择台式机或者笔记本，一般来说有以下几个必须考虑的因素：

(1)应用环境因素

如果电脑不经常移动，就可以选择台式电脑，如果用户经常出差或移动办公，那么笔记本是最佳的选择。

(2)价格因素

如果经济承受能力有限的话，可以用更少的钱购买与笔记本同等配置的台式机。

(3)性能配置要求

笔记本的配置都是固定的，硬件不容易升级。而台式机可以根据自己的任务要求来选配硬件。相同档次的笔记本电脑与台式机比起来性能上有一定的差距。

【重点提示】

1. 用户在选用家用机的时候需要注意以下几个问题：

①不能重价格、轻品牌；

②不能重配置、轻品质；

③不能重硬件、轻服务。

2. 选购过程中常见的错误观点

(1)一步到位的观点

计算机技术日新月异，其发展的速度非常迅速，因此购买电脑不可能一步到位。你今天购买的电脑可能是市面上最先进的，或许明天就会出现更为先进的。一些用户买电脑总想要最先进的、最高档的，但是当今社会计算机技术的发展速度是非常快的，因此用户今天购买的电脑也许是市面上最先进的，但或许过不了多久就会变成配置一般的电脑了。

在计算机领域遵循的自然规律是“摩尔定律”，即每18个月为一个周期，每个周期计算机性能提高一倍，价格下降一半。

(2)等等再买的观点

有的用户认为，计算机的价格降得很快，迟一些可能会买到性能更好、价格更低的电脑。但是需要注意的是：电脑发展是遵循“摩尔定律”的，低价和高价只是相对的。另外电脑只是一种工具，早些使用也就早给用户带来方便，使用户早些受益。所以用户在选购计算机的时候首先不要盲目地追求高档次，其次也不要过分地期待降价，这一点在选购的过程中要多加注意。

任务实施

计算机性能评价与选购

一、操作目的

①观察、识别主机硬件性能，判断计算机系统综合运行指标。

②根据用户要求，提出计算机选购方案。

二、操作工具及设备

①提供卧式主机箱、立式主机箱各1台，如图1-17所示。

②5把螺丝刀、5把软毛刷，如图1-18所示。

图1-17 实验设备示意图

图1-18 操作工具示意图

三、操作步骤

①描述立式机箱与卧式机箱的特征，用螺丝刀打开主机箱，检查主机箱中的部件，说出各部件的名称及功能。

②拆卸内存条，判断容量大小。

方法一：根据内存条标签判断存储容量。

方法二：根据内存条外观特征分析内存容量。

③描述内存容量的存储单位及存储单位的换算，指出内存条的主要组成部分。

④按规范操作要求，拧松螺丝、拆开CPU风扇的固定条，把风扇取出，然后看到CPU，把CPU插座旁的细杆掰起，取出CPU。

⑤观察CPU正面的型号参数，掌握运算器进行一次运算能并行处理的二进制数位数的工作原理，即字长概念。同时，能够理解计算机每秒能执行的指令条数，即运算速度的概念。

⑥观察CPU正面的型号参数，识别时钟主频。

⑦观察 CPU 和内存条在主板上的位置，理解 CPU 从内存中连续进行两次独立存取操作之间所需最短时间的描述，即存取周期概念。

⑧连接硬件设备，主机通电后，通过系统平均无故障连续工作时间来衡量系统的可靠性。

⑨根据提供的主机，判断是品牌机还是兼容机。

⑩描述台式机和笔记本电脑的不同之处，从硬件部件特征到性能指标处比较。

⑪描述购买硬件部件常规要求，描述质保时间和质保范围。

⑫针对文秘办公的用户，制定计算机选购方案，包括机型、硬件参数和性能比。

⑬针对游戏用户，制定计算机选购方案，包括机型、硬件参数和性能比。

四、注意要点

①拆卸硬件时，应该按照正确要求操作，不可以用力过大，以免损坏部件。

②在拿取硬件部件时，尽量避免用手接触插卡的连接部分，以免汗渍腐蚀金属片。

任务工作单

<table>
<tr><td rowspan="3">项目学习：透视计算机
工作任务：计算机性能评价与选购</td><td>班级</td><td colspan="3"></td></tr>
<tr><td>姓名</td><td></td><td>学号</td><td></td></tr>
<tr><td>日期</td><td></td><td>评分</td><td></td></tr>
</table>

一、工单内容

1. 熟练掌握计算机性能指标的评价。

2. 根据用户的特点，提供一份计算机选购方案。

二、准备工作

1. 按设计目的和用途可将计算机分为________和________；按综合性能指标可将计算机划分为________、________、________、________、和________。

2. 计算机的外设很多，主要分成三大类，其中，显示器、音箱属于____________，键盘、鼠标、扫描仪属于____________。

3. 计算机的维护是指使微型计算机系统的________和________处于正常、良好运行状态的活动，包括检查________、________、________、________、________等工作。

4. 计算机硬件主要有________、________、________、________、________、________、________、和________等。

5. 计算机发生的所有动作都是受____________控制的。

A. CPU　　B. 主板　　C. 内存　　D. 鼠标

6. 目前，世界上最大的 CPU 及相关芯片制造商是________。

A. Intel　　B. IBM　　C. Microsoft　　D. AMD

7. 通常说一款 CPU 的型号是“奔腾 4_2.8GHz”，其中，“2.8GHz”是指 CPU 的哪项参数________。

A. 外频　　B. 速度　　C. 主频　　D. 缓存

三、任务操作

1. 打开主机，查看 CPU 参数，分析其相关性能参数，如时钟主频、运算速度和存取周期。

2. 查看内存条参数，识别其内存大小，描述存储单位的换算。

3. 为机械类图形设计人员制定一套计算机选购方案，附带列出主要设备的性能参数。

设备名称	选配要求	性能参数说明
CPU		CPU 技术、封装类型、频率、L1/L2 缓存容量
主板		主板品牌、结构类型、插槽类型和技术特点
显卡		板卡插槽类型、频率、处理芯片
内存条		频率、存储容量颗粒、插槽类型
显示器		标屏或宽屏、尺寸大小、显示分辨率
……		

四、工作小结

1. 在完成工作任务的过程中，你是如何计划并实施的，在小组中承担了哪些具体工作？

2. 对本次工作任务，你有哪些好的建议和意见？

项目二　主机部件的配置

项目概述

一、项目分析

该项目介绍计算机主机的主要部件，包括主板、CPU、内存、硬盘、电源和机箱。读者可以通过该项目掌握主机内部件的结构与配置，了解主机各配件的种类、性能指标与安装方法。从事计算机管理、网络维护、计算机公司的销售和销后客服等岗位工作的人员都必须具备本项目的知识和技能。根据部件知识点内容，该项目包括认识主板和CPU、认识内存条和硬盘、选购计算机电源和机箱三个学习任务。

工作任务组织形式及培养能力：

(1)通过分组活动，培养团队协作能力；

(2)通过规范文明操作，培养良好的职业道德和安全环保意识；

(3)通过小组讨论、上台演讲评述，培养与客户的沟通能力；

(4)通过查阅资料、文献、培养个人自学能力和获取信息能力；

(5)通过项目化的任务单元活动，掌握解决实际问题的能力；

(6)填写任务工作单，制订工作计划，培养工作方法能力；

(7)能独立使用各种媒体完成学习任务。

二、项目技能

(1)熟练掌握识别主板类型的方法和主板的安装操作；

(2)掌握识别 CPU 的类型和性能方法，以及 CPU 的安装操作；

(3)熟练掌握内存条的类型鉴别和内存条安装操作；

(4)熟练掌握硬盘的类型鉴别和硬盘安装操作；

(5)熟练掌握计算机电源选购方法和电源安装操作。

三、项目目标

通过本项目的任务安排，使学生全面了解主机部件，具备分析主机部件的性能参数的能力和实践组装各部件的技能。了解主板的结构和 CPU 的分类，熟悉主板的 CPU 的性能指标，进一步掌握主板和 CPU 的安装方法以及选购方法；通过了解内存的分类、性能参数，从而掌握内存的安装方法和选购方法；了解硬盘的分类、结构和技术指标，掌握硬盘的安装方法；掌握计算机电源性能指标和选购方法，掌握计算机电源的安装；掌握计算机主机箱的选购方法。

工作任务一　主板与 CPU 的配置

任务概述

【情境假设】

有一天,两个计算机班的同学搬着一台电脑来找我,说:“我的电脑玩游戏时速度特别慢,想升一下级,请帮看看,行吗?”我打开主机箱一看,说:“决定计算机速度的是 CPU,要升级就换一个更快的 CPU,同时主板也要换,你这块主板不支持新的 CPU。”他们听了后说:“那要选购一个怎样的 CPU 和主板呢?”我说:“等你们学完这个任务就知道了”。

这个任务能让读者了解计算机主板和 CPU 的种类;掌握计算机主板和 CPU 的性能;学会如何选购计算机主板和 CPU。并且,通过任务实施让读者掌握计算机主板和 CPU 的安装与配置技能。

任务知识

一、主板

主板,又叫主机板(Mainboard)、系统板(Systemboard)和母板(Motherboard)。它安装在机箱内,是计算机最基本的也是最重要的部件之一。主板一般为矩形电路板,上面安装了计算机的主要电路系统,一般有 BIOS 芯片、I/O 控制芯片、键盘和面板控制开关接口、指示灯插接口、扩充插槽、主板及插卡的直流电源供电接插件等元件。主板在整个计算机系统中扮演着举足轻重的角色。可以说,主板的类型和性能决定着整个计算机系统的类型和性能。

1. 主板的主要分类

(1)按主板上可使用的 CPU 分类

由于 CPU 在不同的发展阶段有不同的区别,主板也相应地发生不同的变化。按照 CPU 插槽可分为 Socket 和 Slot。目前市面上的主板分 Socket 603、Socket 754、Socket 940、Socket 939。现在流行的计算机主要使用两种 CPU,即 Intel 公司的 CPU 和 AMD 公司的 CPU,这两家公司的 CPU 使用不同的架构,因此必须选择相配套的主板才能正常使用。

(2)按集成性分类

有的主板为了节省开支和方便用户,将声卡、网卡和显卡等组件都集成在主板上。此类主板有着非常高的集成性。因此按主板的集成性,可将主板分为单功能主板和集成主板。

(3)按主板外形结构分类

①AT 标准尺寸的主板,因 IBM PC/A 机首先使用而得名,早期的 486、586 主板就是采用 AT 结构布局。

②Baby AT 袖珍尺寸的主板,比 AT 主板小。很多原装机的一体化主板首先采用此主板结构。

③ATX 改进型的 AT 主板,对主板上元件布局作了优化,有更好的散热性和集成度,需要配合专门的 ATX 机箱使用。

④NLX 最新的主板结构,通过重置接口将扩展槽竖立到主板上。最大特点是主板、CPU

的升级灵活方便有效。

(4)按主板芯片厂商分类

生产主板芯片的厂家有 Intel、SiS、nVTDIA、VIA、Ali、ATI 等。市场上常见的主板品牌有华硕、技嘉、联想、硕泰克等,采用芯片组各不相同。

2. 主板的基本结构和组成

通过主板实物来介绍主板的构成,如图 2-1 所示。主板的平面是一块 PCB 印刷电路板。现在计算机技术已非常成熟,都是模块化的设计。对比不同主板,就能发现它们的结构特征相似。由许多个功能块组成,每个功能块由一些芯片或元件来完成。概括起来,主板是由以下几个部分组成:芯片,包括 BIOS 芯片、南北桥芯片、RAID 控制芯片等;插槽,包括 CPU 插座、内存插槽、PCI 插槽、AGP 插槽等;接口,包括 IDE 接口、软驱接口、PS/2 接口、USB 接口、IEEE 1394 接口、COM 串口、MIDI 接口、LPT 并口等。

图 2-1 主板结构

1-CPU 插座;2-ATX 电源插座;3-北桥芯片;4-内存插槽;5-IDE 插口;6-软驱插口;7-南桥芯片;8-BIOS 芯片;9-SATA(串行 ATA)接口;10-机箱面板接头;11-PS/2 键盘及鼠标插座;12-12VP4 电源插座;13-并串接口;14-USB 插口;15-RJ45 网络插口;16-音源插座;17-AGP 插槽;18-主板电池;19-PCI 插槽

(1)CPU 插座或插槽

对于不同的 CPU,插槽主要可以分为 Socket 插座和 Slot 插槽。如图 2-2 所示。

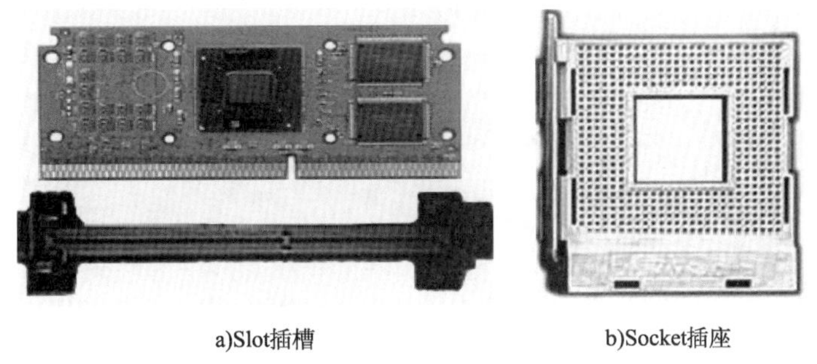

图 2-2 CPU 插座或插槽

(2)控制芯片组

CPU 通过主板芯片组(Chipset)对主板上各个部件进行控制,芯片组是主板上最重要的部件。它是区分主板好坏的一个重要标志。

主板常见的芯片组有 Intel、SiS、nVTDIA、VIA、ATI 等,其中大部分主板采用 Intel 的控制芯片组。VIA(威盛)系列控制芯片组主要产品采用南北桥的芯片组方式。南桥主要负责让所有的信息都能有效传输,北桥负责控制主板可以支持 CPU 的种类、内存类型容量等,如图 2-3 所示。

a)南桥

b)北桥

图 2-3 南北桥

(3)内存扩展槽

主板上的内存插槽,常见的分 DIMM(168 线)、SIMM(72 线)、RIMM(184 线)三种。不同的内存插槽的引脚、电压、性能不尽相同,不同的内存在不同的内存插槽上不能互换使用。例如,168 线的 SDRAM 内存和 184 线的 DDR SDRAM 内存,可以通过外观来区别,SDRAM 内存金手指上有两个缺口,DDR SDRAM 内存上只有一个,如图 2-4 所示。

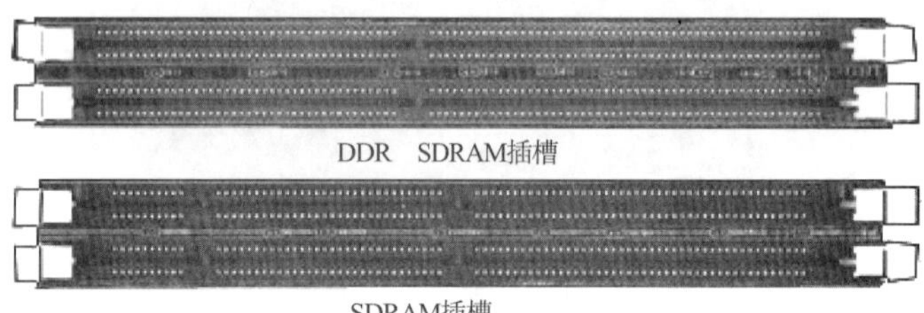

DDR SDRAM插槽

SDRAM插槽

图 2-4 内存插槽

(4)总线扩展槽

总线是构成计算机系统的桥梁,是各个部件之间进行数据传输的公共通道。在主板上占用面积最大的部件就是总线扩展槽。常见的有 PCI 插槽、AGP 插槽和 ISA 插槽。

①PCI 总线插槽是目前主板上最常见的扩展接口插槽,是由 Intel 公司推出的一种局部总路线,支持即插即用,如图 2-5 所示。

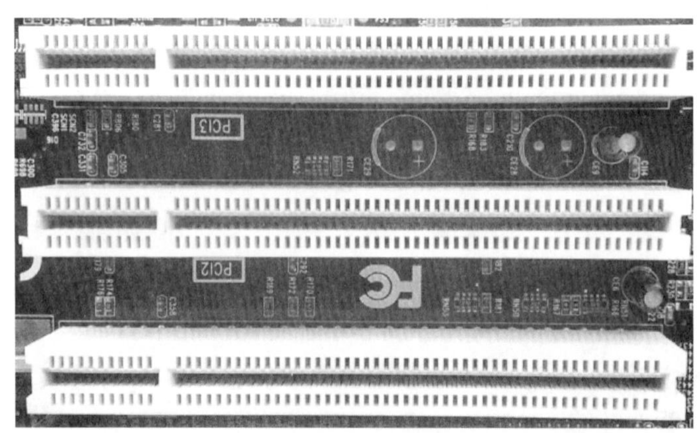

图 2-5 PCI 插槽

②AGP(Accelerated Graphics Prot,高速图形接口)直接与北桥芯片相连,该视频处理器与系统内存直接相连,避免数据传输时经过带宽较窄的 PCI 总路线而形成瓶颈,增加 3D 图形数据传输速度,而且当显存不足的时候还可以共享系统内存。主板上的 AGP 插槽是显示卡专用槽,也是目前主流电脑必配的,如图 2-6 所示。

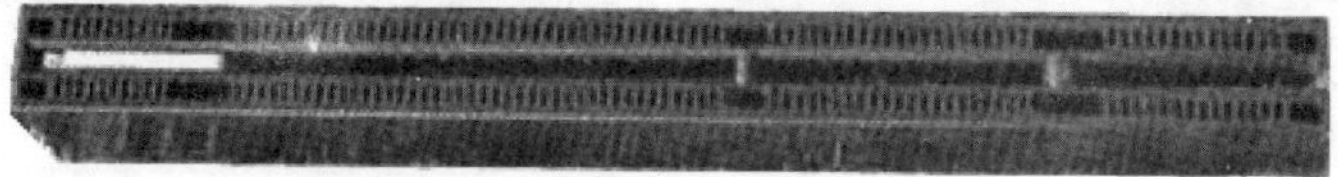

图 2-6　AGP 插槽

(5)板载芯片

随着主板技术的发展,主板早已不是单一的搭载 CPU、内存、硬盘以及外设的平台了。目前,主板南北桥芯片的功能日益丰富,而且众多的板载芯片也使得主板具有越来越多的附加功能。如今的主板大多都板载了声卡芯片、网卡芯片、IEEE 1394 芯片等功能芯片。与独立板卡相比,采用板载芯片可以有效降低成本,提高产品的性价比。

(6)BIOS 芯片

BIOS(Basic Input/Output System,基本输入输出系统)是一块装入了启动和自检程序的集成块。这些程序主要有自检诊断测试程序、系统自举装入程序、系统设置程序和主要 I/O 设备的 I/O 驱动程序及中断服务程序,如图 2-7 所示。

【重点提示】

主板上的 ROM BIOS 芯片是主板上唯一贴有标签的芯片,一般为双排直插式封装(DIP),印有“BIOS”字样。

(7)CMOS 芯片与主板电池

CMOS 是一块固定在主板上的存储芯片,容量很小,主要是为了保存计算机的硬件设备信息、系统设置、日期时间设置和用户的配置要求信息。CMOS 依靠主板上的一块电池作为保存信息的基本能源,当没有电时设置信息就会丢失,还原到最初设置状态。

为了在主板断电期间维持 CMOS 的系统信息和主板上系统时钟的运行,主板上装有一个充电式电池,一般使用寿命为 2 ~ 3 年,可以随时更换,如图 2-8 所示。

图 2-7　BIOS 芯片

图 2-8　主板电池

(8)电源插座

电源插座是为主板和主板上的接口设备供电用的。传统的 AT 主板使用 AT 电源,现在已经淘汰了。ATX 主板必须使用 ATX 电源。20 孔的 ATX 电源插座采用了防插反设计,从而不会因插反而烧坏主板。此外,主板上一般还有一个 4 孔专用 12V P4 电源插座。如图 2-9 所示。

(9)软盘驱动器接口插座

早期大多主板都集成了软盘驱动接口,现在几乎都不用了。软驱接口共有 34 根针脚,它的外形 IDE 接口要短一些,如图 2-10 所示。

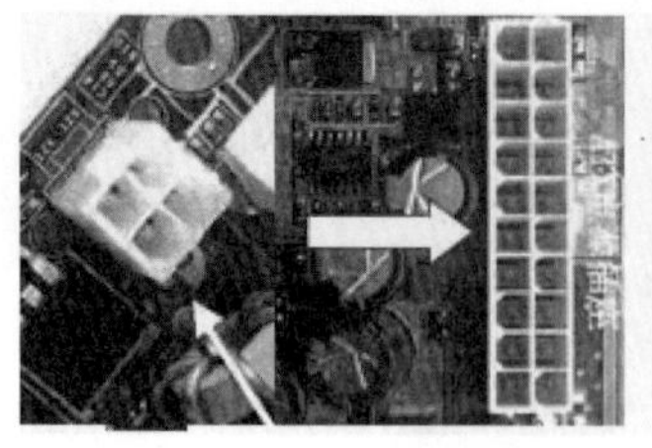
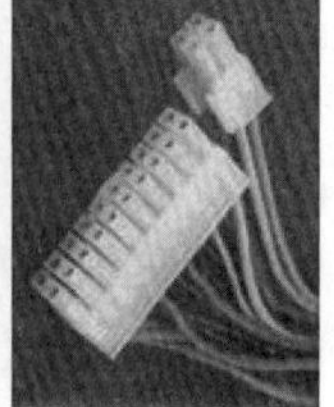

图 2-9　主板电源插座

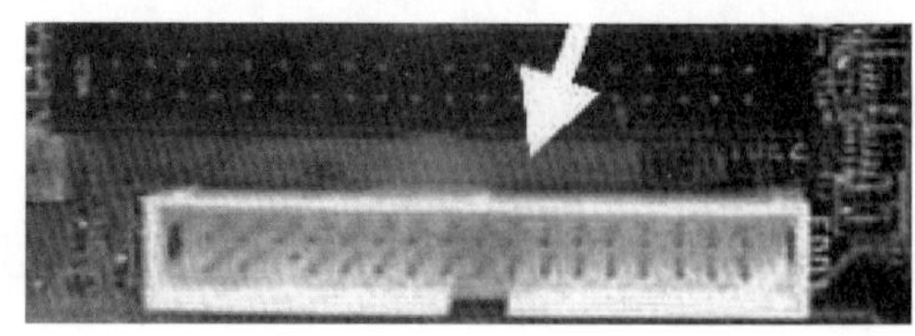

图 2-10　软盘驱动器接口插座

(10)ATA/SATA 接口

传统的 IDE 接口是用来连接硬盘和光驱等设备的。以前的主板都集成了两个 IDE 接口,分别标注为 IDE1 和 IDE2。为了防止插线接反还在接口处设置了定向缺口,如图 2-11 所示。

随着计算机技术的成熟,现在大多的主板和硬盘都已经支持 SATA(串行 ATA)接口,SATA 接口逐渐取代了传统 PATA(并行 ATA)。SATA 最大数据传输率为 150MB/S(SATA 1.0)和 300MB/S(SATA 2.0),而且其接口非常小巧,排线也很细,有利于机箱散热。与 PATA 相比,SATA 还有一大优点,就是支持热插拔,如图 2-12 所示。

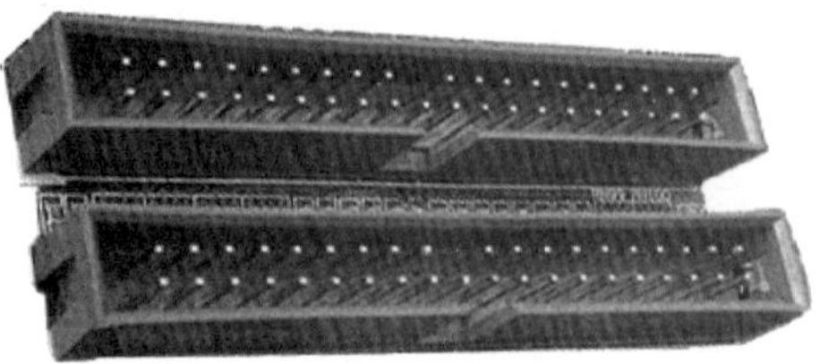

图 2-11　IDE 接口

图 2-12　SATA(串行 ATA)接口

(11)机箱面板指示灯及控制按钮插线

所有的主板都有与机箱面板连接的控制接头,如图 2-13 所示。它是用来分别连接机箱上的电源开关、系统复位、硬盘电源指示、指示灯、扬声器等排线的地方。一般来说,ATX 结构的机箱上有一个总电源的开关线(Power SW)、电源指示线(Power LED)、系统复位线(Reset)、硬盘指示线(IDE LED 或 HDD LED)、扬声器线(Speaker)。

图 2-13　机箱面板控制插座及插线

(12)外部接口

ATX 主板的外部接口都是统一集成在主板后半部的。现在的主板一般都符合 PC99 规范,也就是用不同的颜色表示不同的接口。一般键盘和鼠标都是采用 PS/2 接口,只是键盘接口为紫色,鼠标接口为绿色。而 USB 接口为扁平状,而串口可连接方口鼠标和 MODEM 等,并口可连接打印机,RJ45 接口可连接网络,如图 2-14 所示。

3. 主板的性能指标

主板的性能参数包括所支持的 CPU 类型、内存种类、IDE 设备和 I/O 接口标准、扩展槽数量、主板质量及工艺水平等。

(1)主板对 CPU 的支持

CPU 的发展速度相当快,不同时期 CPU 的类型是不同的,而主板支持此类型就代表属于此类的 CPU 大多能在该主板上运行。每种类型的 CPU 在针脚、主频、工作电压、接口类型、封装等方面都有差异,尤其在速度性能上差异很大。只有购买与主板支持的 CPU 类型相同的 CPU,二者才能正常工作。

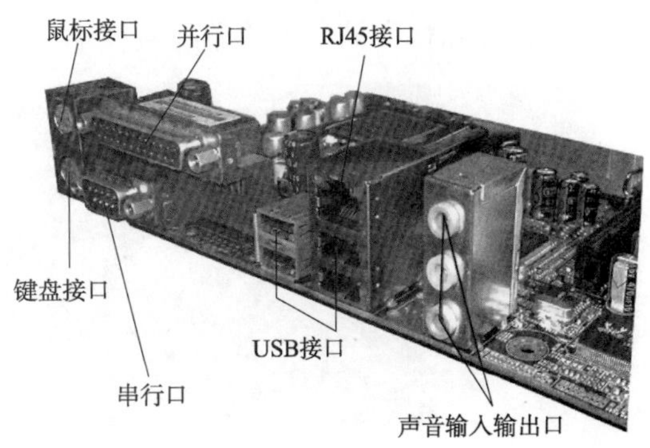

图 2-14　外部接口

(2)主板对内存的支持

不同的主板所支持的内存类型是不同的。内存类型主要有 FPM、EDO、SDRAM、RDRAM 以及 DDR DRAM 等。一般情况下,一块主板只支持一种内存类型。但也有例外,有些主板具有两种内存插槽,可以使用两种内存。

(3)主板的接口标准和数量

前面介绍了主板的接口类型,如 IDE 接口、SATA 接口、PCI 接口以及扩展接口等。这些接口的数量直接关系到主板能够支持的硬件数量,决定计算机升级的空间和支持硬件的种类。

(4)主板的质量及工艺水平

主板的质量及工艺水平优劣主要体现在:主板的做工是否精细,电路板的层数是否为多层板(一般要大于 4 层,最好在 6 层以上),各焊接点是否整洁,走线是否清晰简洁,主板的元件是否是高质量的贴片元件、高质量的电容,主板拿在手上是否有一定的重量,主板设计结构是否合理,是否利于安装其他配件以及散热处理,设计是否符合升级的需要,是否通过相应的安全认证测试等。

4. 主板的选购指南

当对主板的基本构造和类型已经有所了解后,那么在具体选购一款耐用可靠的主板时应该注意什么呢?

①注意芯片组。芯片组是主板的灵魂,对系统性能的发挥影响极大。不同的芯片组,性能有较大差别。

②注意稳定性。由于主板的电路十分复杂,它的生产工艺要求非常精细。通过观看焊点和线路布局,可以看出主板品质的好与差。还要注意 CPU 旁边的稳压电容容量应尽量大一点。现在主流北桥芯片发热量越来越大,因此北桥芯片最好要加散热片或散热风扇,以确保有较好的稳定性。

③注意扩展性。由于计算机发展速度和更新得很快,买回家用一段时间以后,可能还要升级,所以主板的扩展性也是十分重要的。

④注意散热性:CPU 的散热情况直接影响到它的稳定性,选主板时要注意 CPU 周边空间较宽松,能否安装一个较大的散热器,这会直接影响 CPU 的散热效果。

⑤BIOS 的调节功能。主板具有丰富的 BIOS 调节功能,可以尽量发挥硬件性能。一般的主板都具有 CPU 外频、倍频等调节功能,也有部分主板提供了 AGP、RIMM 甚至 PCI 电压调节,这些选项可以极大地提高频率。

⑥其他方面。留意主板的特色功能,有的主板有安全保护和报警功能等个性设计。留意主板附带的驱动及补丁是否完善,这些都为主板能否正常工作提供了保证。

下面是几种常见主板的品牌与型号,如图2-15所示。

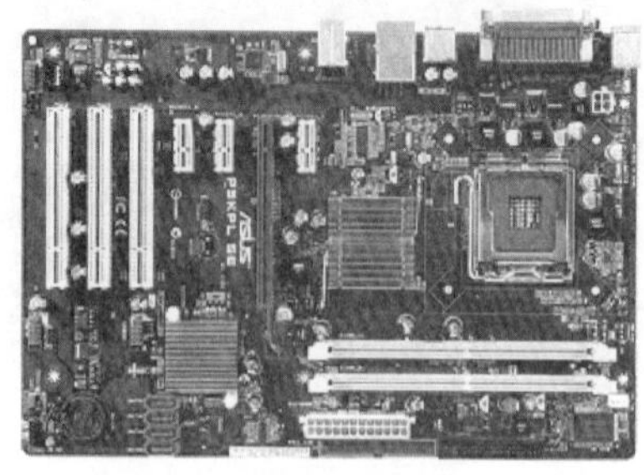

a)华硕P5KPL SE

b)微星K9N6PGM2-V

c)精英G31T-M7(V1.0)

d)七彩虹C.A785G TWIN V14

图2-15 主板的品牌与型号

【知识拓展】

主板的安装过程如下:

(1)打开主机箱的盖板;

(2)查看主机箱后外接口的孔与主板外接口是否相符,如不相符,就要先拿掉主机箱后外接口挡板,再将主板自带的挡板装上;

(3)对好方向将安装了CPU和内存条的主板放进主机箱,装好主板上的固定镙钉;

(4)将显卡、网卡插接好,连接好电源和面板控制线等设备;

(5)将安装好的硬盘、光驱的数据线和电源线插接好。

二、CPU

CPU(Central Processing Unit),又名中央处理器,它是计算机的心脏,主要由运算器和控制器组成。它的作用是,电脑系统开始运行时,从内存中读取操作系统或软件的指令和数据,并将计算结果返回内存,同时控制主板与外设的I/O进行输入输出。所以,CPU有相当于人类的大脑或是汽车的发动机的说法,如图2-16所示。

1. CPU的发展历程

CPU发展过程经历:8088→80286→80386sx 80386dx→80486sx 80486dx→80586(奔腾133-奔腾233 <赛扬233>)→奔腾二代(奔腾Ⅱ233 <赛扬233>-奔腾Ⅱ450 <赛扬450>)→奔腾三代(奔腾Ⅲ <赛扬>500-奔腾Ⅲ <赛扬>1.13G)→奔腾四代(奔腾Ⅳ1.4G-奔腾Ⅳ3.0)→(酷睿1.6-酷睿2.0)→(酷睿2 2.0-酷睿2 3.0)。

(1)了解 CPU 的早期发展

1979 年,Intel 公司推出了 8088 芯片,它是第一块成功用于个人电脑的 CPU。

1981 年,8088 芯片首次用于 IBM PC 机中,开创了全新的微机时代。

1982 年,Intel 推出 80286 芯片,它比 8086 和 8088 有了飞跃的发展,但它仍是 16 位结构。

1985 年,Intel 推出了 80386 芯片,它是 X86 系列中的第一种 32 位微处理器,而且制造工艺也有了很大的进步。1989 年,Intel 推出 80486 芯片,它的特殊意义在于这块芯片首次突破了 100 万个晶体管的界限,集成了 120 万个晶体管,并且在一个时钟周期内能执行 2 条指令。

图 2-16 CPU 正反面

(2)认识 CPU 的后期发展

Intel 系列 CPU:

①P1(Pentium 一代),最多见的是 P1 MMX,让 P1 有了解压 VCD 的能力。

②P2,除了频率上升,还出现了 P2 赛扬,占领了低端市场。

③P3 出现了三代。第一代是 Slot7 接口的,和内存一样是金手指插上的,最高到 P3 600。第二代是 Copper mine 核心的 P3,采用的是针脚接口,性能高,是 P3 时期每 MHz 处理能力最高的处理器,最高到 1.1GHz。最后是 Tuladin(图拉丁)核心的 P3,采用 socket370 接口,最高到 1.4GHz,超频能力非常好。P3 最杰出的一点是能够支持 SSE 指令集,让处理器有了解压 DVD 的能力,浮点运算能力也上了很大的一个台阶。

④P4 出现了四代,P4e 和 P4ee,频率最后达到了 3.8GHz。P4 时期最大的技术提升是处理器支持 SSE2、SSE3 和 EMT64 技术,采用了最小 65nm 技术,并且有了超线程技术,支持模拟的双核心,进一步提升了多任务能力。

⑤PD 时期最大的进步是,Intel 进入了双核心时代,取消了超线程技术。PE,你肯定没有听说过,这个实际上是 PD 的高端产品,就是加入了超线程技术的 PD,能看到 4 个核心,实际上是两个真实核心和两个虚拟核心。性能非常好,除了功率大以外,没有缺点。

⑥Core duo,酷睿 1,这个处理器只在笔记本和苹果的机子上能看到,普通的 PC 机上没有,优点是功率低,缺点是,和 PD 比,性能上没有优势。

⑦Core2 duo,酷睿 2,Intel 决杀产品,Core2 duo 的推出表明了经历了 10 年的奔腾系列的终结。Core2 duo,各方面性能优越,功率低。Core2 duo 在技术上来说,采用了共享 L2 Cache 的方式,提高了双核心的交流,多任务强劲,并且实现了每周期执行 4 个命令,支持了 SSE3 指令集。就现在来看,Core2 duo 除了价钱比较高以外,还没有其他处理器比同等级的 Core2 duo 性能高。

AMD 系列 CPU:

AMD CPU 后期分 K6、K7 和 K8 三个发展时期。

①K6 是 AMD 于 1997 年推出的,主频有 166MHz ~ 300MHz,总线频率为 66MHz。对应的是 Intel CPU 的 P1 和 P2。K6 分两代,基本上性能和同等级的 Intel 比稍微弱一点。不过

超频性能非常强,至少能超30%。

②K7和K7L,对应的是Intel CPU的P3和早期的P4,优点是频率低,性能高。就晚期K7L而言,性能上比同等级的Intel差一点,原因是前端总线只支持333,这个时期的Intel已经能够支持800的前端了。不过K7L的超频能力依然非常好。

③K8,是AMD的绝地反击。K8开始,AMD支持最高1000的前端总线。有三代,第一代是754接口的,支持DDR400单通道,第二代是939接口的,支持DDR400双通道,并且有了双核产品,第三代是AM2接口的,就是现在用的这种,支持DDR2双通道。

K8的优点非常明显,无论整数能力、浮点能力还是多任务处理,都全面超越了Intel的P4、PD,并且开始支持SSE3指令集和X86-64。

2. CPU的分类

一般来讲,CPU的分类并没有严格的划分标准,不过我们可以根据不同的方式对CPU进行分类。

①从CPU所使用的指令集划分,可分为CISC和RISC。

②以生产厂商划分,可将现在主流的CPU划分为Intel和AMD。Intel公司生产的CPU在技术和市场两方面都占主导地位。AMD公司是CPU生产的第二大厂商,其CPU具有更好的性能价格比,如图2-17所示。

Intel CPU

AMD CPU

图2-17 CPU

③按照使用规格不同,可分为台式机的CPU和笔记本电脑专用CPU。

④真正的CPU只是一小块的超集成电路板,为了保护CPU有必要对它进行封装处理,目前Intel的CPU多采用FC-PGA2的方式封装,而AMD的CPU则多采用OPGA的方式封装,新型的Athlon 64则采用了MPGA的方式封装。

⑤CPU的架构主要指CPU的接口类型。有金手指直插式Slot架构和针孔平插式Socket架构。由于CPU接口类型不同,它的插孔数、体积和形状都有变化,所以不能互相接插。

实际上大家都习惯把CPU分为AMD和Intel两大类。AMD和Intel的区别在于他们的浮点运算能力有差别,Intel的浮点运算能力要强于AMD,所以Intel的CPU在处理复杂的逻辑运算程序的方面要强于AMD,但是游戏上AMD的运行速度要高于Intel,这是因为游戏对浮点运算的要求不高。

3. CPU的性能指标

CPU一般由逻辑运算单元、控制单元和存储单元组成。大家需要重点了解的CPU主要指标参数如下。

(1)主频:也就是CPU的时钟频率,简单地说是CPU的实际工作频率,是评价CPU性能的一个重要指标。例如我们常说的P4(PentiumⅣ)1.8GHz,这个1.8GHz(1800MHz)就是

CPU 的主频。所以主频越高,CPU 的速度越快。当然主频不是影响 CPU 性能的唯一因素,只是影响 CPU 性能的主要因素之一。

(2)外频:即 CPU 的外部时钟频率,或称系统频率,是 CPU 与主板同步运行的频率。在 Pentium 时代,主板及 CPU 标准外频主要有 66MHz、100MHz 等几种,现在已经到了 400MHz。主板可调的外频越多、越高越好,特别是对于超频者比较有用。

(3)倍频:是指 CPU 的运行频率与整个系统外频之间的倍数。例如 Athlon 2000 + 的 CPU,其外频为 133MHz,所以其倍频为 12.5 倍。

主频、外频和倍频三者的关系:主频 = 外频 × 倍频。

(4)接口:指 CPU 和主板连接的接口。主要有两类:一类是卡式接口,称为 Slot,这种接口的 CPU 目前已被淘汰;另一类是主流的针脚式接口,称为 Socket,Socket 接口的 CPU 有数百个针脚,因为针脚数目不同而称为 Socket 478、Socket 462、Socket 423 等。

(5)缓存:是指可以进行高速数据交换的存储器,它先于内存与 CPU 交换数据,速度极快,所以又被称为高速缓存。

(6)制造工艺

早期的处理器都是使用 0.5μm 工艺制造出来的,随着 CPU 频率的增加,原有的工艺已无法满足产品的要求,于是便出现了 0.35μm 以及 0.25μm 工艺。制作工艺越精细意味着单位体积内集成的电子元件越多,而现在,采用 0.18μm 和 0.13μm 制造的处理器产品是市场上的主流。例如,Northwood 核心 P4 采用了 0.13μm 生产工艺,使用 Socket 478 接口。

(7)电压(Vcore)

CPU 的工作电压指的是 CPU 正常工作所需的电压,与制作工艺及集成的晶体管数相关。正常工作的电压越低,功耗越低,发热减少。CPU 的发展方向,也是在保证性能的基础上,不断降低正常工作所需要的电压。

(8)封装形式

所谓 CPU 封装是 CPU 生产过程中的最后一道工序,封装是采用特定的材料将 CPU 芯片或 CPU 模块固化在其中以防损坏的保护措施,一般必须在封装后 CPU 才能交付用户使用。CPU 的封装技术不同,它的外形和安装形式也就不同。

4. 主流 CPU 产品介绍

(1)Intel CPU

①Intel Pentium 系列。

②Intel Celeron 系列。目前市场上较常见的 Celeron 处理器有 Celeron 4 和 Celeron D 两种。

③Xeon 系列。除了以上系列的处理器外,Intel 还推出了服务器和高端工作站使用的 Xeon 至强处理器。Intel 率先在服务器领域推出了 64 位 Xeon 至强处理器,基于 Nocona 核心。

④迅驰系列。

迅驰一代 Banias:此类 CPU 核心采用 130nm 制造工艺,二级缓存 1M,外频 100MHz,总线 400MHz,主要适配的芯片组是 855 芯片组,主频有 1.3GHz、1.4GHz、1.5GHz、1.6GHz、1.7 GHz,核心电压 1.388 ~ 1.484V,功耗 24.5W 左右,热量小于 100℃。

迅驰二代 Dothan:此类 CPU 核心采用 90nm 制造工艺,二级缓存 2M,外频 100MHz,总线 400MHz,主要适配的芯片组是 855 芯片组,主要型号有 710、715、725、735、745 755、765。

迅驰二代 Sonoma:此类 CPU 核心采用 90nm 制造工艺,二级缓存 2M,外频 133MHz,总线 533MHz,主要适配的芯片组是 915 芯片组,主要型号有 730、740、750、760、770 780,核心电压

1.287 ~ 1.4V,功耗 27W,热量小于 100℃。

迅驰三代 Yonah:分为单核 Core solo 和双核 Core duo。

(2)AMD CPU

目前,常见的 AMD CPU 有 Athlon,Athlon64 和 Sempron 等,下面分别进行介绍。

①Athlon 系列:Athlon 是目前 AMD 为了和竞争对手 Intel 抗衡所推出的一款面向中低端的 CPU。

②Athlon64 系列:Athlon64 系列是 AMD 最新的 64 位 CPU,面向个人用户推出了 Athlon64 和 Athlon64 FX。

③Sempron 系列:AMD 面向低端市场的处理器是 Sempron 系列,Sempron 系列还有一种采用 Athlon64 的 SledgeHammer 核心的处理器,有 Socket 754 和 Socket 939 两种接口,不过它并不支持 x86-64 指令集,二级缓存也降为 256KB,而且只支持单通道 DDR 内存。

5. 认识 CPU 编号

CPU 的编号记载着诸如主频、型号、缓存容量、额定电压、封装方式、产地、生产日期等信息。

Intel 的 CPU,如图 2-18 所示,这种型号的 CPU 是:酷睿 2(CORE)E4500,2.2GHz,800 外频,2M 缓存,产地是马来西亚。

AMD 的 CPU,如图 2-19 所示,右边的图是 AMD CUP 中间的编号的放大图。

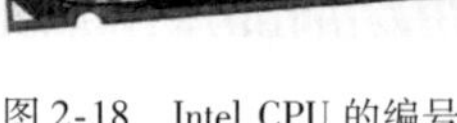

图 2-18 Intel CPU 的编号

图 2-19 AMD CPU 的编号

第一行:AMD Athlon(TM),就是 AMD Athlon。

第二行:A1000AMT3C,A 代表这款 CPU 是 Thunderbird;后面的 1000 代表的是这款 CPU 的主频是 1G;1000 后面的 A 代表 CPU 的封装方式是 PGA 封装;后面的 M 代表 CPU 的核心电压是 1.75V,M 后面的 T 代表的是 CPU 的工作温度是 90℃;在 T 后面的 3 是二级缓存的容量是 256K;在 3 后面的 C 代表的是前端总线是 266MHz。

第三行:AXIA0117MPMW 是 AMD CPU 生产线上的编号。

第四行:Y6278750317,Y 一般认为与超频有关,很多测试表明如果在 Y 的位置出现的是字母,那么这块 CPU 的超频能力应该很强。

6. CPU 的选购指南

前面已经介绍了 CPU 主要技术参数、CPU 主流产品和 CPU 编号,下面再来看一下 CPU 的选购,注意以下四点。

(1)盒装 CPU 和散装 CPU

虽然相同型号的盒装 CPU 和散装 CPU 在性能指标、生产工艺上完全一样,但由于产品发行渠道不同等因素,盒装 CPU 较散装 CPU 更有质量保证,当然价格也要贵一些。建议选择盒装 CPU,如图 2-20 所示。

(2)CPU 主频与外频

选购者往往是通过 CPU 的主频来判断计算机性能的好坏，其实相同外频而不同主频的 CPU 在性能上差别并不大。所以在选择 CPU 时，建议选择一个前端总线（FSB）高的 CPU。

(3)CPU 的发热量

CPU 的发热量经常会被选购者所忽略，如果 CPU 的发热量过大，则容易造成计算机运行不稳定，甚至烧坏 CPU。如果选择了发热量过大的 CPU，那一定要选择一款散热好的风扇。

(4)选择质保时间长的 CPU

质保时间越长相对质量会好些，质保期内承诺质量保证。

图 2-20　盒装的 CPU

7. CPU 散热器

随着 CPU 的频率不断提高，CPU 的发热量也在不断地上升，CPU 的散热问题变得越来越重要了。经过近几年的发展，散热器的产品除了不断丰富之外，在技术上也逐渐成熟，如图 2-21 所示。

(1)散热方式与分类

散热方式是指散热器散热的主要方式。从热力学角度说，散热就是热量传递，而热量的传递方式主要有三种：热传导、热对流和热辐射。这三种热传递方式常常是同时发生，共同起作用的。

根据 CPU 散热器散热方式的不同可以分为风冷式、热管散热、水冷式、半导体制冷式和液态氮制冷等几种类型，但常用的散热器仍然是风冷式，如图 2-22 所示。散热器由散热片和风扇两部分组成。

a)超频三青鸟

b)九州风神阿尔法

c)幼冷大黄蜂

图 2-21　各种款式的 CPU 散热器

图 2-22　CPU 散热器

(2)散热片

一个 CPU 散热器的散热性能好坏，跟散热器的散热方式、材料（纯铜、纯铝、铜底、铜铝合金等）、体积这几个方面都有关系。散热片除了与材料有关，还与散热片设计和工艺有关。

(3)风扇

风扇的作用是加快散热片表面空气的流动速度，以提高散热片和空气的热交换速度。一款好的风扇主要考察风量、风压大小和噪音大小，还有就是使用寿命的长短。

【重点提示】

在安装CPU风扇时别忘了在CPU与散热片之间涂点硅胶,这样是为了散热效果更好。

安装主板和CPU

一、操作目的

①熟悉各类主板的性能、结构特点,认识主板的各种接口的作用。

②掌握鉴别CPU类型,认识CPU编号及性能。

③熟练掌握安装主板、安装CPU及安装CPU风扇的方法。

二、操作工具及设备

P4主板若干块,P4 CPU若干块,相配套的CPU风扇若干个,机箱4个,10把带磁性十字螺丝刀,如图2-23所示。

图2-23 实验设备示意图

三、操作步骤

①分组分别发放一块主板、一块CPU、一个CPU风扇,一把带磁性十字螺丝刀。

②各组学员分别讲解认识主板各种型号的方法。

③学员分别认识CPU、CPU风扇的不同类型。

④将CPU、CPU风扇安装到主板上。

⑤将安装好CPU和CPU风扇的主板,安装到主机箱内(装上固定螺丝)。

任务工作单

项目学习:主机部件的配置 工作任务:主板与 CPU 的配置	班级			
	姓名		学号	
	日期		评分	

一、工单内容

1. 熟悉主板的分类、结构、组成,并掌握安装方法。
2. 熟悉 CPU 的发展、分类、性能指标,并掌握安装方法。

二、准备工作

1. 目前主板上连接外部设备的扩展槽通常有________和________两种。
2. CPU 又叫中央处理器,主要包括________和________,内部结构可以分为______、______和______三大部分。
3. 主板上的 CPU 接口主要分为______和______两种。
4. CPU 的主频、外频、倍频这三者的关系是:________________。
5. 下列不生产芯片组的厂商是______。

   A. IBM　　B. LG　　C. ALI　　D. Intel
6. BIOS 芯片通常使用以下哪种存储器____________。

   A. ROM　　B. RAM　　C. DDRAM　　D. RAM
7. 现在主板上一般提供______个 IDE 接口。

   A. 1　　B. 2　　C. 3　　D. 4
8. 下列规格的主板插槽中,______只能适用于显卡。

   A. ISA　　B. EISA　　C. PCI　　D. AGP
9. 识别下列 CPU 的类型。

答:__________　　　　答:__________

10. 下列主板适合安装哪种类型 CPU?

答:__________　　　　答:__________

三、任务操作

1. 各组学员分别讲解认识主板各种型号的方法。

2. 学员分别认识 CPU、CPU 风扇的不同类型。

3. 将 CPU、CPU 风扇安装到主板上。

4. 将安装好 CPU 和 CPU 风扇的主板，安装到主机箱内（装上固定螺丝）。

四、工作小结

1. 在完成工作任务的过程中，你是如何计划并实施的，在小组中承担了哪些具体工作？

2. 对本次工作任务，你有哪些好的建议和意见？

工作任务二　内存与硬盘的配置

任务概述

【情境假设】

今天有一个学生拿着内存条和主机来找我，说："我刚买的内存条怎么用不成？帮我看看！"我看了一下他拿来的内存条，再打开他的主机箱一看，说："用不了的原因是因为你买的内存条与主板上的内存插槽不匹配，你买之前都没有看一下你的机子用的是什么内存条？"他说："我不知道，我以为买一根大容量的内存就能提高机子的速度"。原来是内存条的种类造成这样的麻烦。

计算机系统中，存储器根据其处于不同的位置而有内外之分。内存储器由于结构、价格、容量等原因，在使用上受到限制。外存储器由于价格较低、容量大、可移动性等原因而被广泛使用。外存储器用于存储暂时不用的程序和数据，包括硬盘、光盘、闪存(U 盘)等。本任务将对常用的内、外部存储设备进行介绍。

任务知识

一、内存

内存条，全称为内存储器，简称内存，用于存放计算机当前待处理的信息和常用的信息。容量不大，但存取速度很快。内存包括 RAM、ROM 和 Cache。RAM(随机存取存储器)是电脑的主要存储器，人们习惯将 RAM 称为内存。RAM 的最大特点是关机或断电后数据便会丢失。内存越大的电脑，能同时处理的信息量越大，计算机速度也就越快。我们一般用刷新时间来评价 RAM 的性能，单位为 ns(纳秒)，刷新时间越小存取速度越快。常用的内存条由储存芯片、SPD 芯片、印刷电路板以及少量电阻等辅助元件组成。

1. 内存的分类

①内存从标准上可以分为：SIMM、DIMM

②内存从外观上可以分为：72 线、144 线、168 线(如 SDRAM)、184 线(如 DDR SDRAM)、200 线和卡式、插座式。

③内存从芯片类别上可以分为：FPM、EDO、SDRAM、DDR SDRAM、RAMBUS、DDRⅡ，如图 2-24(1)(2)(3)(4)分别所示。

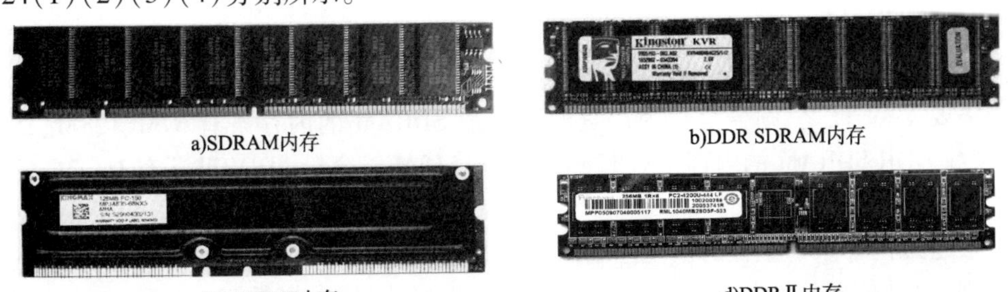

a)SDRAM内存　b)DDR SDRAM内存　c)RAMBUS内存　d)DDRⅡ内存

图 2-24　内存按芯片类别分类

2. 内存的性能指标

内存的性能指标包括存储速度、存储容量、CAS 延迟时间、内存带宽等，下面对它们进行简单介绍。

（1）存储速度

内存的存储速度用存取一次数据的时间来表示，单位为纳秒，记为 ns，1 秒 = 10 亿纳秒。ns 值越小，表明存取时间越短，速度就越快。目前，DDR 内存的存取时间一般为 6ns，而更快的存储器多用在显卡的显存上，如 4ns、3.6ns、2.8ns 等。

（2）存储容量

目前常见的内存存储容量单条为 256MB、512MB、1GMB，当然也有单条 2GB 的内存，不过其价格较高。提示：内存存储容量的换算公式为，1GB = 1024MB = 1024 × 1024KB。

（3）CL

CL 是 CAS Lstency 的缩写，即 CAS 延迟时间，是指内存纵向地址脉冲的反应时间，是在一定频率下衡量不同规范内存的重要标志之一。

（4）内存带宽

从内存的功能上来看，我们可以将内存看作是内存控制器（一般位于北桥芯片中）与 CPU 之间的桥梁或仓库。显然，内存的存储容量决定“仓库”的大小，而内存的带宽决定“桥梁的宽窄”，两者缺一不可。

【重点提示】

内存带宽的确定方式为：B 表示带宽、F 表示存储器时钟频率、D 表示存储器数据总线位数，则带宽 B = F * D/8 如常见 100MHz 的 SDRAM 内存的带宽 = 100MHz * 64bit/8 = 800MB/s。

3. 内存选购指南

和其他产品一样，内存也有品牌的区别。但内存品牌和内存芯片品牌并非同一个概念，我们通常所说的品牌，其实是内存芯片的生产厂商的名称，即内存芯片的品牌。市场上就有不少采用现代或三星内存芯片生产的内存，品质还是十分值得信赖的。目前市场上知名的内存品牌主要有金士顿、威刚、海盗船、金邦科技、宇瞻、三星、HY（现代）等，如图 2-25 所示。

（1）规格与速度

到目前为止，出现过的内存规格主要有 FPM、EDO、SDRAM、RDRAM 以及 DDR SDRAM 等。当前主流的内存标准是 DDR SDRAM，其按传输速率可分为 DDR 200、DDR 266、DDR 333 以及 DDR 400，其标准工作频率分别 100MHz、133MHz、166MHz 和 200MHz，对应的内存传输带宽分别为 1.6GB/s、2.12GB/s、2.66GB/s 和 3.2GB/s，非标准的还有 DDR 433、DDR 500 等。

（2）选购内存容量

内存容量的选购应按主机的配置来决定，电脑运行速度需要提升，内存要足够大，其他配置也需要支持，反之，则会浪费内存资源。以前 SDRAM 的内存条有 64M、128M、256M 等容量；现在 DDR SDRAM 的内存条有 128M、256M、512M 等容量，DDRⅡ还有 1G、2G 的容量。

（3）兼容性

一般是说内存条与主板的匹配问题。如果是老的主板，就必须买 16 颗粒的，8 颗粒的没办法识别，如果是 815 的主板，选 8 颗粒的性能会更好。另外，当需要内存扩容时，也要考虑新买的内存与原来的内存各方面的匹配问题。

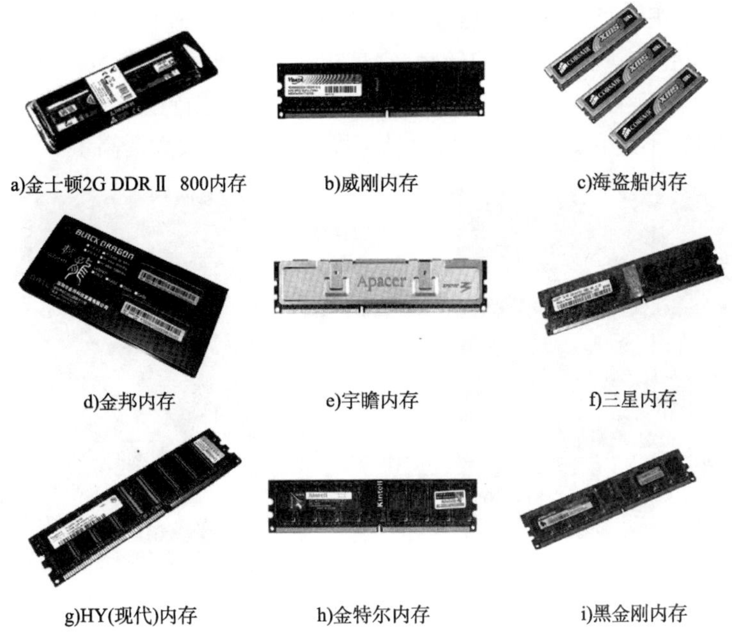

a)金士顿2G DDRⅡ 800内存　b)威刚内存　c)海盗船内存
d)金邦内存　e)宇瞻内存　f)三星内存
g)HY(现代)内存　h)金特尔内存　i)黑金刚内存

图 2-25　常见内存的品牌

(4)适用度

在选择速度和容量时,还需要兼顾价格。根据用户使用的情况,酌情考虑,够用即可。

【重点提示】

在扩容内存时,选择新的内存要与旧的内存的传输带宽和工作频率相匹配。

二、硬盘

硬盘是计算机中存储数据的重要部件,同时也是影响系统整体性能的重要部分。所以,选择一个好的硬盘是非常重要的。当然,要能选购到一块满意的硬盘必须先了解它的结构和工作原理。

1. 硬盘的结构和工作原理

(1)硬盘的组成与结构

可以把硬盘比喻成我们电脑储存数据和信息的大仓库。一般说来,无论哪种硬盘,都是由盘片、磁头、盘片主轴、控制电机、磁头控制器、数据转换器、接口、缓存等几个部分组成,如图 2-26 所示。

所有的盘片都固定在一个旋转轴上,这个轴即盘片主轴。而所有盘片之间是绝对平行的,在每个盘片的存储面上都有一个磁头,磁头与盘片之间的距离比头发丝的直径还小。所有的磁头连在一个磁头控制器上,由磁头控制器负责各个磁头的运动。磁头可沿盘片的半径方向动作,而盘片以每分钟数千转到上万转的速度高速旋转,这样磁头就能对盘片上的指定位置进行数据的读写操作。

(2)硬盘的工作原理

现在的硬盘,无论是 IDE 还是 SCSI,采用的都是“温彻思特”技术,具备以下特点:一是磁头、盘片及运动机构密封;二是固定并高速旋转的镀磁盘片表面平整光滑;三是磁头沿盘片径向移动；四是磁头对盘片接触式启停，但工作时呈飞行状态不与盘片直接接触。

传统硬盘实际上是一个高密度的磁盘，它是在一块硬质基板上涂覆了磁粉，通过读写磁头产生的磁场改变磁盘上每个磁道记录单元内磁体方向来进行读写处理。就像一张类似原来的 3 寸、5 寸磁盘，不过它是金属盘片，而且密度、可靠性都大大提高了。

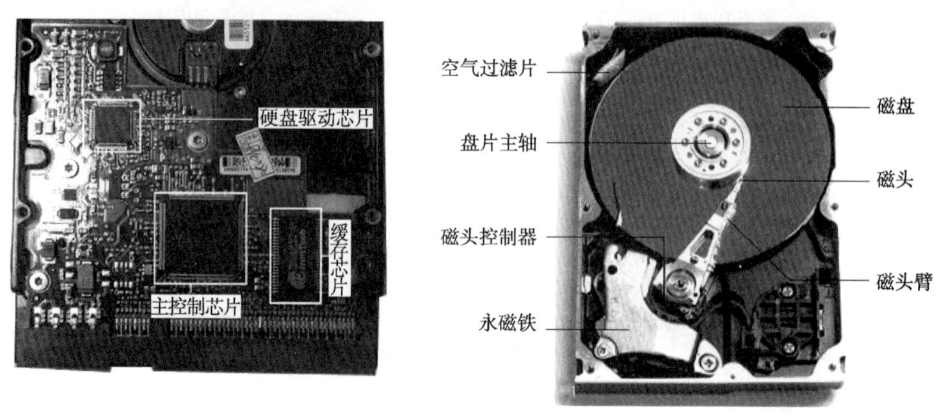

图 2-26 硬盘的内部结构

2. 硬盘的分类和工作方式

(1)硬盘的分类

分类方式主要有两种：

一是按接口不同可分为 IDE 接口、SATA(串行 ATA)接口和 SCSI 接口。ATA 是高速硬盘接口的一个标准，IDE 也是 ATA 规格的一种，随着计算机技术的发展，在 ATA 标准下有多个规格。如 ATA-2 接口(也就是 EIDE 接口)，还有现在使用广泛的 SATA 接口。SCSI 接口一般用于小型计算机或服务器的硬盘接口。具体如图 2-27 所示。

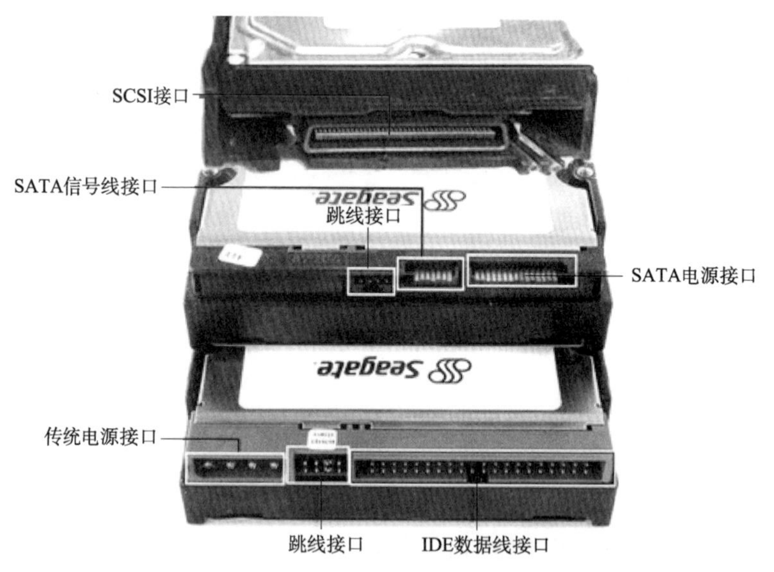

图 2-27 SCSI、SATA、IDE 硬盘接口

二是按物理大小可分为 3.5 英寸和 5.25 英寸。一般来说，硬盘越小，所需的材料越少，所耗电能越少，读、写速度越快。

其次，按使用方式不同有移动硬盘和固定硬盘之分，台式硬盘与笔记本硬盘之分。

(2)硬盘工作方式

硬盘工作方式,跟它的磁区计算公式有关,大致可分为下列三种:

①NORMAL 正常方式:这个方式是指硬盘以未转换过的原始参数值来驱动,所以在早期大于 540MB 的硬盘,都会因为 BIOS/DOS 的原因而使硬盘容量变小。

②LARGE 大方式:它以扩充方式,可以读取 2048 ~ 4096 个柱面的大容量硬盘,在该模式中可支持的最大硬盘容量为 1GMB。

③LBA 方式:它的运行方式类似 SCSI 界面,在该模式下,才能使用到 100% 的容量,同时发挥硬盘应有的传输率。

3. 硬盘的参数和技术指标

(1)硬盘的物理参数

①柱面数:指硬盘每个盘面上划分的磁道数。

②磁头数:指一个硬盘的读写磁头总数,也是硬盘的盘面总数。

③扇区数:指盘面上每个磁道上划分的记录数据的基本区域的数目,每个小区域为 512 字节。

④存储容量:分为非格式化容量和格式化容量,单位为 MB 和 GB。格式化容量一般为非格式化容量的 80%。硬盘容量计算公式:容量 = 柱面数 × 扇区数 × 每扇区字节数 × 磁头数。

⑤间隔存取因子:是主机读写硬盘时,按逻辑顺序读写的扇区之间物理区号的间隔数。

⑥写预补偿:指开始调整写电流的磁道号。

⑦磁头着陆区:指关机时,读写磁头应优先停放的磁道号。

(2)硬盘性能指标

①盘片每英寸磁道数和数据位数:这是两个关系到磁盘存放数据的密度指标。TPI 是指沿半径方向每英寸的磁道数,而 BPI 是沿磁道方向每英寸的数据位数。

②主轴转速:硬盘的主轴转速是决定硬盘内部数据传输率的决定因素之一,它在很大程度上决定了硬盘的速度,同时也是区别硬盘档次的重要标志。

③寻道时间:该指标是指硬盘磁头移动到数据所在磁道而所用的时间,单位为毫秒(ms)。

④道至道时间:该指标表示磁头从一个磁道转移至另一磁道的时间,单位为毫秒(ms)。

⑤高速缓存:该指标指在硬盘内部的高速存储器。目前硬盘的高速缓存一般为 512KB ~ 2MB,SCSI 硬盘的更大。购买时应尽量选取缓存为 2MB 的硬盘。

⑥平均访问时间:该指标指磁头开始移动直到最后找到所需要的数据块所用的时间,单位为毫秒。

⑦最大内部数据传输率:该指标名称也叫持续数据传输率,单位为 MB/s。它是指磁头至硬盘缓存间的最大数据传输率,一般取决于硬盘的盘片转速和盘片线密度(指同一磁道上的数据容量)。

⑧连续无故障时间(MTBF):该指标是指硬盘从开始运行到出现故障的最长时间,单位是小时。一般硬盘的 MTBF 至少在 30000 小时以上。

⑨外部数据传输率:该指标也称为突发数据传输率,指从硬盘缓冲区读取数据的速率。在硬盘特性表中常以数据接口速率代替,单位为 MB/s。目前,主流的硬盘已经全部采用 UDMA/ 100 技术,外部数据传输率可达 100MB/s。

4. 硬盘数据结构

刚选购的硬盘需要将它分区、格式化,然后再安装上操作系统才可以使用。经过分区、格式化、安装系统的操作硬盘形成了主引导扇区、操作系统引导扇区、文件分配表(FAT)、目录区(DIR)和数据区(DATA)五部分。

(1)主引导扇区

主引导扇区位于整个硬盘的0磁道0柱面1扇区,包括硬盘主引导记录MBR(Main Boot Record)和分区表DPT(Disk Partition Table)。其中主引导记录的作用是检查分区表是否正确以及确定哪个分区为引导分区,并在程序结束时把该分区的启动程序(也就是操作系统引导扇区)调入内存加以执行。

【重点提示】

硬盘的主引导扇区是唯一的。

(2)操作系统引导扇区

OBR(OS Boot Record)即操作系统引导扇区,通常位于硬盘的0磁道1柱面1扇区(这是对于DOS来说的,对于那些以多重引导方式启动的系统则位于相应的主分区/扩展分区的第一个扇区),是操作系统可直接访问的第一个扇区,它也包括一个引导程序和一个被称为BPB(BIOS Parameter Block)的本分区参数记录表。其实每个逻辑分区都有一个OBR,其参数视分区的大小、操作系统的类别而有所不同。

(3)文件分配表

FAT(File Allocation Table)即文件分配表,是DOS/Win9x系统的文件寻址系统,为了数据安全起见,FAT一般做两个,第二个FAT为第一个FAT的备份, FAT区紧接在OBR之后,其大小由本分区的大小及文件分配单元的大小决定。

(4)目录区

DIR是Directory即根目录区的简写,DIR紧接在第二FAT表之后,只有FAT还不能定位文件在磁盘中的位置,必须FAT和DIR配合才能准确定位文件的位置。DIR记录着每个文件(目录)的起始单元(这是最重要的)、文件的属性等。定位文件位置时,操作系统根据DIR中的起始单元,结合FAT表就可以知道文件在磁盘的具体位置及大小。

(5)数据区

DATA虽然占据了硬盘的绝大部分空间,但如果没有了前面的各部分,也只能是一些二进制代码,没有任何意义。我们通常所说的格式化程序(指高级格式化,例如DOS下的Format程序),并没有把DATA区的数据清除,只是重写了FAT表而已,至于分区硬盘,也只是修改了MBR区和OBR区的记录,绝大部分的DATA区的数据并没有被改变,这也是许多硬盘数据能够得以修复的原因。需要提醒大家的是,如果你经常整理磁盘,那么你的数据区的数据可能是连续的,这样即使MBR、FAT、DIR全部坏了,数据也有可能被恢复。

【重点提示】

恢复文件的前提是你没有对数据区进行写入操作(也就是没有覆盖这个文件的区域)。

5. 硬盘的主要品牌

现在市场的硬盘主要有以下几个品牌:

(1)希捷:希捷是市场销量最大的硬盘品牌,五年质保也是所有品牌中最长的,不过对比发现,希捷硬盘前三年的保修还是比较实在的,第四年、第五年对于一般用户来说比较麻烦。

(2)迈拓:迈拓硬盘被希捷收购之后,从宣传到市场都开始逐渐走下坡路,但是我们发现,在整合渠道之后,迈拓硬盘的售后做得相当不错。

(3)日立:日立硬盘在过去的测试中,性能比较出色,继承 IBM 硬盘的多项专利,造就了日立硬盘良好的持续发展。

(4)三星:三星硬盘分为金盘和银盘,所享受的质保是不一样的,在购买的时候需要加以注意,三星硬盘的发热控制得非常出色,需要硬盘长时间工作的不妨考虑下。

(5)西数:西数硬盘在市场的占有率不高,主要是性能不是很出色,GD 系列是所有品牌中唯一的万转家用硬盘,是不少发烧友的首选,不过容量有待于提高。常见硬盘品牌如图2-28所示。

a)日立320G 5400 8M　b)三星500GB 5400 8M　c)西部数据500GB7200转32M

d)希捷250GB 7200.12 8M　e)迈拓160G 7200转8M　f)IBM 250GB 5400转8M

图 2-28　常见硬盘品牌

6. 硬盘的选购指南

硬盘的选购,用户一般会注意以下方面:一是保修、二是性能、三是价格。现在硬盘的性能和价格已经趋于相近,所以对于硬盘的保修要求更为重要。

其实在硬盘选购时还应该关心其他一些因素,如硬盘容量大小、转速、硬盘的缓存、内部传输率、噪声和散热等。

①硬盘的容量:一般说硬盘的盘片数和单盘片的容量是决定硬盘容量大小的因素,在选购时尽量选单盘片容量大的硬盘。

②转速:是指硬盘内主轴的转动速度,一般有 5400rpm、7200rpm 和 10000rpm 等,转速越快读写速度自然就越快。

③硬盘的缓存:是指在硬盘内部的高速存储器,也是硬盘重要指标之一,一般有 4MB、8MB 和 16MB 等。

④内部传输率:这是需要重点关注的指标,目前市场主流硬盘的内部传输率都在 100MB/s 左右。

【重点提示】

硬盘的内部传输率常常使用 MB/s 或 Mbps 为单位,Mbps 这是兆位/秒的意思,如果需要转换成 MB/s(兆字节/秒),就必须将 Mbps 数据除以 8。例如,有的硬盘给出最大内部数据传输率为 240Mbps,但如果按 MB/s 计算就只有 30MB/s。

【知识拓展】

1. 硬盘的读写原理

系统将文件存储到磁盘上时,按柱面、磁头、扇区的方式进行,即最先是第 1 磁道的第一磁头下(也就是第 1 盘面的第一磁道)的所有扇区,然后,是同一柱面的下一磁头。一个柱面存储满后就推进到下一个柱面,直到把文件内容全部写入磁盘。

系统也以相同的顺序读出数据。读出数据时通过告诉磁盘控制器要读出扇区所在的柱面号、磁头号和扇区号(物理地址的三个组成部分)进行。

2. IDE 双硬盘的安装与设置

①准备工作。在开始安装双硬盘前,用户需要先考虑几个问题。首先是机箱内空间是否充足,因为机箱托架上能安装的配件非常有限,如果你又安装了双光驱或者一个光驱一个刻录机,然后再安排第二块硬盘的空间就有些困难。其次是电源功率是否够用,如果电脑运行时,电源功率不足,经常会导致硬盘磁头连续复位,这样对硬盘的损伤是显而易见的,而且长期电源功率不足,对电脑其他配件的正常运行也非常不利。

②主从设置。主从设置虽然很简单,但可以说是双硬盘安装中最关键的。现在的硬盘正面或反正一般都印有主盘(Master)、从盘(Slave)及由电缆选择(Cable Select)的跳线方法,按照图示就能正确进行硬盘跳线。如图 2-29a)所示。

③硬盘固定。接下来,也是最后一步,用十字螺丝刀打开机箱,在空闲插槽中挂上已经设置好主、从盘跳线的硬盘,并将硬盘用螺丝钉固定牢固。如图 2-29b)所示。

④硬盘连线。双硬盘安装中的硬盘连接方法与单硬盘完全一样,即正确连接电源线、数据线即可。如图 2-29c)、d)所示。

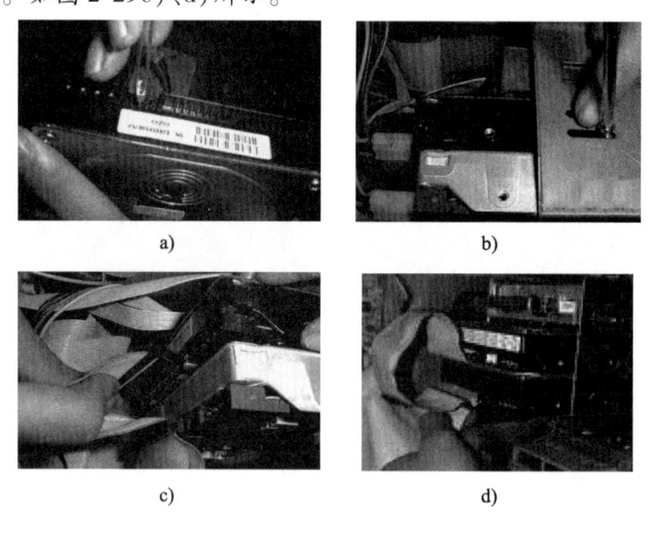

a) b) c) d)

图 2-29　双硬盘安装过程示意图

任务实施

硬盘和内存条的安装

一、操作目的

①掌握鉴别内存条类型、品牌、编号及性能的方法。

②熟练掌握选购内存条和安装内存条的方法。

③掌握鉴别硬盘品牌、编号及性能的方法。

④熟练掌握安装硬盘的方法和过程。

⑤熟悉硬盘电源、数据线接口,掌握硬盘的跳线设置方法。

二、操作工具及设备

准备各种接口的硬盘若干个,几个能安装硬盘的机箱或主机,各类型内存条若干,如图2-30所示。

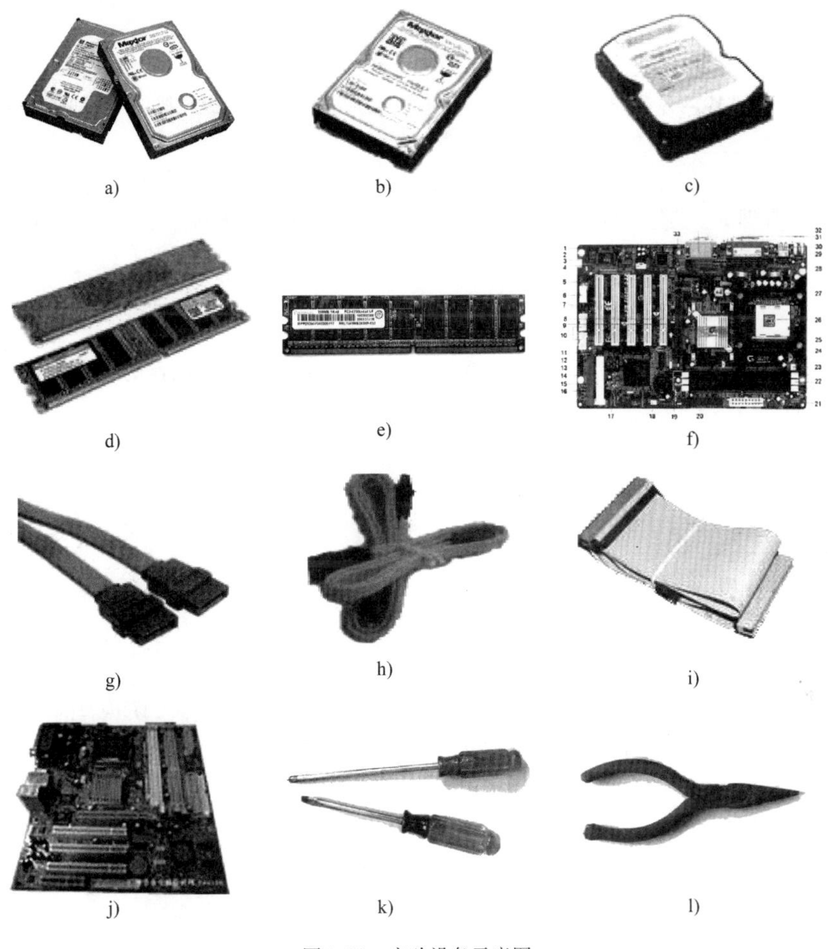

图2-30　实验设备示意图

三、操作步骤

①分组轮换,每个同学观察和讲解不同类型的内存条,注意内存条的外形、缺口位置和数量、编号参数和品牌。

②根据已有主板上的内存插槽,试挑选(或模拟选购)一根匹配的内存条。

③根据已有的内存条试安装到一块匹配的主板上。

④上网查看现在主流内存条产品品牌及型号。

⑤在网上试选购一款自己满意的内存条,并说明挑选的理由。

任务工作单

<table>
<tr><td rowspan="3">项目学习:主机部件的配置
工作任务:内存与硬盘的配置</td><td>班级</td><td colspan="3"></td></tr>
<tr><td>姓名</td><td></td><td>学号</td><td></td></tr>
<tr><td>日期</td><td></td><td>评分</td><td></td></tr>
</table>

一、工单内容

1. 熟悉硬盘的分类、结构和组成,并掌握安装方法。

2. 熟悉内存条的发展、分类和性能,并掌握安装方法。

二、准备工作

1. 内存又称为________、________。

2. 区别 DDR SDRAM 内存插槽和 SDRAM 内存插槽的方法非常简单,168 线的 SDRAM 内存插槽上有________个缺口,________线的 DDR SDRAM 内存插槽上有________个缺口。

3. 内存条由________、________、________以及少量________等辅助元件组成。

4. SDRAM 的管脚是________线,最高读写速率是____ ns,传输带宽达到________; DDR SDRAM 的管脚________线,传输带宽达到________;RDRSAM 的传输带宽达到________。

5. 硬盘主要包括________、________、________、________、________、________、________、________几个部分。

6. ________、________、________、________和________的数量决定了硬盘容量的大小,硬盘容量可用如下公式计算:

容量 = (512B/______) × (______/______) × (______/______) × ________

7. 硬盘的平均访问时间 = ____________________和____________________。

8. 硬盘缓冲区实质上是一块小的____________,其类型一般是____________或____________,目前以______为主。

9. 以下哪种是 184 线内存________。

A. EDO　　B. RDRAM　　C. DDR SDRAM　　D. FPM

10. 衡量内存性能优劣的质量指标不包括以下哪项________。

A. 内存容量　　B. 内存速率　　C. 数据带宽　　D. 内存的线数

11. 在计算机的存储系统中,存取数据速度最快的是________。

A. RAM　　B. CACHE　　C. HD　　D. CD—ROM

12. 微型计算机的性能指标中的内部存储器容量是指________。

A. ROM 的容量　　B. 硬盘的容量

C. RAM 和 ROM 的容量　　D. RAM 的容量

13. 计算机的存储系统一般是指________。

A. ROM 和 RAM　　B. 硬盘和软盘　　C. 内存和外存　　D. 硬盘和 RAM

14. 影响硬盘容量的因素不包括以下哪项________。

A. 磁道数　　B. 扇区大小　　C. 磁头数　　D. 硬盘转速

15. Normal 模式支持的硬盘最大容量是多少________。

A. 528MB　　B. 137.3GB　　C. 8.4GB　　D. 9.6GB

16. 填写出下列序号的硬盘接口的名称。

答:(1)________________,(2)________________,

(3)________________,(4)________________,

(5)________________,(6)________________,(7)________________。

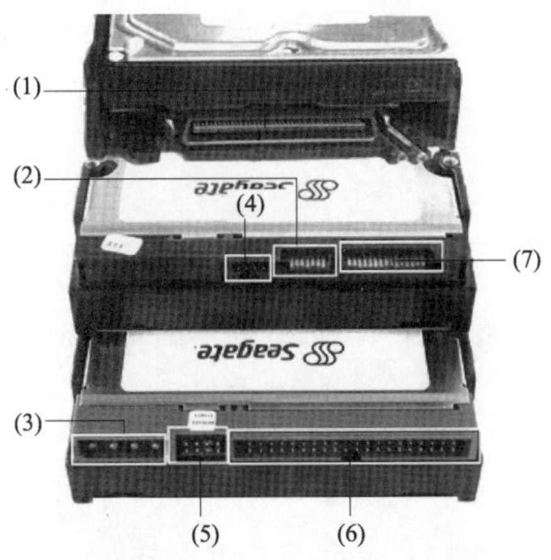

17. 鉴别下列内存条，说出它们的类型名称。

答：____。

答：____。

三、任务操作

1. 叙述硬盘的接口与匹配的数据线，以及安装过程。

2. 每人轮换将硬盘安装到主机箱中，记录过程。

3. 在有条件的主机上对硬盘进行分区和格式化。

4. 对硬盘进行读写测试。

5. 将安装过程及测试结果记录下来。

四、工作小结

1. 在完成工作任务的过程中，你是如何计划并实施的，在小组中承担了哪些具体工作？

2. 对本次工作任务，你有哪些好的建议和意见？

工作任务三　电源与机箱的配置

【情境假设】

昨天一位同学打电话问我，说："老师，我的电脑自从加了一个硬盘就经常重启或死机，不知是什么原因？"我问清了他的情况，原来他机子里已经有一块硬盘、一个 DVD 光驱和一个刻录机，现在为了扩大存储容量又加了一个新硬盘，在这之前机子使用正常。我看了他的主机电源后告诉他："是你的电源功率小了，带不动这么多设备造成了故障"。他听后摇摇头说："没想到扩容与电源也有关系"。

电源是主机各部件的动力之源，也是确保主机能否正常工作的根本，它与主机其他部件一样重要。只有了解和掌握了电源性能特点，才能选购一款性价比高的好电源。好主机箱作为主机所有部件的载体，不光是要设计合理，使用方便，还要注意散热性能好、噪音小、外形美观。只有了解了机箱的作用，才能知道如何选购机箱。

任务知识

一、电源

电源是计算机中非常重要的一个部分，它是保障计算机正常运行的部件之一。电源主要有内部电源和外部电源之分，我们现在说的电源是指安装在机箱内部的电源。

1. 电源标准

电源是根据计算机相应的电源标准设计和生产的，在计算机高速发展的这十多年，计算机电源标准也跟着在不断地发生变化，以适应计算机高速发展的要求。计算机电源标准如下：

①PC/XT 标准：是由 IBM 最先推出个人 PC/XT 计算机时制定的标准。

②AT 标准：也是由 IBM 早期推出 PC/AT 机时所提出的标准，当时能够提供大约 190W 的电力供应。

③ATX 标准：是由 Intel 公司于 1995 年提出的工业标准，从最初的 ATX1.0 开始，ATX 标准又经过了多次的变化和完善，目前国内市场上流行的是 ATX 2.0 和 ATX 12V 这两个标准，其中 ATX 12V 又可分为 ATX 12V1.2、ATX 12V1.3、ATX 12V2.0 等多个版本，如图 2-31 所示。

图 2-31　ATX12V 标准电源

2. 电源的性能指标

电源是主机的动力系统,电源的稳定直接关系着主机是否能稳定工作。评价一个电源的好坏,不能单从外观上进行辨认,应该从性能指标上入手。电源的性能指标主要包括以下几点:

①功率:是指电源能达到的最大负荷。电源功率在300W左右的电源可满足普通用户的需求。若计算机内连接了多个设备,则需要更大功率的电源。

②过载或过流保护:防止因负载过大,使输出电流超过原设计的额定值而造成电源损坏。

③效率:电源的输出功率与输入功率的百分比。电源的效率应该在70%以上。

④承受电压范围:有的地区电压不稳定,要求电源可以承受的电压范围比较宽,在电压过低和电压过高时仍然能稳定地提供电能。

⑤隔离电压:是指电源电路中的任何一部分与电源基板地线之间的最大电压,或者是能够加在开关电源的输入端和输出端之间的最大直流电压。

⑥噪声和纹波:分别为附加在直流输出电压上的交流电压和高频尖峰信号的峰值,通常以MV为度量。

⑦过压保护:是指当输出电压超过额定值时,电源会迅速自动关闭停止输出,以防烧毁供电设备。

⑧电磁干扰:电源内的元件会产生高频电磁辐射,这样的辐射会对其他元件和人体产生干扰和危害。

3. 电源选购时要注意以下几点

(1)电源的实际功率

一般电源的选择标准是输出功率越大越好。根据现在计算机的部件功率较大,扩容较快的特点,建议选电源功率在300W以上比较好。

(2)PFC和3C认证

PFC:计算机负责把交流电(AC)转成直流电(DC),为主机提供全部电力,因此其能源转换率高低是一项非常重要的节能省电指标。

3C:即“CCC”,全称“中国国家强制性产品认证”。目前我国规定了四种3C认证:安全认证、消防认证、电磁兼容认证、安全与电磁兼容认证。

(3)电源重量

一般来说,好的电源外壳使用优质钢材,材质好、质地厚。所以较重的电源,材质都会较好。电源内部的零件,比如变压器、散热片等,同样是重的比较好。所以直观的办法就是从重量上去判断。较好的电源,一般会增加一些元件,以提高安全系数,所以重量自然有所增加。

(4)风扇

风扇在电源工作过程中,对于电源的散热起着重要的作用。散热片只是将热量散发到空气中,如果热空气不能及时排散,散热效果必将大打折扣。所以,风扇大小的配置对散热能力起决定性作用。

(5)质保期

有质量保证的产品,品质会更有保证。如图2-32所示,为几款电源。

二、机箱

无论是何种类型和档次的计算机，作为计算机整机稳定可靠、坚固耐用的基石和保障，性能优异的机箱是必不可少的。机箱作为主板、电源、各种功能卡、输入输出接口的载体，当它被安装了计算机主板和配件时它就成了计算机主机。如何给计算机选购合适的机箱呢？这就是我们本节要学习的内容。

1. 机箱结构

机箱结构是指机箱在设计和制造时所遵循的主板结构规范标准。每种结构的机箱只能安装该规范所允许的主板类型。机箱结构与主板结构是相对应的关系。机箱结构一般可分为AT、Baby-AT、ATX、Micro ATX、LPX、NLX、Flex ATX、EATX、WATX以及BTX等结构。机箱外形如图2-33所示。

长城静音大师400SD

航嘉冷静王标准版

图2-32　电源品牌与型号

图2-33　机箱外形

其中，AT和Baby-AT是多年前的机箱结构，现在已经淘汰。而LPX、NLX、Flex ATX则是ATX的扩展种类，多见于国外的品牌机，国内尚不多见；EATX和WATX多用于服务器/工作站机箱；ATX则是目前市场上最常见的机箱结构，扩展插槽和驱动器仓位较多，扩展槽数可多达7个，而3.5英寸和5.25英寸驱动器仓位也分别至少达到3个或更多，现在的大多数机箱都采用此结构；Micro ATX又称Mini ATX，是ATX结构的简化版，就是常说的“迷你机箱”，扩展插槽和驱动器仓位较少，扩展槽数通常在4个或更少，而3.5英寸和5.25英寸驱动器仓位也分别只有两个或更少，多用于品牌机；而BTX则是下一代的机箱结构。

2. 机箱的样式

(1)常见样式

机箱样式是指机箱的外观样式，其基本形式是立式和卧式两种。其他外形各异的机箱也基本上是从这两种形式发展变化出来的。当然也有的品牌机商家会设计出极为个性化而又时尚的机箱外形，但里面的结构还是符合标准的。

(2)卧式机箱

卧式机箱在电脑出现之后的相当长的一段时间以内占据了机箱市场的绝大部分份额，卧式机箱外形小巧，对于整台电脑外观的一体感也比立式机箱强，而且因为显示器可以放置于机箱上面，占用空间也少。但与立式机箱相比，卧式机箱的缺点也非常明显：扩展性能和通风散热性能都差，这些缺点也导致了在主流市场中卧式机箱逐渐被立式机箱所取代。一般来说，现在只有少数商用机和教学用机才会采用卧式机箱，如图2-34所示。

(3)立式机箱

立式机箱(有时又被称为塔式)虽然历史比卧式机箱短得多,但其扩展性能和通风散热性能要比卧式机箱好得多。因此,从奔腾时代开始,立式机箱大受欢迎,以至于现在立式机箱已经在人们心中根深蒂固。立式机箱按照外观大小又可分为全高、3/4 高、半高、Micro-ATX 等类型。全高机箱扩充性较强,空间较大,适用于服务器使用。半高以及 3/4 高机箱扩充性适中,空间较为宽敞,适合台式机使用。而 Micro-ATX 机箱扩充性较差,空间较小,只适用于为了追求外观的品牌机使用。立式机箱如图 2-35 所示。

图 2-34　卧式机箱

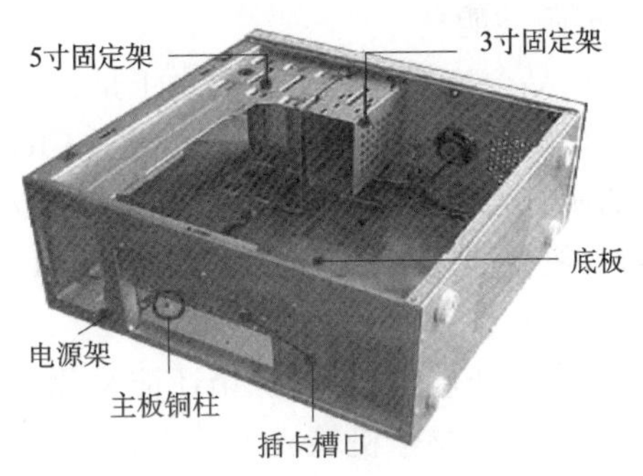

图 2-35　立式机箱

3. 机箱的选购指南

作为承载所有配件的平台,机箱是所有电脑配件中最为保值的产品,它的好坏,在很大程度上影响和决定了整台电脑的性能。因此,机箱的选购无疑是 DIY 装机时相当关键的问题。如何选择一款称心如意(散热性能好、噪音小、外形美观、经济耐用)的机箱产品,大致可从下述六个方面判断:

(1)散热性能

在室温偏高和主流电脑配件的功率越来越大的情况下,机箱不能有效散热,极易使箱内的 CPU、板卡和硬盘等过热受损。因此,检验一款机箱的散热性能是 DIY 的首要任务。机箱的散热性能一般可表现在散热风道设计方面,具有较好散热性能的机箱产品一般拥有相对较多的散热孔、两个以上的散热风扇。目前,公认散热效果较为明显的是采用前后通风"双程互动式散热结构"的机箱;一些更为优秀的机箱则采用了"电脑智能温控仪器",散热技术表现出色。此外,有些机箱还采用水冷结构的散热方式,不过价格相对较高。

(2)做工和用料

做工和用料是检验一款机箱产品是否合格或优秀的重要依据。好的机箱一般采用全钢制冷镀锌材质,主板托盘则应经过精密冲压设备的锻压而深抽成型,面板要求烤漆均匀,ABS 塑料面板的边缘切割要求齐整、光泽均匀。此外,优秀的机箱还应该注重边角的处理,产品不仅需要有预打磨处理,还应该具有良好的全折边工艺,没有任何的毛边、锐口和毛刺现象。

【重点提示】

如果机箱壁厚点、机箱重一点,就不易产生共鸣和振动,所以噪音也会小很多。

(3)扩展性能

机箱的扩展性能直接决定着电脑的升级潜力,而机箱的扩展性能是否良好主要取决于机箱的内部空间大小、扩展槽多少等方面。一般，机箱总宽度减去驱动器托架宽度所剩距离应在 45mm 以上，而驱动器托架则应至少可容纳 3 个 5 寸及 3 个 3 寸以上驱动器座，以确保以后升级的顺利进行。

(4)使用便捷性

机箱作为连接所有电脑配件的载体，其使用设计是否方便在很大程度决定着机箱的档次。目前较为流行的便捷式设计主要包括：USB 和音频接口前置，免工具拆装、机箱安全锁、集线板、轨道式侧板、手动螺丝、滑插式卡类固定锁、条装卡式设备等。

(5)电磁屏蔽性能

衡量机箱产品合格的标准主要取决于是否通过了 FCCB 级标准和 ISO 9002 质保体系认证。电磁屏蔽好的机箱辐射应该不大于普通 CRT 显示器。一般地，符合 FCCB 级认证标准的机箱产品的所有外露空位直径应小于 3mm，除光驱、软驱、硬盘等仓口外的机箱前钢板均需有屏蔽钢片；机架四周和后窗架构应采用 EMI 凸点设计，机箱后钢板除装 IO 卡位置外，均需用屏蔽钢片密封。

此外，为有效防止电磁泄漏，机箱还应采用优异导电钢板、科学专业的弹点设计以及良好的喷漆工艺，从而使整个机箱成为一个导电的统一体，形成良好的触地。

(6) 外观和配载电源

机箱的外观设计差别较大，但由于不同人群的审美眼光也不尽相同，因此无法统一进行定论。但评判电源的优劣则较为简单：优秀的电源产品的功率必须能满足标准要求，电源线路板做工要求精细，并有完善的过压、限流保护功能。此外，衡量电源产品是否安全的一个重要标准是，看产品是否通过了 3C 国家强制认证，没有通过该认证的电源将无法在市场销售，因此，购买时应注意该认证。

上述六点基本概括了机箱选购的各个注意要素，如果能在购买时一一对应参考，相信定能找到一款适合自己的产品。此外，建议尽可能购买大品牌厂商的产品，因为其产品质量和售后服务相对可靠。如图 2-36 所示，当今比较受欢迎的几款主机箱。

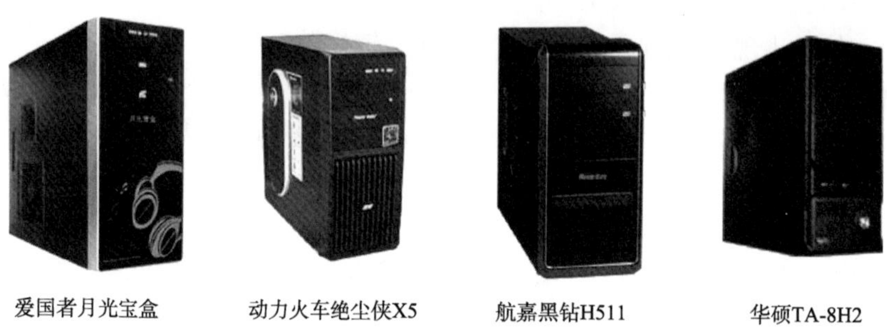

图 2-36　几款品牌主机箱

计算机电源的安装

一、操作目的

①掌握鉴别电源类型(AT 电源、ATX 电源等)，认识电源输出功率、品牌。

②熟练掌握安装电源的方法，学会选购一款好的电源的方法。

③识别计算机机箱的种类，掌握机箱不同结构类型及优缺点的鉴别方法。

④掌握机箱的使用和安装方法；掌握机箱质量好坏的鉴别方法。

二、操作工具及设备

准备各类型电源若干个，各种类型的计算机机箱，各种类型的主板。具体如图2-37所示。

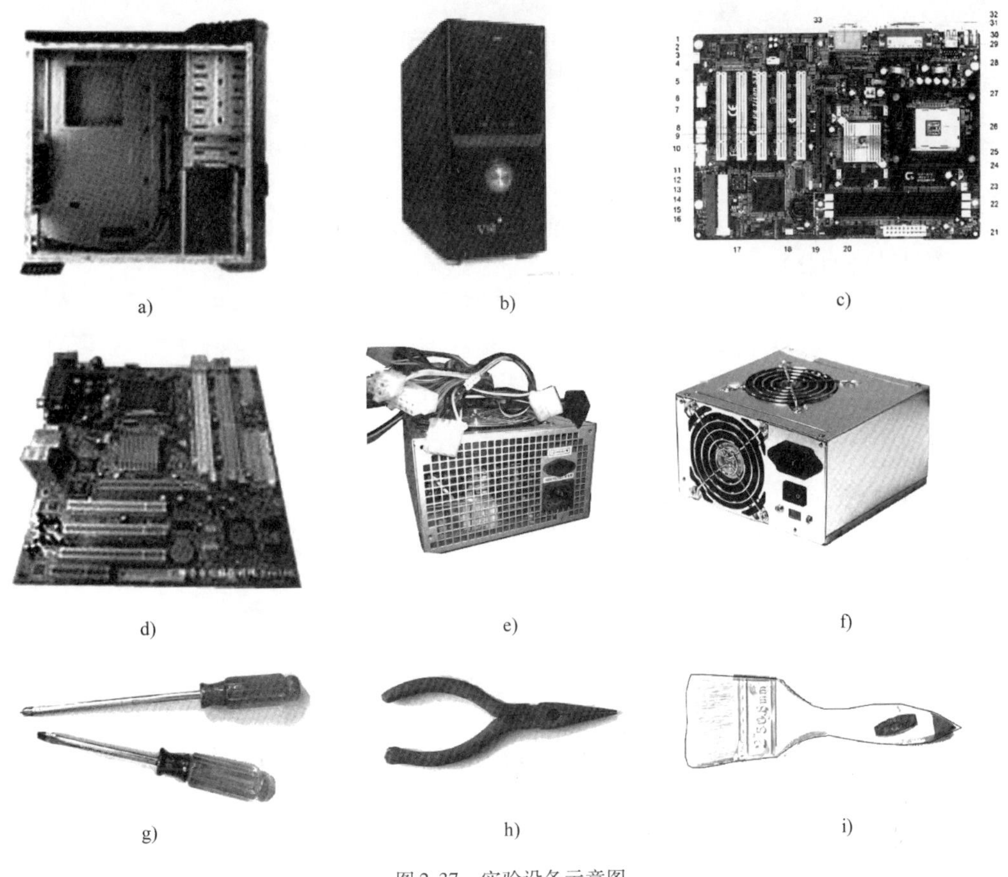

图2-37 实验设备示意图

三、操作步骤

①分组轮换每个同学观察并讲解不同类型电源的鉴别方法，注意电源的外形、输出接口、技术参数和品牌。

②分组观察不同类型的机箱，讨论各种机箱在散热性能、噪音、外形、经济性等方面的优缺点。

③根据已有主板上的电源接口，试（模拟）选购一个匹配的电源。

④将已有的电源试安装主机箱中，并连接到主板上。

⑤上网查看现在主流电源产品品牌及型号。

⑥上网了解现在主流机箱种类、价格、品牌。

⑦在网上试选购一款自己满意的电源，并说明挑选的理由。

⑧试选购一款机箱，并写出选购的理由。

项目学习:主机部件的配置 工作任务:电源与机箱的配置	班级			
	姓名		学号	
	日期		评分	

一、工单内容

1. 熟悉电源的分类与特性、结构和功率,掌握电源的安装与连接方法。

2. 熟悉计算机主机箱的性能与质量鉴别,掌握机箱的拆装方法。

二、准备工作

1. 计算机机箱从样式上可分为________和________;按机箱的结构分为________、________、________、________以及________机箱。

2. 目前市场上主流产品是采用________结构的主机箱。

3. 电源按照结构可分为________和________。

4. 机箱电源后部有两个插座,分别用来连接________和________。

5. ATX 电源的主板接口有________个引脚。

A. 18　　B. 20　　C. 24　　D. 32

6. 下面是电源工作指示针的是:________。

A. LED　　B. PW-ON　　C. POWER LED　　D. HDD LED

7. 机箱的技术指标包括:________。

A. 坚固性　　B. 可扩充性　　C. 散热性　　D. 屏蔽性

8. 电源技术指标包括:________。

A. 多国认证记　　B. 噪音和滤波　　C. 电源效率　　D. 发热量

9. 采用复位按键(RESET)重新启动系统对主板的冲击远小于使用电源(POWER)按键。 (　　)

10. 判断机箱品质优劣最简单的方法可以掂量一下机箱的重量,同体积的机箱越重越好。 (　　)

11. 电源上的安全认证标识 CCEE 是中国电工产品论证委员会质量认证标志。 (　　)

12. 为了方便用户,现在很多名牌机箱都在前面板上增加了实用的前置音频、USB 以及麦克风接口等。 (　　)

13. 目前 Pentium4 电源除了有一个标准的二十线接口为主板供电外,一些 Pentium4 主板上还需要专用 Pentium4 电源。 (　　)

14. 按材质可以将机箱分为卧式机箱和立式机箱。 (　　)

15. 电源效率和电源设计线路有密切的关系,高效率的电源可以提高电能的使用效率,在一定程度上可以降低电源的自身功耗和发热量。 (　　)

三、任务操作

1. 讲解不同类型电源的鉴别方法(注意电源的外形、输出接口、技术参数和品牌)。

2. 分组观察不同类型的机箱，讨论各种机箱在散热性能、噪音、外形、经济性等方面的优缺点。

3. 根据已有主板上的电源接口，试（模拟）选购一个匹配的电源。

4. 在网上试选购一款自己满意的电源，并说明挑选的理由。

5. 试选购一款机箱，并写出选购的理由。

四、工作小结

1. 在完成工作任务的过程中，你是如何计划并实施的，在小组中承担了哪些具体工作？

2. 对本次工作任务，你有哪些好的建议和意见？

项目三　外围设备的使用

项目概述

一、项目分析

该项目介绍计算机外围设备，包括移动存储设备、输入设备、输出设备、多媒体设备以及网络设备。通过本项目可以进一步了解我们生活中常见的计算机外围设备，学会如何安装及其使用方法，同时为从事计算机管理销售、技术客服以及网络安装与维护等岗位工作的人员提供必备的知识和技能。根据内容的划分，分成认识移动存储设备、认识输入设备、认识输出设备、认识多媒体设备、认识网络设备5个工作任务。

工作任务组织形式及培养能力：

(1)通过分组活动，培养团队协作能力；

(2)通过规范文明操作，培养良好的职业道德和安全环保意识；

(3)通过小组讨论、上台演讲评述，培养与客户的沟通能力；

(4)通过查阅资料、文献、培养个人自学能力和获取信息能力；

(5)通过项目化的任务单元活动，掌握解决实际问题的能力；

(6)填写任务工作单，制定工作计划，培养工作方法能力；

(7)能独立使用各种媒体资源完成学习任务。

二、项目技能

(1)熟悉常见移动存储设备及其特点，学会如何选购和使用；

(2)熟悉常见输入设备及其特点，掌握其原理和工作方式；

(3)熟悉常见输出设备及其原理，掌握其安装和使用方法；

(4)熟悉常见多媒体设备及其参数，掌握其使用安装方法；

(5)熟悉常见网络设备及其功能，掌握其配置和安装方法。

三、项目目标

根据项目设计要求，使学生进一步了解移动存储设备的种类，学会如何选购这些设备；同时掌握常见输入设备的工作原理，做好日常维护工作；了解常见输出设备工作原理，学会如何安装使用。另外，通过本项目的学习还要认识一些常见的多媒体设备，掌握其原理，懂得安装使用。最后介绍常见的网络设备，阐述其工作原理，让学生掌握使用方法和操作要求。

工作任务一　移动存储设备的使用

任务概述

【情境假设】

一天有个朋友打电话问我:"我买了一台新电脑,想把旧电脑里十几G的数据转到新电脑里,用什么方式最方便?"我说:"最方便就是借个移动硬盘转拷一下,其次是把旧电脑里的硬盘挂到新电脑上,你选择吧?""那肯定是用移动硬盘方便。"他很快地说。

移动存储设备的问世,为计算机用户提供了方便,更"解放"了许多上班族的肩膀,也加速了移动办公的发展,仅需把相关资料拷贝即可,深受使用者的青睐。随着移动存储设备容量的增大,移动硬盘的市场也如日中天,更让使用者感到是科技的发达让我们享受着便捷生活。

任务知识

一、移动硬盘

数据量越来越大的今天,普通的闪存盘已经容纳不下庞大的数据。移动硬盘凭借大容量、高速度和易携带等诸多优势,成为人们数据资料互换的重要设备。

目前,市场上绝大多数的移动硬盘都是以标准硬盘为基础的,而只有很少部分是以微型硬盘(1.8英寸硬盘等)为基础的,但价格因素决定着主流移动硬盘还是以标准笔记本硬盘为基础。由于采用硬盘为存储介质,因此移动硬盘的数据读写模式与标准IDE硬盘是相同的。移动硬盘多采用USB、IEEE 1394等传输速度较快的接口,可以以较高的速度与系统进行数据传输。具体如图3-1所示。

a)朗科移动硬盘　b)联想移动硬盘

c)三星移动硬盘　d)日立移动硬盘

图3-1　各种品牌移动硬盘

USB 设备以热插拔、安装方便著称。但是这不是说不需要安装驱动。USB 硬盘的安装主要有以下两点。

(1)硬件安装

购买硬盘时会附带一根 USB 电缆,使用该电缆连接 USB 硬盘与电脑主机即可。

(2)硬盘驱动的安装

USB 硬盘驱动的安装与其他普通设备的驱动安装完全一样。驱动的安装过程如下:

①将 USB 硬盘连接到电脑主机后,系统即会提示发现新硬件,然后按照系统提示,一步一步往下,必要时放入驱动程序盘,并且指定驱动程序所在目录,然后,系统即可正常识别出 USB 设备。

②安装完成后,在"我的电脑"内,就会显示移动硬盘的盘符,接着用户就可以像操作本地硬盘一样使用 USB 移动硬盘。

【重点提示】

安装驱动与主机使用的操作系统有关,有的操作系统能识别并安装驱动,如 Windows7 系统;有的要用安装驱动光盘才能安装驱动,如早期的 Windows 98 系统。

二、闪存盘

闪存盘通常也被称作闪盘、优盘或 U 盘。闪存盘是一个通用串行总线接口的微型高容量移动存储产品,它采用的存储介质为闪存存储介质(Flash Memory)。

闪存盘不需要额外的驱动器,将驱动器及存储介质合二为一,只要接到电脑上的 USB 接口就可独立地存储读写数据。可用于存储任何格式数据文件和在电脑间方便地交换数据。如图 3-2 所示。

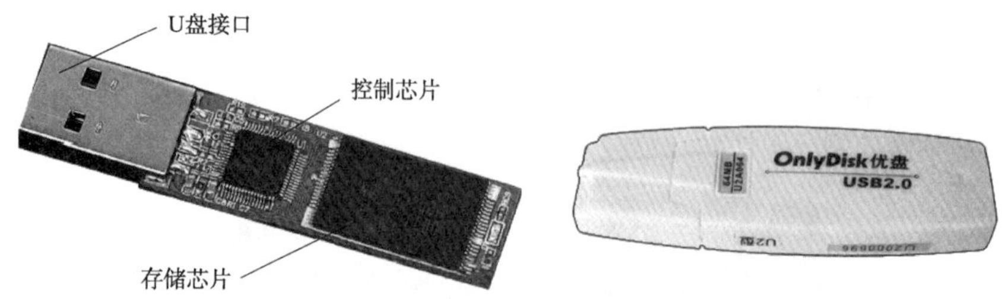

图 3-2　U 盘与 U 盘内部结构

闪存盘体积很小,重量极轻,约为 15 克,特别适合随身携带。闪存盘中无任何机械式装置,抗震性能极强。另外,闪存盘还具有防潮防磁,耐高低温(-40℃ ~ +70℃)等特性,安全可靠性很好。

理论上一台电脑可同时接 127 个闪存盘,但由于驱动器英文字母的排序原因,以及现有的驱动器需占用几个英文字母,故闪存盘最多只可以接 23 个(除 A、B、C),且需要 USB HUB 的协助。

闪存盘的特点如下:

①闪存盘可用来在电脑之间进行数据交换。

②从容量上讲,目前闪存盘的容量突破了软驱 1.44M 的局限性。

③从读写速度上讲,闪存盘采用 USB 接口,读写速度较软盘大大提高。

④从稳定性上讲，闪存盘没有机械读写装置，避免了移动硬盘容易碰伤、跌落等造成的损坏。

⑤部分款式闪存盘具有加密等功能，令用户使用更具个性化。

⑥闪存盘外形小巧，更易于携带，直接用于电脑上，使用方便。

闪存盘的读写原理：计算机把二进制数字信号转为复合二进制数字信号（加入分配、核对、堆栈等指令）读写到 USB 芯片适配接口，通过芯片处理信号分配给 EPROM2 存储芯片的相应地址存储二进制数据，实现数据的存储。EPROM2 数据存储器，其控制原理是电压控制栅晶体管的电压高低值，栅晶体管的结电容可长时间保存电压值，也就是为什么 USB 断电后能保存数据的原因。

【重点提示】

当闪存盘指示灯快闪时，即电脑在读写闪存盘状态下，不要拔下闪存盘；当插入闪存盘后，最好不要立即拔出，特别是不要反复快速插拔，因为操作系统需要一定的反应时间，中间的间隔最好在 5 秒以上。

三、移动硬盘的选购

在选购移动硬盘时应注意以下几点：

1. 接口类型

移动硬盘盒外置接口方式主要有 IEEE1394、USB 两种。IEEE1394 也称 Fire Wire（火线），它是苹果公司在 20 世纪 80 年代中期提出的，是苹果电脑标准接口。其数据传输速度理论上可达 400Mbps，并支持热插拔。但只有一些高端 PC 主板才配有 IEEE1394 接口，所以普及性较差。USB 接口的移动硬盘盒是主流接口，支持热插拔。USB 有两种标准，USB1.0 和 USB2.0。USB2.0 传输速度高达 480Mbps，是 USB1.1 接口的 40 倍，USB2.0 需要主板的支持，可向下兼容。同品牌 USB2.0 移动硬盘盒比 USB1.1 的要贵 30 ~ 50 元。但考虑到其速度上的巨大差异，USB2.0 已成为市场的主流，所以推荐购买支持 USB2.0 的移动硬盘盒。即使你现在的主板不支持，也可为以后的升级做好准备。现在市场上出现不少 USB2.0 + IEEE1394 双接口的移动硬盘盒，配置较为灵活，但售价也相对较高。

2. 容量

市场上大部分移动硬盘的核心部分是 IBM 的部件和技术，这也是移动硬盘的质量保障。一般我们常见的有 20G、40G、80G、100G 等大小，因为容量的大小只是增加了硬盘的容量，不需要增加其他成本，所以价格并不因为容量的翻倍而增加。

3. 速度方面

不管是什么接口，速度标识都清清楚楚印在包装上。移动硬盘在使用当中，可以在传数据的时候用手拿起，左右反转几下，看其是否因角度的不同而影响传输的稳定，这也是对移动硬盘的考验。

4. 抗震

抗震性能的好坏可以说是衡量一款移动硬盘质量的关键所在。为了提高产品的抗震性能，品牌产品大多采用了目前比较流行的自动滚轴平衡系统以及加装防护网等措施，这样很好地起到了对硬盘的保护作用。

5. 安全

安全性包含两个方面：

一是数据的加密，这个方面各大厂家都做得不错，采取了不留后门的方法，也就是说当你忘记密码时，数据只有毁掉这个唯一的解决办法，从而保证了数据不会被任何人用任何方法拿到。

二是外界对移动硬盘的物理性伤害，因为移动硬盘的本身移动特性决定了它在使用的过程中必须能够承受住一些残酷的环境，以确保数据不丢失，这其中包括：

①耐高温，也就是说硬盘要能经受日光暴晒几小时而安然无恙。

②防磁，有磁铁的干扰还能够照常使用。

③抗摔，移动硬盘不像 IDE 硬盘做到抗震就可以了，它必须能够做到意外的坠落（一般是桌子的高度为 1 ~ 1.5m），而不损伤产品本身，也就是说不能对盘内的数据构成威胁，同时还能够做到防潮、防静电、耐低温，这样才是一个出色的移动硬盘。

6. 体积

在选购移动硬盘的时候，一个不能忽视的因素就是产品体积的大小。现在 1.8 英寸的硬盘已经成为市场上一种流行的趋势。1.8 英寸的大小，不论是口袋里还是书包内，都可以任你随意放置。

7. 外观

当我们了解移动硬盘的主要技术性能之后，外观的制作也是必须考虑的一个因素。由于移动硬盘在携带过程中不可避免地要发生碰撞，因此，建议尽量选购金属外壳的产品。而且金属外科的质感和光泽是其他材料无法比拟的。

8. 售后服务

售后服务越来越受到消费者关注，在这方面大的品牌更深入人心。目前，市场上一般品牌保修期多为两年，而一些国际知名品牌，提出了长达三年的有限质保售后服务及技术支持。

通过以上的购买注意事项的了解，对选购移动硬盘有一定帮助。另外，选购时尽量购买品牌产品，这样售后服务方面会远好于非品牌的产品。

 **任务实施**

移动硬盘和 U 盘的选购

一、操作目的

①熟悉移动硬盘的种类和特点，了解其市场价格动向。

②熟悉 U 盘的种类和特点，了解其市场价格动向。

二、操作工具和部件

移动硬盘和 U 盘。

三、操作步骤

市场调查，列出移动硬盘和 U 盘的参数要求，估算价格；比较几款主流品牌的优劣，提供一份选购清单。

任务工作单

<table>
<tr><td rowspan="3">项目学习:外围设备的使用
工作任务:移动存储设备的使用</td><td>班级</td><td colspan="3"></td></tr>
<tr><td>姓名</td><td></td><td>学号</td><td></td></tr>
<tr><td>日期</td><td></td><td>评分</td><td></td></tr>
</table>

一、工单内容

1. 熟悉移动硬盘的种类和特点,了解其市场价格动向。

2. 熟悉 U 盘的种类和特点,了解其市场价格动向。

二、准备工作

1. 硬盘主要包括______、______、______、______、________、________、________、________几个部分。

2. ________、________、________、________和________的数量决定硬盘容量的大小。硬盘容量可用如下公式计算:

容量 = (512B/______) × (______/______) × (______/______) × ______

3. 硬盘的平均访问时间 = ________________和________________。

4. 硬盘缓冲区实质上是一块小的____________,其类型一般是__________或__________,目前以__________为主。

5. 影响硬盘容量的因素不包括以下哪项(　　)。

A. 磁道数　　B. 扇区大小　　C. 磁头数　　D. 硬盘转速

6. 一个 IDE 接口最多可以连接多少个 IDE 设备(　　)

A. 2　　B. 4　　C. 8　　D. 不限数量

7. 一台计算机最多可以连接多少个 USB 设备(　　)

A. 110　　B. 127　　C. 138　　D. 不限数量

8. 在计算机的存储设备中,访问(　　)速度最快。

A. 内存　　B. 硬盘　　C. 软盘　　D. 光盘

三、任务操作

1. 如何做好闪存盘或移动硬盘采购清单和计划?

2. 采购之前怎么样做好市场调查?

3. 选购移动硬盘要知道哪些要点?

四、工作小结

1. 在完成工作任务的过程中,你是如何计划并实施的,在小组中承担了哪些具体工作?

2. 对本次工作任务,你有哪些好的建议和意见?

工作任务二　常见输入设备的使用

任务概述

【情境假设】

小张同学喜欢打网络对战游戏，当初买电脑的时候鼠标和键盘都是配套送的，时间久了总感觉不好使，想换一个更好的，但是又不知道换什么好。于是，他去电脑市场转了转，发现各种各样的产品让自己眼花缭乱无从下手，想起自己有个在电脑城兼职的老乡小徐，可以请教他该买什么样的键盘鼠标好，需要注意哪些事项和技术参数，于是他联系了小徐。

输入设备是向计算机输入数据和信息的设备，是计算机与用户通信的桥梁。现在的计算机能够接收各种各样的数据，既可以是数值型的数据，也可以是各种非数值型的数据，如图形、图像、声音等，它们都可以通过不同类型的输入设备输入到计算机中，进行存储、处理和输出。本工作任务我们重点介绍目前最常用的三种输入设备，即键盘、鼠标、扫描仪。

任务知识

一、键盘

键盘(Keyboard)是常用的输入设备。它是由一组开关矩阵组成，包括数字键、字母键、符号键、功能键及控制键等。每个按键在计算机中都有它的唯一代码。

1. 键盘的种类

键盘可分为PS/2接口键盘、USB接口键盘和无线接口键盘等。我们使用的键盘一般是PS/2接口的，USB接口键盘主要用于笔记本，如果用户想实现随时随地收发E-mail、网上冲浪的愿望，那么，无线鼠标键盘是最好的选择。

2. 键盘的工作原理

键盘通过一根螺旋形的电缆与主机相连，电缆头上配有一个DIN接头，插入主机板上的一个五芯圆形插座。该电缆有屏蔽，其内芯有电源(+5V)、地线和两根双向信号线，电缆长度约为183cm，如图3-3所示。

键盘内有一单片微处理器，负责控制整个键盘的工作，包括通电时键盘自检、键盘扫描码的缓冲以及与主机的通信等。当键盘的一个字符键被按下时，单片微处理器根据其位置，将该字符信号转换成二进制码传给计算机主机，同时也把它送往显示器。当计算机操作员击键速度过快，中央处理器来不及处理时，先将其键入内容送往主存储器的键盘缓冲区，等待中央处理器能处理时，便从缓冲区中取出，送入中央处理器进行分析和执行。一般微型计算机有20个字符的键盘缓冲区。

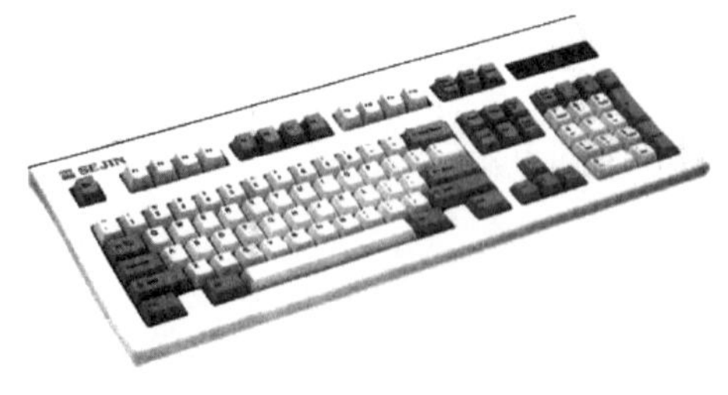

图3-3　键盘

3. 键盘的使用与维护

在日常使用中要做好键盘的维护工作，需注意以下几点：

①装卸键盘时,应该切断电源。如果带电插拔键盘,容易烧坏主板电路。

②操作键盘时不可用力过大。击键的力度过大,很容易造成键盘按键失灵。

③注意保持键盘表面的清洁。键盘上一旦有赃物,就应该及时清除。清除时可以用沾湿的软布擦拭,但是要在断电下进行。

④不要让液体溅到键盘上。一旦液体进入其中,会使键盘受到损坏。

⑤注意内部防尘。键盘用久了,在按键的夹缝中往往会夹杂很多灰尘,解决的办法最好是用吸尘器来清理。

【重点提示】

键盘后的塑料块可以掰开,使键盘有点角度,便于操作。键盘接口用于连接计算机的输入设备键盘。PS/2 型接口键盘接入的是一个五针的圆形插头。连接键盘接口的时候要注意其方向性,即插头上的小舌头一定要对准插孔中的方形孔。另外,键盘还有 USB 接口,在使用时要注意与 PS/2 接口区分。

二、鼠标

鼠标(Mouse)是一种手持式屏幕坐标定位设备,它是适应菜单操作的软件和图形处理环境而出现的一种输入设备,特别是在现今流行的 Windows 图形操作系统环境下应用鼠标方便快捷。

1. 鼠标的种类

鼠标按接口类型可分为串行鼠标、PS/2 鼠标、USB 鼠标(多为光电鼠标)三种。串行鼠标是通过串行口与计算机相连,有 9 针接口和 25 针接口两种;PS/2 鼠标通过一个六针微型 DIN 接口与计算机相连,它与键盘的接口非常相似,使用时注意区分;USB 鼠标通过 USB 接口,直接插在计算机的 USB 口上。

另外,无线鼠标和 3D 振动鼠标都是比较新颖的鼠标。无线鼠标器是为了适应大屏幕显示器而生产的,它采用两节电池无线遥控。3D 振动鼠标是一种新型的鼠标,具有全方位立体控制能力。它具有前、后、左、右、上、下六个移动方向,而且可以组合出前右、左下等移动方向,具有振动功能。

2. 鼠标的结构原理

鼠标按其工作原理的不同可以分为机式鼠标和光电式鼠标。

(1)机械式鼠标(如图 3-4 所示)

机械式鼠标的底座上装有一个可以滚动的金属球,当鼠标器在桌面上移动时,金属球与桌面摩擦,发生转动。金属球与四个方向的电位器接触,可测量出上下左右四个方向的位移量,用以控制屏幕上光标的移动。光标和鼠标器的移动方向是一致的,而且与移动的距离成比例。

(2)光电式鼠标(如图 3-5 所示)

光电式鼠标的底部装有两个平行放置的小光源。这种鼠标在反射板上移动,光源发出的光经反射板反射后,由鼠标接收,并转换为电移动信号送入计算机,使屏幕的光标随之移动。其他方面与机械式鼠标一样。

另外,鼠标上有两个键的,也有三个键的。最左边的键是拾取键,最右边的键为消除键,中间的键是菜单的选择键。鼠标左键可在屏幕上确定某一位置,该位置在字符输入状态下是当前输入字符的显示点,在图形状态下是绘图的参考点。在菜单选择中,左键可选择菜单项,也可以选择绘图工具和命令。当做出选择后系统会自动执行所选择的命令。鼠标能够移动光标,选择各种操作和命令,并可方便地对图形进行编辑和修改,但却不能输入字符和数字。

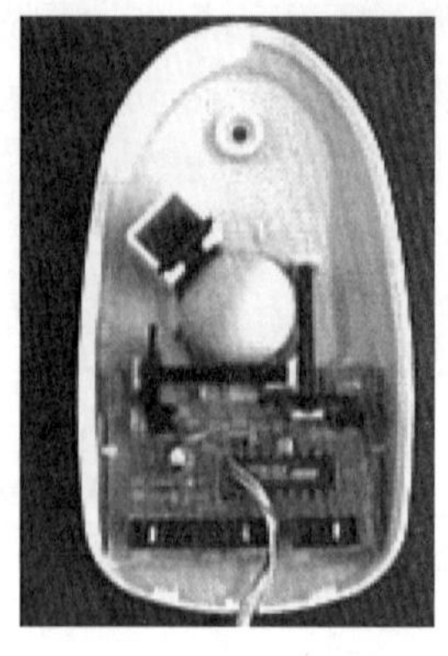

图3-4　机电式鼠标

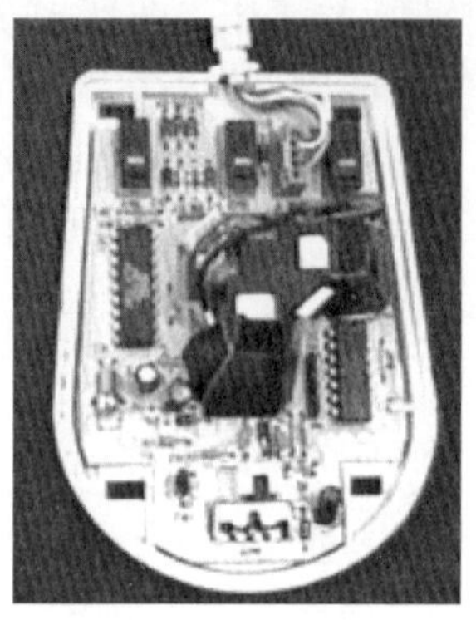

图3-5　光电式鼠标

3. 鼠标的使用与维护

①使用鼠标垫不但可以大大减少灰尘进入鼠标内部,还可以使操作更加得心应手。

②使用鼠标时,不可用力击键,以免弹性开关损坏而使控制键失效。

③光电鼠标在使用时要注意尽量避免强力拉扯鼠标连线。

④要注意保持鼠标感光板的清洁和感光状态良好,避免灰尘附着在发光二极管和光敏三极管上,而遮挡光线接收,影响正常的使用。

【重点提示】

不少用户有一个坏毛病:在鼠标使用不顺心时,总用力拍打甚至摔打鼠标;这不仅于事无补,反而会加快鼠标零件的损坏,应该克服操作不当的不良习惯。

三、扫描仪

扫描仪又称为图形(图像)扫描仪,如图3-6所示。它先对原稿进行光学扫描,然后将光学图像传送到光电转换器中变为模拟电信号,又将模拟电信号变换成为数字电信号,最后通过计算机接口送至计算机中。通过它可以把文字、图形、图片等其他信息输入到计算机中,然后在计算机中对这些信息进行处理。随着扫描仪的性能不断提高,价格不断降低,使得扫描仪越来越被家庭所使用。

1. 扫描仪的种类

扫描仪通常可分为手持式扫描仪、平板式扫描仪和滚筒式扫描仪。其中手持式扫描仪、平板式扫描仪以CCD(电荷耦合器件)技术为核心,而滚筒式扫描仪则以光电倍增管技术为核心。

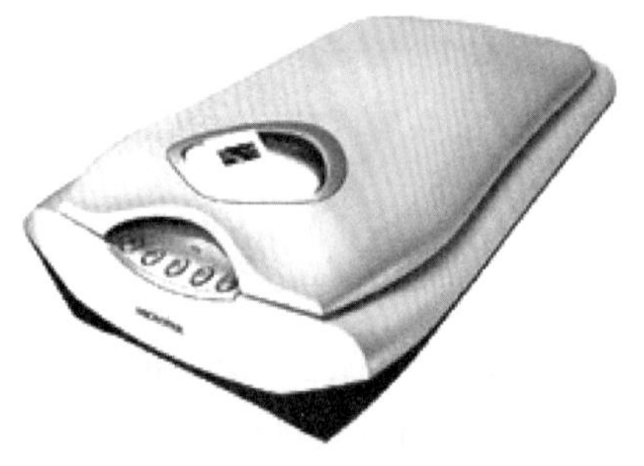

图3-6　扫描仪

手持式扫描仪体积较小、重量较轻、携带比较方便,但扫描精度较低、扫描质量和扫描幅面与平板式扫描仪相比都有较大的差距,目前仅用来扫描条码。

滚筒式扫描仪一般应用在大幅面扫描领域。因为图稿幅面过大,采用滚筒式走纸装置可以有效减小扫描仪的体积。滚筒式扫描仪为CAD、测绘、勘探、地理信息系统等应用领域提供了新的输入手段。

平板式扫描仪主要应用于各类图形图像处理、电子出版、广告制作、办公自动化等。经过多年的发展，目前平板式扫描仪的性能已经达到了很高的水平。平板式扫描仪扫描图像的幅面以A4和A3幅面为主，其中A4幅面的扫描仪种类较多、功能最强、销量也最大，是扫描仪家族的代表性产品。

2. 扫描仪的构成

扫描仪主要由光学成像部分、机械传动部分和转换电路部分组成。这几部分相互配合，将反映图像特征的光信号转换为计算机可接受的电信号。

光学成像部分是扫描仪的关键部分。扫描仪的核心是完成光电转换的光电转换部件，目前大多数扫描仪采用的光电转换部件是电荷耦合器件(CCD)，它可以将照射在其上的光信号转换为对应的电信号。打开扫描仪的黑色上盖，可以看到里面有镜条和镜头组件及CCD。除核心的CCD外，其他主要部分有光学成像部分的光源、光路和镜头。

机械传动部分包括步进电机、扫描头及导轨等，主要负责主板对步进电机发出指令带动皮带，使镜组按轨道移动完成扫描。

转换电路俗称机器主板，它负责完成一切电路的伺服工作，A/D转换工作，当然也包括镜组给它的数字信号的处理。

3. 扫描仪的工作原理

首先，将欲扫描的原稿正面朝下铺在扫描仪的玻璃板上，原稿可以是文字稿件或者图纸照片；然后启动扫描仪驱动程序，安装在扫描仪内部的可移动光源开始扫描原稿。为了均匀照亮稿件，扫描仪光源为长条形，并沿 y 方向扫过整个原稿；照射到原稿上的光线经反射后穿过一个很窄的缝隙，形成沿 x 方向的光带，又经过一组反光镜，由光学透镜聚焦并进入分光镜，经过棱镜和红绿蓝三色滤色镜得到的RGB三条彩色光带分别照到各自的CCD上，CCD将RGB光带转变为模拟电子信号，此信号又被A/D变换器转变为数字电子信号。

至此，反映原稿图像的光信号转变为计算机能够接受的二进制数字电子信号，最后通过串行或者并行等接口送至计算机。扫描仪每扫一行就得到原稿 x 方向一行的图像信息，随着沿 y 方向的移动，在计算机内部逐步形成原稿的全图。

4. 扫描仪的性能参数

(1)光学分辨率

光学分辨率是指扫描仪的光学系统可以采集的实际信息量，也就是扫描仪的感光元件——CCD的分辨率。常见的光学分辨率有300×600、600×1200、1000×2000。

(2)最大分辨率

最大分辨率是指相邻像素之间求出颜色或者灰度的平均值从而增加像素数的办法。内插算法增加了像素数，但不能增添真正的图像细节，因此我们应更重视光学分辨率。

(3)色彩分辨率

色彩分辨率又叫色彩深度、色彩模式、色彩位或色阶，是表示扫描仪分辨彩色或灰度细腻程度的指标，它的单位是bit(位)。其含义是用多少个位来表示扫描得到的一个像素。从理论上讲，色彩位数越多，颜色越逼真，但对于非专业用户来讲，由于受计算机处理能力和输出打印机分辨率的限制，追求高色彩位给我们带来的只会是浪费。

(4)TWAIN

TWAIN(Technology Without An Interesting Name)是扫描仪厂商共同遵循的规格，是应用

程序与影像捕捉设备间的标准接口。只要是支持 TWAIN 的驱动程序，就可以启动符合这种规格的扫描仪。

(5)接口方式

接口方式是指扫描仪与计算机之间采用的接口类型，常用的有 USB(通用串行总线接口)、SCSI(小型计算机标准接口)和 EPP(增强型并行接口)打印机接口。现在使用较多的是 USB 标准的扫描仪，速度可扩展到 480M/s，并具有热插拔功能，即插即用。

5. 扫描仪的安装与维护

USB 接口的扫描仪安装步骤如下：

①将扫描仪数据线一端连接扫描仪接口，另一端连接到计算机的 USB 接口。

②将电源变压器一端插入到扫描仪的电源输入端，另一端插入交流电压插座。

如果扫描仪连接计算机成功，操作系统会自动检测到新设备，并在系统桌面“任务栏”右下角出现“发现新硬件”的窗口，并自动检测相关软件。

③将安装光盘放入电脑光驱，点击运行 Setup. exe，驱动程序开始安装，选择适合的语言版本，点选符合当前扫描仪型号的驱动，一直点击“下一步”，直到“完成”驱动程序的安装，然后重启计算机。一般扫描仪的驱动安装成功，就可以使用扫描仪了。

【重点提示】

在使用扫描仪的过程中，要做到正确摆放扫描对象，选择合适的扫描类型，不能随意拆装扫描仪，保护光学成像部件，并定期做好清洁工作。

判断扫描仪是否安装正确，可以进入到“我的电脑”中的“控制面板”中，查看“系统”中的“设备管理器”是否已正确显示了对应的扫描仪。

常见输入设备的安装与连接

一、操作目的

①掌握键盘、鼠标的安装连接。

②学会扫描仪的安装及驱动。

二、操作工具和部件

显示器 1 台、电脑主机 1 台、电源插座、电源线、键盘和鼠标(如图 3-7 所示)、扫描仪(如图 3-8 所示)及其驱动光盘。

图 3-7　键盘和鼠标　　图 3-8　扫描仪

三、操作步骤

1. 键盘和鼠标的安装

键盘和鼠标是现在 PC 中最重要的输入设备,必须安装。键盘和鼠标的安装很简单,你只需将其插头对准缺口方向插入主板上的键盘/鼠标插座即可,但要注意准确性,不可用力过大而造成损坏针口。现在最常见的是 PS/2 接口的键盘和鼠标,这两种接口的插头是一样的,很容易弄混淆,所以我们在连接的时候要看清楚。

2. 扫描仪的连接与驱动

①将扫描仪数据线一端连接扫描仪接口,另一端连接到计算机的 USB 接口。

②将电源变压器一端插入到扫描仪的电源输入端,另一端插入交流电压插座。如果扫描仪连接计算机成功,操作系统会自动检测到新设备,并在系统桌面"任务栏"右下角出现"发现新硬件"的窗口,并自动检测相关软件。

③将安装光盘放入电脑光驱,点击运行 Setup. exe,驱动程序开始安装,选择适合的语言版本,点选符合当前扫描仪型号的驱动,一直点击"下一步",直到"完成"驱动程序的安装,然后重启计算机就可以正常使用了。

四、注意要点

①安装 PS/2 接口键盘和鼠标时,针口要对准,不可用力过大扭断铜针。

②安装扫描仪一定要实现设备连接上电脑,再用驱动光盘安装扫描仪驱动程序。

任务工作单

<table>
<tr><td rowspan="3">项目学习:外围设备的使用
工作任务:常见输入设备的使用</td><td>班级</td><td colspan="3"></td></tr>
<tr><td>姓名</td><td></td><td>学号</td><td></td></tr>
<tr><td>日期</td><td></td><td>评分</td><td></td></tr>
</table>

一、工单内容

1. 掌握键盘、鼠标的安装连接。

2. 学会扫描仪的安装及驱动。

二、准备工作

1. 以 104 键键盘为例,键盘按键可分为______、______、______和______ 4 个区。

2. 键盘接口一般有______、______和______三种。

3. 按工作原理可以将鼠标分为______和______两类。

4. 主流的鼠标接口有______、______、和______。

5. 目前市场上的扫描仪主要有三种,分别是______、______、和______。

6. 以下除哪项外,说法都是正确的______。

A. 打字键区用于输入文字、数字等

B. 功能区定义了常用的一些功能,以方便使用

C. 编辑控制键区用于在编辑时控制、定位光标,还可以控制电脑的启动和关闭

D. 数字小键盘区主要用于快速输入数字,某些键还兼具控制键的功能

7. 鼠标接口不包括以下哪种______。

A. IDE 接口鼠标　　B. PS/2 接口鼠标　　C. USB 接口鼠标　　D. 无线鼠标

8. 以下关于扫描仪的说法，除哪项外，都是正确的______。

A. 扫描仪是图像信号输入设备

B. 扫描仪对原稿光学扫描后，将光学图像传送到光电转换器中变为模拟电信号

C. 扫描仪将模拟电信号转换为数字电信号，通过计算机接口送至计算机中

D. 扫描仪不仅可以作为输入设备，也可以作为输出设备

三、任务操作

1. 键盘的安装应注意哪些要点？

2. 鼠标的安装应注意哪些要点？

3. 请简述扫描仪的安装过程和注意事项？

四、工作小结

1. 在完成工作任务的过程中，你是如何计划并实施的，在小组中承担了哪些具体工作？

2. 对本次工作任务，你有哪些好的建议和意见？

工作任务三　常见输出设备的使用

【情境假设】

小陆喜欢摄影,最近热衷于图形处理,自己家的电脑还是几年前配的,处理平面图形还勉强可以,但是要设计3D图形或者大型图片就非常吃力,反应很慢。显示器也小,细节方面不好处理,于是他想换个好用点的显卡和大屏幕显示器。去网上查了下价格,发现同类型号的显卡价格从几百到几千不等,同等大小的显示器价格也相差很大。他该选什么好呢?是选贵的还是选对的呢?

输出设备是人与计算机交互的部件,用于数据的输出。它把各种计算结果数据或信息以数字、字符、图像、声音等形式表示出来。常见的有显示器、打印机、绘图仪、影像输出系统、语音输出系统、磁记录设备等。本工作任务我们重点介绍显示卡、显示器和打印机等常用输出设备的基本工作原理及有关知识。

一、显示卡

显示卡(Video Card,Graphics Card)又称显卡、视频适配器、图形卡、图像适配器或显示适配器等。它是电脑最基本组成部分之一,是连接主机和显示器的“桥梁”,其作用是控制电脑的图形输出,负责将CPU送来的图形数据处理成显示器能识别的格式,再送到显示器形成图像。显卡作为电脑主机里的一个重要组成部分,承担输出显示图形的任务,对于喜欢玩游戏和从事专业图形设计的人来说,显卡非常重要。民用显卡图形芯片供应商主要包括AMD(ATi)和Nvidia两家。

1.显示卡的工作原理

显卡接收由主机发出的控制显示系统的指令和显示内容,然后通过输出信号,控制显示器显示各种字符和图形,这个过程通常包括以下四个步骤:

①CPU将数据通过总线传送到显示芯片;

②显示芯片对数据进行处理,并将处理结果存放在显示内存中;

③显示内存将数据传送到RAM DAC并进行数/模转换;

④RAM DAC将模拟信号通过VGA接口输送到显示器。

2.显卡的基本结构(如图3-9所示)

(1)显示芯片(GPU)

显示芯片全称Graphic Processing Unit,译为“图形处理器”,是用来处理图形图像的CPU,它完成主机送来的指令。GPU使显卡减少了对CPU的依赖,并进行部分原本由CPU承担的工作,尤其是在3D图形处理时。GPU所采用的核心技术有硬件T&L(几何转换和光照处理)、立方环境材质贴图和顶点混合、纹理压缩和凹凸映射贴图、双重纹理四像素256位渲染引擎等,而硬件T&L技术可以说是GPU的标志。

(2)显示内存

与主板上的内存功能一样,显示内存也是用于存放数据的,只不过它存放的是显示芯片处理后的数据。显存越大,显卡支持的分辨率越高,像素点也就越多,要求显示内存的容量越大。带3D加速功能的显示卡则要求用更多的显存来存放Z-Buffer数据或材质数据等。显存可以分为同步显存和非同步显存。显示内存的种类主要有SDRAM、SGRAM、DDR SDRAM等几种。显示内存的处理速度通常用纳秒数来表示,这个数字越小说明显存的速度越快。

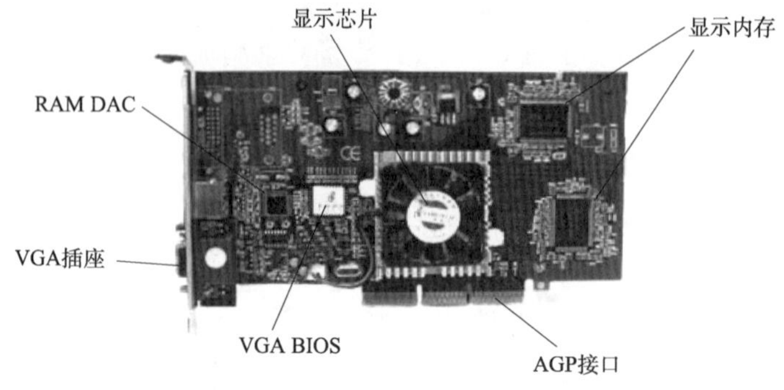

图3-9　显卡的基本结构

(3)RAM DAC

RAM DAC即数/模转换器,它负责将显存的数字信号转换成显示器能够接收的模拟信号,以MHz表示。它决定了刷新频率的高低。其工作速度越高,频带越宽,高分辨率时的画面质量越好。该数值决定了在足够的显存下,显卡最高支持的分辨率和刷新率。如果要在1024×768的分辨率下达到85Hz的分辨率,RAM DAC的速率至少是1024×768×85×1.344(折算系数)÷106≈90MHz。

(4)VGA BIOS

VGA BIOS用于存放显示芯片与驱动程序之间的控制程序显示芯片和驱动程序的控制程序、产品标识等信息。打开计算机时,通过显示BIOS内的一段控制程序,将这些信息反馈到屏幕上。早期的VGA BIOS信息用户无法修改,现在新的显卡大多采用了EEPROM的快闪技术,可以对显示芯片升级来修改VGA BIOS。

(5)VGA插座

电脑所处理的信息最终都要输出到显示器上,显卡的VGA插座就是电脑与显示器之间的桥梁,它负责向显示器输出相应的图像信号,也就是显卡与显示器相连的输出接口,通常是15针CRT显示器接口。不过有些显示卡加上了用于接液晶显示器LCD的输出接口,用于接电视的视频输出、S端子输出接口等插座。

(6)总线接口

显示卡需要与主板进行数据交换才能正常工作,所以就必须有与之对应的总线接口。常见的总线接口有AGP接口和PCI-Express接口两种。AGP接口是为了解决这个问题而设计的,它是一种专用的显示接口,具有独占总线的特点,只有图像数据才能通过AGP端口。PCI-Express作为第三代I/O总线技术,采用了业界流行的点对点串行连接方式,使得这类产品的数据传输速度要比AGP接口的显卡快了很多。

PCI-Express和AGP的关键区别是:AGP的总线传输速率只相当于PCI-E接口的1/4。PCI-Express具有高速双向数据传输的特性,而AGP在一般情况下只能单向传输,并且在传输方向改变的时候会对性能造成较大的影响。其中PCI-E16X最高可以提供8GB/s的带宽,要远远超过了 AGP 8X 产品 2.1GB/s 带宽。

另外,随着显示芯片的性能越来越强,发热量也随之越来越大,很多厂商在显示芯片上配备了功能强大的散热铜片和显卡风扇,避免损坏显卡。

3. 显卡的技术参数

(1)最大分辨率

最大分辨率代表了显示卡在显示器上所能描绘点的数量,一般以"横向点纵向点"来表示。例如,标准 VGA 显卡最大分辨率为 640×480。

(2)颜色数

颜色数指显卡在当前分辨率下能同屏幕显示的色彩数量,一般以多少色或多少 Bit 色表示。例如,标准 VGA 显示卡为 320×320 256 色或 8Bit 色。

(3)刷新频率

刷新频率指影像在显示器上更新的速度,即影像每秒在屏幕上出现的帧数,单位为 Hz 。刷新率越高,屏幕上图像的闪烁感越小,图像越稳定。

(4)显示内存

显示内存是存放图像数据的地方,其容量与存取速度对显示卡的整体性能起着关键作用,它还直接影响显示分辨率及色彩位数,故容量越大,显卡所能显示的分辨率和色彩位数越高。

4. 显卡的安装与维护

(1)显卡加强电源接口

随着显卡及其他硬件的发展,主板 AGP 插槽提供的电压和电流开始难以满足显卡的需要,就像 CPU 那样,外接额外的电力供应成了必然的选择,也是需要关心的方面。

(2)显卡显存散热片

现在的显卡频率越来越高,这就导致不仅核心需要散热片和风扇,连显存也开始需要安装散热片以保证高频率下的稳定性。不过,在安装显卡前,显存散热片可能导致显卡无法完全插入 AGP 插槽。

(3)安装最新显卡驱动程序

显卡安装完毕后,必须安装显卡驱动程序才能使显卡正常工作。

(4)注意接口模式

AGP 和 PCI-E 接口的显卡已经成了潮流趋势,即便是为了降低成本而简略设计的整合主板也倾向于单独提供显卡插槽,以便用户升级独立显卡。AGP 总线是独立于 PCI 总线的系统,它的中断权限高于 PCI 总线,数据传输具有优先权,同时,它又独立于 PCI 总线,所以带宽独享,才能满足 3D 显示性能的需求。

【重要提示】

早期的 AGP 显卡插入主板后实际上仍然是比较松的,这就留下了显卡安装不彻底的隐患。我们通常在开机后应该能听到一声短暂的 PC 喇叭声,这意味着系统自检一切正常,正常启动了。但有时我们却会听到有不寻常的报警声,最常有的是两种:一种是连续长音报警,另一种则是一长两短的报警。前者代表内存没有装好,后者则代表显卡没有接好。这时我们就需要打开机箱,检查主板的 AGP 卡口是否插牢,插槽保险是否闭合,显卡风扇运转是否正常,金属片及插槽是否有灰尘的影响等。

二、显示器

显示器就是将电子格式的文件通过特定的传输设备显示到屏幕上，再通过屏幕反射人眼的一种显示仪器。从广义上讲，电视的荧光屏、手机、快译通等的显示屏都属于显示器的范畴，但这里讲的显示器是指与计算机主机相连接的显示设备。现在市场上主流的是 LCD/LED 液晶显示器（如图 3-10 所示）。

1. 显示器的分类

（1）阴极射线显示器（CRT）

特点：技术成熟，价格便宜，寿命较长，可靠性高，但体积大、笨重。如图 3-11 所示。

图 3-10　液晶显示器

图 3-11　CRT 显示器

用途：计算机显示器。

（2）液晶显示器（LCD）

特点：轻薄短小，功耗极低，但对比度不够高，低温下工作性能较差。

用途：笔记本、电脑显示器。

（3）发光二极管显示器（LED）

特点：工作电压低，机械强度高，亮度中等；工作温度范围宽，耗电低，价格便宜，颜色为红、黄、绿。

用途：各种霓虹广告牌，大型电子显示屏。

（4）等离子体显示器（PDP）

特点：平面显示，对比度较高，视角宽，响应速度快，寿命长，工作范围广。

用途：信息处理终端装置的显示板，壁挂电视机。

2. 显示器工作原理

常用的显示器按其工作原理分为 CRT 显示器和 LCD 显示器。

（1）CRT（阴极射线管显示器）工作原理

当显像管内部的电子枪阴极发出的电子束，经强度控制、聚焦和加速后变成细小的电子流，再经过偏转线圈作用向正确目标偏离，穿越荫罩的小孔或栅栏，轰击到荧光屏上的荧光粉时，荧光粉被激活，就可以发出光来。CRT 显示管类型分为荫罩型和栅罩型。

①荫罩型。采用特殊金属材料制成的薄板，上面有无数小孔，有正确瞄准的电子束才能穿过每个磷光涂层光点相对应的屏蔽孔，荫罩拦截了任何可能激发错误磷光粉的电子束，这就是荫罩（shadow mask）的作用。

②栅罩型。首先，把磷光粉涂在屏幕上，再用金属细线纵向排列分离不同原色的磷光粉，这就是荫栅，这种结构的好处是带来高亮度和对比度显示效果，SONY 特丽珑和三菱钻石珑显像管就是采用了这样的设计。不过，荫栅的结构特殊，较为脆弱，发热膨胀或者容易震

动,所以就用两根横向的金属细线固定,这就是为什么在珑管显示器上会看见有一条或两条阻尼线的缘故。

(2)LCD 工作原理

使用两片液晶薄膜,利用通电与未通电时中间的液态晶体排列变得有秩序,使光线容易通过;不通电时排列混乱,阻止光线通过的物理特性所制造的显示设备。

LCD 可分为无 TFT-LCD 和 DSTN-LCD。

①TFT-LCD:指液晶显示器上的每个液晶像素点都由集成在其后的薄膜晶体管来驱动。相对 DSTN-LCD,TFT-LCD 具有屏幕反应速度快、对比度和亮度高、可视角度大、色彩丰富等特点,是主流的 LCD 显示设备。

②DSTN-LCD:由双扫描扭曲阵列液晶体所构成的液晶显示器。它的对比度和亮度较差、可视角度小、色彩 256 色,但是结构简单价格低廉,仍有市场。

3. 显示器的技术指标

(1)尺寸

尺寸是显像管对角线长度,单位是英寸(in),常见的有 15 英寸、17 英寸、19 英寸。一般 CRT 显示器在规格中所标示的尺寸小于使用者实际所能看到的画面,因为要扣除显像管边缘的尺寸,约小 1 英寸左右。以 17 英寸显示器为例,可视范围大约为 15.8 ~ 16.1 英寸。而 LCD 显示器所标示的尺寸,一般是实际尺寸(显示比例 4:3,1 英寸 =25.4mm)。

(2)像素

每个像素包含一个红色、绿色、蓝色的磷光体。

(3)可视角度

液晶显示器的可视角度左右对称,而上下则不一定对称。一般来说,上下角度要小于或等于左右角度。如果可视角度为左右 80 度,表示在始于屏幕法线 80 度的位置时可以清晰地看见屏幕图像。但是如果没有站在最佳的可视角度内,所看到的颜色和亮度将会有误差。有些厂商就开发出各种广视角技术,试图改善液晶显示器的视角特性。

(4)点距

点距指两个相邻的相同颜色的磷光点对角线的距离,单位是 mm。我们常问液晶显示器的点距是多大,但是多数人并不知道这个数值是如何得到的,让我们来了解一下它究竟是如何得到的。举例来说,一般 14 英寸 LCD 的可视面积为 285.7mm ×214.3mm,它的最大分辨率为 1024 ×768,那么点距就等于可视宽度/水平像素。

(5)分辨率

定义显示器画面解析度的标准,由每帧画面的图素数决定,以水平显示的图素个数 × 水平扫描线数表示。如 17 英寸显示器最佳分辨率为 1024 ×768,指每帧图像由水平 1024 个图素,垂直 768 条扫描线组成。

(6) 带宽

它是表示显示器显示能力的一个综合指标,指每秒钟扫描的图素个数,即单位时间内每条扫描线上显示的频点数总和,以 MHz 为单位。带宽越大表明显示器显示控制能力越强,显示效果越佳。带宽 = 分辨率宽 × 高 × 场频(逐行模式) × 损耗系数,损耗系数约为 1.5。如 17 英寸显示器最小带宽 =1024 ×768 ×85Hz ×1.5 =100MHz。

(7)对比值

对比值是最大亮度值(全白)除以最小亮度值(全黑)的比值。CRT 显示器的对比值通常高达500:1,以致在CRT显示器上呈现真正全黑的画面是很容易的。但对LCD来说就不是很容易了,由冷阴极射线管所构成的背光源很难去做快速开关动作,因此背光源始终处于点亮的状态。为了得到全黑画面,液晶模块必须完全把由背光源而来的光完全阻挡,但在物理特性上,这些组件并无法完全达到这样的要求,总是会有一些漏光发生。一般来说,人眼可以接受的对比值约为250:1。

(8)响应时间

响应时间是指液晶显示器各像素点对输入信号反应的速度,此值当然是越小越好。如果响应时间太长了,就有可能使液晶显示器在显示动态图像时有尾影拖曳的感觉。一般的液晶显示器的响应时间为20~30ms。

(9)OSD(On-Screen Display)

OSD是将按键或旋钮的功能整合在一起,透过显示器的窗口以图标的方式,让使用者能更清楚地了解调教的项目与过程。

(10)安规认证

对显示器的电磁、电场、辐射、能效、防火、原料、制程、对环境生态影响等作严格的规范,当然通过越多规范的产品,在品质上也越有保障。常见的显示器低辐射有MPRII、TCO,一般通过了TCO认证的产品,可大大减少辐射。

(11)表面涂布

显示器的表面会加上一层特殊的涂布处理,主要是为了抗反光、抗炫光、抗辐射以及增加色彩的对比效果。表面涂布的材质脆弱,不可碰触显示器表面。清洁显示器的表面应用软性布料轻轻擦拭即可,不可使用清洁剂。

4.显示器的使用与维护

显示器在日常使用与维护过程中要注意以下几点:

①显示器放置应尽量远离强磁场,如高压电线、音箱等,否则显像管容易被磁化。

②显示器内部存在高压,若室内湿度大于80%可能产生漏电,所以必须注意防湿,特别是梅雨季节,应定期通电。

③应尽量避免灰尘进入,但在使用时不能用物品将显示器遮盖,否则热量散发不出去,导致显示器内部升温过高而损坏机器。

④保持合适的温度,避免阳光直射屏幕,否则容易使显像管老化。

⑤对比度可设置为最大,但亮度最好设置为最大值的70%~80%,亮度太高对眼睛不利,且缩短显示器的使用寿命。

⑥清洁屏幕时只能用柔软的干棉布擦拭灰尘,不要使用硬质物品,也不能沾水或清洁剂擦拭,否则会损坏屏幕表面的防辐射及抗静电镀膜。

⑦清洁外壳时用棉布蘸清水擦拭,不要使用任何清洁剂,否则会使外壳失去光泽。

【重要提示】

在移动显示器时,不要忘记将电源线和信号电缆拔掉;如果显示器接触不良将会导致颜色减少或不能同步甚至黑屏,插头的某个引脚弯曲可能导致显示器不能显示颜色或偏向一种颜色;调节显示器面板上的功能旋钮时,要缓慢,不可猛转;显示器的线缆拉得过长,会使显示器亮度减少,切射线不能聚焦;显示器应使用带熔断器的插座。

三、打印机(图 3-12)

随着办公自动化程度的提高,打印机逐渐成为办公室设备“三大件”中必不可少的配件。打印机技术已经有几十年的发展史了。1968 年,推出第一台针式打印机,IBM 于 1976 年研制出全球第一台喷墨打印机—IBM－4640,之后,由施乐公司研制出世界第一台激光打印机并于 1977 年投放市场,现在最新技术的热升华打印机。

1. 打印机的分类及原理

(1)击打式打印机与非击打式打印机

击打式打印机是利用机械运动,击打活字载体上的字符,使它与色带和打印纸相撞而印出字符,或者利用打印钢针撞击色带和打印纸打出点阵组成字符或图形。击打式打印机中最常见的是针式打印机。针式打印机结构简单,技术成熟,性价比高,费用低。针式打印机由打印头完成打印工作。打印头由打印针构成,由打印机微电路控制打印针敲击色带,在纸上印出字符。

图 3-12　打印机

非击打式打印机打印时不是依靠机械的击打动作,而是利用各种物理、化学的方法打印字符和图形。非击打式打印机按照其印字原理可分为激光式、喷墨式、热转式等。激光打印机是利用电子成像原理工作的。激光使感光鼓感光,在鼓面上形成电荷构成的字符影像,然后使鼓面吸附墨粉印在纸上,形成印刷口。喷墨打印机是利用压电晶体热膨胀产生的压力迫使墨水通过细小喷嘴,形成墨滴,在强电场的控制下,喷到纸上形成字符和图形。热敏打印机利用热电阴形成热量,使热敏纸上的热敏层受热熔化,发生化学反应变色,在纸上形成字符和图形。热转式原理和热敏式打印机相似,不同的是热转式打印机利用一种特殊的热转印薄膜色带,将色带上的颜色印在纸上形成字符和图形。

(2)彩色打印机与黑白打印机

按照可打印出的颜色,打印机分为彩色打印机与黑白打印机两类。针式打印机一般只能打印黑白文稿,特殊的彩色针式打印机可以打印 16 色彩色文本和图形,但其彩色打印能力极差。喷墨打印机一般都能进行彩色打印。普通激光打印机只能打印黑白颜色,彩色激光打印机打出的彩色极为亮丽逼真,但价格昂贵。

(3)通用打印机与专业打印机

通用打印机具有打印效果清晰、打印速度快、消耗费用低、维护方便等优点,还有打印多份拷贝的功能,同时具有多种规格纸张打印的能力,在办公室的工作环境中得到了充分的应用。随着喷墨打印机价格的下降,它的低噪声、工作安静、具有丰富的彩色打印功能等诸多优点渐渐被人们认识到,喷墨打印机成为办公系统中一个新兴力量,逐渐成为通用打印机中的主流。

专用打印机包括商用打印机、票据打印机、便携式打印机和网络打印机等。商用打印机主要用于商业文档打印,适应精美、优质和快速打印的需要。票据打印机具有业务处理量较大、经久耐用、可打印较厚材质等特点。便携式打印机体积小、重量较轻、耗电少、便于携带,一般与便携式笔记本电脑、卫星通信技术结合在一起可形成小型的移动办公系统。网络打印机可以是专用的网络打印机,也可以是普通打印机接入网络共享。这类打印机有打印速度快、管理方便、实用性强等到特点。

(4)按接口分类

打印机接口有并行接口、USB 接口以及 RS－422 串行接口等类型。

2. 喷墨打印机技术指标

(1)分辨率(DPI)

分辨率是指每英寸的范围内喷墨打印机可打印的点数。单色打印时 DPI 值越高打印效果越好。而彩色打印时情况比较复杂。通常打印质量的好坏要受 DPI 值和色彩调和能力的双重影响。由于一般彩色喷墨打印机的黑白打印分辨率与彩色打印分辨率可能会有所不同,所以选购时一定要注意分辨率。

(2)几色打印

按使用的墨水的颜色可以分为彩色和黑白,彩色又可以分为 4 色、6 色和 8 色。一般照片级打印机都是配备的 6 色以上的打印墨盒。一般来说,墨盒的色彩数越多打印出来的照片的层次感越丰富。而针式打印机和热敏打印就只能进行黑白打印。

(3)打印速度

喷墨打印机的打印速度一般以每分钟打印的页数来统计。但因为每页的打印量并不完全一样,所以这个数字一定不会准确,只是一个平均数字。这项指标也是打印机的一个卖点,CANON 自从出了 PIXMA 系列的打印机后提出了“极速打印” 的概念,宣称“4×6”无边距仅需 36 秒,实现黑白文本每分钟 25 页、彩色 17 页的高速打印。

(4)打印驱动程序

打印驱动程序是一个非常重要但又常被大家忽视的环节。许多先进的打印技术都和配的打印技术有密切关系。请一定使用厂商原配的驱动程序,并随时注意更新。

(5)打印幅面

一般喷墨打印机的打印幅面有 A4 和 A3 两种。现在的打印机一般是 A4 幅面的喷墨打印机,而打印幅面更大的打印机价格也更昂贵。

(6) 接口

目前,市场上打印机产品的主要接口类型包括常见的并行接口和 USB 接口。USB 接口依靠其支持热插拔和输出速度快的特性,在打印机接口类型中迅速崛起。

3. 打印机的使用与维护

①打印机遇到发热、冒烟、有异味、有异常声音等情况,要立刻切断电源。

②打印机上禁止放其他物品。打印机长时间不用时,要把电源插头从插座中拔出。

③当附近打雷时,将电源插头从插座中拔出,如果插着的话,有可能机器受到损坏。

④打印纸及色带盒未设置时,禁止打印,否则打印头和打印辊会受到损伤。

⑤打印头处于高温状态时,在温度下降之前禁止接触,防止烫伤,受伤。

⑥不要随意拆卸、搬动、拖动打印机,如有故障,要与专业维修人员联系。

⑦禁止异物(订书针、金属片、液体等)进入本机,否则会造成触电或机器故障。

⑧ 在确保打印机电源正常、数据线和计算机连接时方可开机。

⑨打印机在打印的时候请勿搬动、拖动、关闭打印机电源。

⑩打印量过大时,应让打印机休息 5～10 分钟,以免打印机过热而损坏。

⑪ 不允许使用有皱纹、折叠过的纸,不允许放入过多的打印纸。

【重要提示】

在控制面板上同时按住墨水键和进纸键然后开机，开机后 3 秒钟时，立刻把进纸键松开，这时墨水键按着大约 10 秒后就出现三灯再闪，这时可以把手放开，这样就能把 ROM 清好。这一操作的作用是将废墨计数器清零。此外，还可以通过调整程序达到这一目的。

任务实施

常见输出设备的安装与连接

一、操作目的

①掌握显示卡、显示器的安装与连接。

②了解打印机的安装与驱动。

二、操作工具及设备

CRT 显示器 1 台、立式主机箱 1 台，键盘、鼠标 1 套，AGP 显卡 1 块(图 3-13)、打印机 1 台(图 3-14)及其驱动光盘，螺丝刀 1 把。

三、操作步骤

1. 显卡安装

①硬件安装：首先拆开机箱，取下机箱上对应 AGP 插槽的挡板；然后将显卡竖直放置在 AGP 插槽上插进，要注意扣紧，插牢。再用螺丝刀将显卡固定好，如图 3-15 所示。

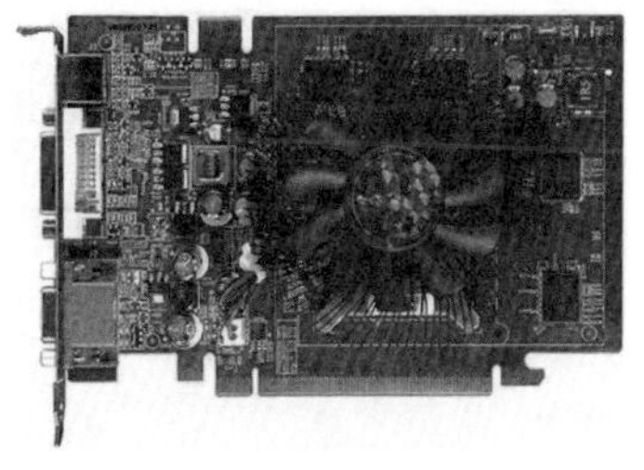

图 3-13　显卡

图 3-14　打印机

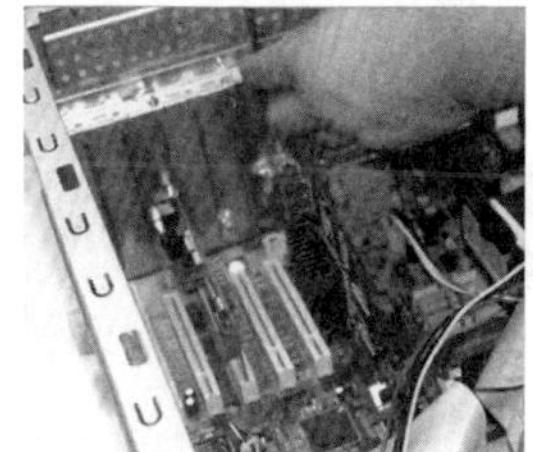

图 3-15　给显卡固定螺丝

②安装驱动程序：选择新设备，放入光盘安装显卡驱动程序，驱动完毕就可以用了。

【重点提示】

对于显卡来说，最简单的 DIY 莫过于超频。对于显卡的超频，很多人都认为是越高越好。事实并非如此，过高的频率可能导致显卡老化速度加快，太高的频率可能导致只能正常使用很短一段时间。

2. 显示器安装

①在搬动显示器时，一般在显示器的两侧有一个方便手提的扣槽，用户扣这个扣槽可以方便地搬动显示器。我们首先把显示器侧放。

②在显示器的底部有许多小孔,其中就有安装底座的安装孔。此外,还可看到显示器的底座上有几个突起的塑料弯钩,这几个塑料弯钩是用来固定显示器底部的。

③安装底座:第一步是将底座上突出的塑料弯钩与显示器底部的小孔对准,要注意插入的方向。第二步是将显示器底座按正确的方向插入显示器底部的插孔内。第三步是用力推动底座。第四步是听见"咔"的一声响,显示器底座就已固定在显示器上了。

④从附袋里取出电源连接线,将显示器电源连接线的另外一端连接到电源插座上。

⑤连接显示器的信号线:把显示器后部的信号线与机箱后面的显卡输出端相连接,显卡的输出端是一个15孔的三排插座,只要将显示器信号线的插头插到上面就行了。

3. 打印机安装

①首先接好打印机的电源线及数据线,电源线另一端连接到插座接通电源。

②如果打印机是并行接口,则把打印机的数据线另一端连接到计算机的打印口上,如果是USB接口打印机,则把数据线另一端连接到主机的USB接口上。

③打开打印机的电源开关,并放入打印纸。

④打印机驱动安装:开始→设置→打印机→添加打印机→下一步→插入驱动光盘→从软盘安装→浏览→选中光盘盘符→找到"Windows"目录→确定→确定→下一步→下一步→开始安装→完成。

四、注意要点

①拆卸硬件时,应该按照正确要求操作,不可以用力过大,以免损坏部件。

②在拿取硬件部件时,尽量避免用手接触插卡的连接部分,以免汗渍腐蚀金属片。

任务工作单

<table>
<tr><td rowspan="3">项目学习:外围设备的使用
工作任务:常见输出设备的使用</td><td>班级</td><td colspan="3"></td></tr>
<tr><td>姓名</td><td></td><td>学号</td><td></td></tr>
<tr><td>日期</td><td></td><td>评分</td><td></td></tr>
</table>

一、工单内容

1. 掌握显示卡、显示器的安装与连接。

2. 学会打印机的安装与驱动。

二、准备工作

1. 显卡主要由______、______、______、______、______和______等几部分组成。

2. RAM DAC的作用是将______中的______转换成能够在______上直接显示的______。数模转换的工作频率直接影响显卡的______及其______。

3. CRT显示器主要由______、______、______、______和______5部分组成。

4. LCD分为______、______、______和______4种,目前被广泛应用于计算机显示器的是______。

5. 打印机的种类很多,常见的有______打印机、______打印机和______打印机等。

6. 以下哪种说法不正确______。

A. 显卡的主芯片用来对数据进行处理,并将处理结果存放在显卡的内存中。

B. 显卡内存中的数据被传送到RAM DAC,并进行数摸转换。

C. RAM DAC将数字信号通过VGA接口输送到显示器。

D. 显卡主要由显示芯片、显示内存、RAMDAC芯片、显示BIOS、总线接口等几个部分组成。

7. 以下哪项说法不正确________。

A. 显示器和显卡一同构成 PC 的显示系统，其作用是将计算机核心的数字信号最终转化为光信号，把文字与图形在屏幕上显示出来

B. 显示器的显示画面是由显卡来控制的

C. CRT 显示器由显卡、电子枪、偏转线圈、荫罩、荧光粉层和玻璃外壳组成

D. LCD 具有体积小、重量轻、耗电量省、无辐射、显示图像清晰、画面无闪烁、无静电等优点

8. 以下哪种打印机最节省耗材________。

A. 激光打印机　　B. 喷墨打印机　　C. 针式打印机　　D. 彩色打印机

三、任务操作

1. 简述安装显卡的主要参数及安装步骤？

2. 简述安装显示器的主要参数及安装步骤？

3. 简述安装打印机的主要参数及步骤。

四、工作小结

1. 在完成工作任务的过程中，你是如何计划并实施的，在小组中承担了哪些具体工作？

2. 对本次工作任务，你有哪些好的建议和意见？

工作任务四　多媒体设备的使用

任务概述

【情境假设】

小李是电影爱好者，平时喜欢把收藏的电影刻盘保存起来，为此刻录机都用坏了好多个，可是时间长了他还是发现自己之前收藏的电影光盘很容易坏，有的出现坏道丢失数据，并且现在的一些高清电影容量太大，一张光盘根本保存不了。于是他想有没有大容量的光盘刻录机，可以一次性解决这些问题，既能够刻录高清电影，又能够保证长时间不损坏，数据不丢失呢？

多媒体设备即是可以提供多媒体功能的设备。多媒体的英文单词是 Multimedia，它由 multi（混合）和 media（媒体）两部分组成，一般理解为多种媒体的综合。媒体就是人与人之间实现信息交流的中介，简单地说，就是信息的载体。而多媒体技术不是各种信息媒体的简单混合，它是一种把文本、图形、图像、动画和声音等形式的信息结合在一起，并通过计算机进行综合处理和控制，能支持完成一系列交互式操作的信息技术。

任务知识

一、光盘

光盘也就是我们常说的 CD-ROM，它的含义是只读光盘存储器。它是近代发展起来不同于磁性载体的光学存储介质，用聚焦的氢离子激光束处理记录介质的方法存储和再生信息，又称激光光盘。由于光盘存储容量大，价格便宜，保存时间长，所以适合保存大量的数据信息，我们可以用它来存放歌曲、电影视频、软件、数据等。光盘的出现，极大地拓宽了电脑的多媒体用途。

1. 光盘的分类

光盘基本分成两类，一类是只读型光盘，其中包括 CD、VCD、CD-ROM、DVD 等；

另一类是可记录型光盘，它包括 CD-R、CD-RW、DVD-RW、DVD-RAM 等。

①CD（Compact Disc），又称激光唱片，用于存放数字音乐或音频等。它是由内及外记录资料，在记录之后加上一个资料结束记录的标记。在 CD 光盘，模拟数据通过大型刻录机在 CD 上刻出许多连肉眼都看不见的小坑。

②VCD（Video-CD），激光视盘，用于全动态、全屏播放的激光影视光盘。

③CD-ROM（Compact Disc-Read Only Memory）只读光盘。用于存放文本、音频、视频、图片等任何数据信息。这些信息可通过光驱读取，但不能修改、添加或删除光盘里面的任何数据。

④CD-R（Compact Disc-Recordable），可刻录光盘。在刻录 CD-R 盘片时，通过大功率激光照射 CD-R 盘片的染料层，在染料层上形成一个个平面（Land）和凹坑（Pit），光驱在读取这些平面和凹坑的时候就能够将其转换为 0 和 1。由于这种变化是一次性的，不能恢复到原来的状态，所以 CD-R 盘片只能写入一次，不能重复写入。

⑤CD-RW(Compact Disc-Rewriteable),也属于可刻录光盘。其刻录原理与CD-R大致相同,只不过盘片上镀的是一层200～500埃(1埃=10^{-8}cm)厚的薄膜,这种薄膜的材质多为银、铟、硒或碲的结晶层,这种结晶层能够呈现出结晶和非结晶两种状态,等同于CD-R的平面和凹坑。通过激光束的照射,可以在这两种状态之间相互转换,所以CD-RW盘片可以重复写入。

⑥HD-CD(High Density-CD),高密度光盘。容量大,单面容量4.7GB,双面容量高达9.4GB,有的达到17GB。

⑦DVD(Digital Versatile Disk),数字多用光盘,拥有4.7GB的大容量,可储存高清晰高分辨率全动态影视节目,包括杜比数字环绕声音轨道、图像和声音。

⑧DVD-R(Digital Versatile Disk-Recordable),可刻录的DVD光盘。在刻录DVD-R盘片时,原理和CD-R类似,只能写入一次,只是材质和CD有所不同。

⑨DVD-RW(Digital Versatile-Disk Rewriteable),可反复写入的DVD光盘。在刻录过程中它采用CAV技术来提高数据传输率。由于DVD光盘容量大而价格低、速度不慢且兼容性高,因此现在得到广泛使用。

【重点提示】

虽然CD-ROM、CD-R、CD-RW都是光盘,但它们的实质大不相同。CD-ROM是最常见的,表面是白色的,也叫银盘。它由光盘加工线大批量生产出来,一生产出来就已经有内容了,刻录机是无法做出CD-ROM的。

CD-R的表面涂有反射层(绿、蓝或金色),刚生产出来时是无内容的,你可以发现在刻录之后,盘片的颜色会改变,此时资料已经存储进去了。现在的CD-R/CD-RW无需格式化就可使用,就像软盘买回来就可以用一样,非常方便。

CD-RW(Compact Disc-Rewritable,可重复刻录光盘)也有反射层(紫色),并可以多次使用,极限为1000次左右,虽然不能当硬盘,但用于备份也是不错的。

2. 光盘的结构原理

根据光盘结构,光盘主要分为CD、VCD、DVD、HD-CD等几种类型。这几种类型的光盘,在结构上有所区别,但主要结构原理是一致的。而只读的CD光盘和可记录的CD光盘在结构上没有区别,它们主要区别在材料的应用和某些制造工序的不同,DVD方面也是同样的道理。现在,以CD光盘的结构为例进行讲解。

常见的CD光盘非常薄,它只有1.2mm厚,但却包括了很多内容。从图3-16中可以看出,CD光盘主要分为五层。

E层:基层,最重要的部分,是塑料基底,它占有整个盘片中最多的体积,是形成盘片强度和形状的关键。

D层:记录层,也称为数据层,是最关键的部分,是刻录和保存数据的层面,刻录盘的性能就取决于该层的质量。

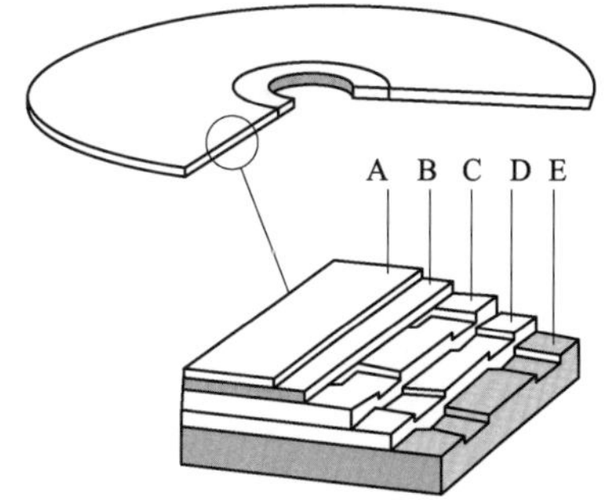

图3-16　光盘的结构剖面图

C层:反射层,用来反射光驱或者刻录机的激光束,低档的盘片可能用铁或者铝作为反射介质,而高档的刻录盘则采用银。

B层:保护层,能防止盘片的记录层(D)和反射层(C)遭到各种意外破坏。

A 层:印刷层,实际上是各公司来图画标志的层面,通常刻录盘的商标和图案就在这层。

3. 光盘中数据的存放格式

(1)扇区

与硬盘类似,光盘上也有物理扇区,只不过光盘上的扇区要比硬盘上的扇区复杂得多,共有三种物理扇区格式。

①扇区格式 0:只用作导入区和导出区,不用于存放用户数据。

②扇区格式 1:用于存放用户数据。

③扇区格式 2:用于存放用户数据,也可存放声音和图像等。

(2)光道

光盘上的光道是呈螺旋状的,与黑胶唱片上的音轨类似。光道与磁道相比,光道的密度及光道上的数据密度都远远大于磁道。

二、光盘驱动器

光盘驱动器(CD-ROM)就是我们平常所说的光驱,是专用于读取光盘数据的设备,也是多媒体电脑不可缺少的硬件配置。由于光盘存储容量大,价格便宜,保存时间长,适宜保存大量的数据,故得到广泛的使用。而我们要使用光盘时,就只能借助光盘驱动器读取其中的数据了。

1. 光盘驱动器的工作原理

利用激光的原理,把计算机的数字信号调制成极细的激光光束,再把这种信号记录到一张直径 1.2mm 的多碳塑料盘片上。激光头是光驱的中心部件,光驱在读取数据时,激光头会向光盘发出激光束,当激光束照射到光盘的凹面或非凹面时,反射光束的强弱会发生变化,光驱就根据反射光束的强弱,把光盘上的信息还原成为数字信息,即“0”或“1”,再通过相应的控制系统,把数据传给电脑。

2. 光盘驱动器的外部结构

(1)控制面板(如图 3-17 所示)

①耳机插孔——可连接耳机或音箱,输出 Audio CD 音乐。

②音量旋钮——调节输出的 CD 音乐音量大小。

③指示灯——显示光驱的运行状态。

④紧急出盒孔——用于断电或其他非正常状态下打开光盘托架。

⑤打开/关闭/停止键——控制光盘进出盒和停止 Audio CD 播放。

⑥播放/跳道键——用于直接使用面板控制播放 Audio CD。

⑦光盘托盘——用于把光盘放入光驱中读取,防止灰尘进入光驱内部。

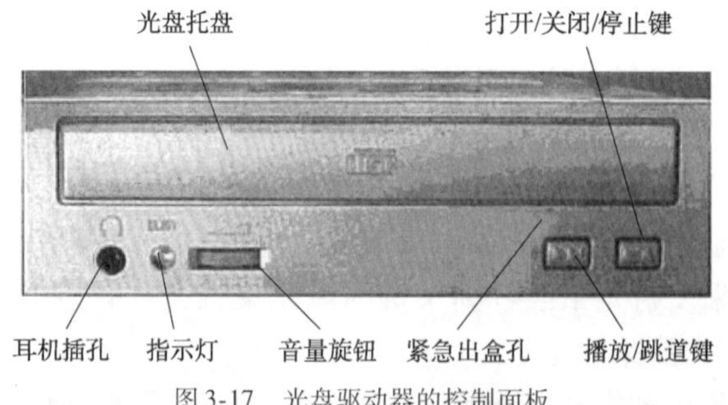

图 3-17　光盘驱动器的控制面板

(2)接口面板(如图3-18所示)

①电源接口——通过连接上电源,光驱才可以正常工作。

②跳线——光驱和硬盘一样也有主盘和辅盘工作方式之分(请见硬盘中的介绍),可根据需要通过此跳线开关设置。

③数据接口——目前绝大部分的光驱跟硬盘一样使用IDE数据线。

④音频接口——此插座通过音频线和声卡相连。

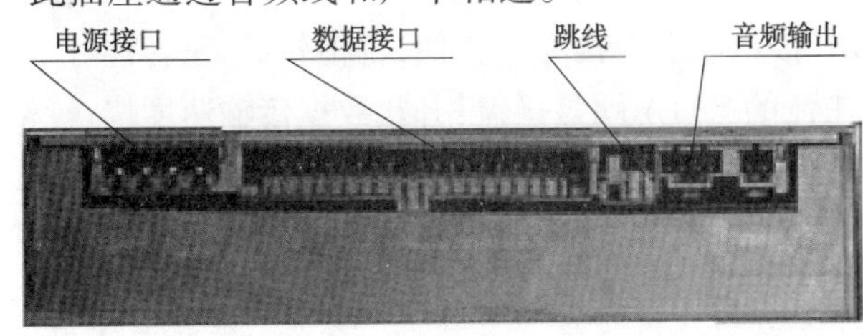

图3-18 光盘驱动的背部面板

3. 光盘驱动器的内部结构

(1)底部结构:用十字螺丝刀拧开光驱底板的4个固定螺丝,压下连在光驱面板上的固定卡,将底板向上抬起,即可将其拆下,可以看到光驱底部固定着机芯电路板,它包括伺服系统和控制系统等主要的电路组成部分。

(2)机芯结构:用细铁丝插入面板的紧急出盒孔将光盘托架拉出,压下上盖板两端的固定卡,卸开光驱面板,然后再打开上盖板,可以看光到整个机芯结构,它包括激光头组件、主轴马达、光盘托架和启动机构。

4. 光盘驱动器的技术指标

(1)数据传输率

数据传输率反映了光驱从光盘上读取数据的快慢,是衡量光驱性能的最基本指标,它由单速和倍速组成。单速是指最初的光驱读取速率150KB/s,而倍速是指最初光驱读取速率的多少倍的读取速率的光驱。

(2)平均读取时间

平均读取时间是指激光头从原来位置移到新位置并开始读取数据所花费的平均时间,平均寻道时间越短,光驱的性能就越好。

(3)缓存(CACHE)

缓存的作用是提供一个数据的缓冲区域,将读取的数据暂时保存,然后一次性进行传输和转换,从而提高数据传输率。CACHE一般最少要有128K,现在的光驱一般是256K或者512K的。缓存越大越好。

(4)CPU占用时间

CPU占用时间是指光驱在维持一定的转速和数据传输率时所占用CPU的时间,它也是衡量光驱性能好坏的一个重要指标。CPU占用时间越少越好。

(5)容错性能

容错性能是指光驱读取质量不太好的光盘的能力,容错性能越强越好。

(6)光驱的读取方式

①恒定线速度(Constant Linear Velocity,简称CLV):读取光盘内圈和外圈数据时,光驱马达的转速是不同,读出的数据传输率保持不变。

②恒定角速度(Constant Angular Velocity,简称 CAV):保持光驱马达转速恒定,其数据传输率是可变的。

③部分恒定角速度(Partical Constant Angular Velocity,简称 PCAV):当激光头读不出数据时,主轴速度降低一半,如果再读不出来,再降低一半,如此反复,直到读取数据为止。一般读取内圈数据,采用 CAV 方式;读取外圈数据,采用 CLV 方式。

(7)接口类型

①IDE 接口:和 IDE 接口硬盘连接方式相似,价格较低,兼容性好。

②SATA 接口:和主流的 SATA 硬盘接口相似,数据传输速度快,价格低。

③USB 接口:携带方便,通过 USB 接口连接,支持热插拔,传输率高。

【重点提示】

如果在驱动器工作时温度发生了突然变化,请至少等待 1 小时后再关闭电源。如果立即使用驱动器,则可能导致光驱不能正常工作,在读取光盘时出错。

三、DVD 驱动器

DVD 的全称 Digital Video Disc(数字视频光盘),也称"Digital Versatile Disc",即"数字多用途光盘",是 CD/VCD 的后继光存储产品。DVD 驱动器也就是我们常说的 DVD 光驱,是指读取 DVD 光盘的设备,也可以兼容 CD 光盘,如图 3-19 所示。

1. DVD 光盘的物理结构

DVD 光盘与 CD-ROM 光盘的外观很相似,直径为 120mm、厚度为 1.2mm,它是由两层基底组成,每片基底的厚度均为 0.6mm。由于基片上的凹槽更细、道间距更小,所以数据存储量比 CD-ROM 大得多。DVD 的存储方式主要有两种,单面存储和双面存储,而且每面还可以存储两层资料,其主要存储方式有四种物理结构:单面单层(DVD-5)的存储容量为 4.7GB、单面双层(DVD-9)的存储容量为 8.5GB、双面单层(DVD-10)的存储容量为 9.4GB、双面双层(DVD-18)的存储容量为 17GB。

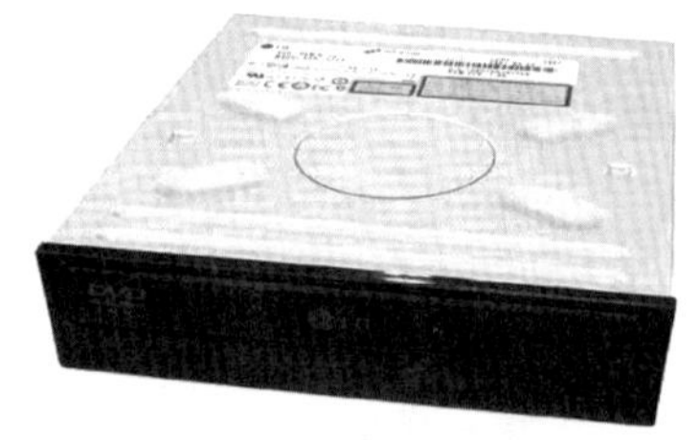

图 3-19 DVD 驱动器

对于单面而言,只有在基层的下层存放数据,上层基底没有数据。对于双面而言,上下层基底均存放有数据。在读取数据时有两种方法:一种是读完一面之后,将盘从光驱之中取出,翻面之后再放入光驱中继续读取第二面的数据;另一种是在光驱中装有两个激光头,分别从盘的上下两面读取数据,或者只装有一个激光头,在读完第一面时可以自动地跳到另一面继续读取。双层是指将两层盘叠加一起,下层是反射层,透过它可以读取上层的数据。读取下层时总是从内圈开始,并从里往外;读完下层后再读上层。

2. DVD 驱动器的工作原理

DVD 驱动器的工作原理与普通光盘驱动器差不多,也是先将激光二极管发出的激光经过光学系统形成光束射向盘片,然后从盘片上反射回来的光束照射到光电接收器上,再转变成电信号。由于 DVD 必须兼容 CD-ROM 光盘,而不同的光盘所刻录的坑点和密度均不相同,当然对激光的要求也有不同,这就要求对 DVD 激光头进行特别设计。

只要将两个激光发射管波长不同、物镜焦距不同的激光头连为一体,就能解决 DVD 和

CD 两种碟片的兼容,这种方法无疑是最快捷的,但在同一个激光头上使用两套光学系统,成本上是不合算的。于是采用的激光头则使用双焦点的编程透镜,通过自动识别 CD 和 DVD,选择对应的激光头焦距,从而正确地读取碟片上的信号。这样,DVD 驱动器就不存在兼容性的问题了。另外,DVD 采用的纠错方式也比较特殊,比以往的 CD 方式要强数十倍,即使 DVD 盘片很差也可以毫不费力地读出数据。

3. DVD 驱动器的技术指标

DVD 驱动器有很多技术指标和 CD 光驱相似,在这里我们列出主要不同之处。

①读取倍速:即数据的传输率,但是 DVD 光驱标注的倍数同 CD 光驱相比要低。其实际标的 4 倍速、5 倍速是单指读取 DVD 盘片时的数据传输率,而在读取 CD 盘片时,可迅速达到 24 倍速以上。

②兼容性:是指该 DVD 光驱能支持和兼容读取多少种碟片的问题。一般来说,一款合格的 DVD 光驱要兼容 DVD-ROM、CD-R/RW、DVD-R/RW、CD-ROM 等常见的格式,当然是能支持的格式越多越好。

③数据缓存:同 CD 光驱、硬盘一样,DVD 光驱的数据缓存容量的大小也直接影响其整体性能,缓存容量越大,它的 CACHE 的命中率就越高。现在主流的 DVD 光驱一般采用了 512KB 缓存,但也有只采用了 128KB 缓存的 DVD 光驱。

【重点提示】

DVD 驱动器的安装和使用过程与光盘驱动器类似,可参考光盘驱动器所述。值得注意的是,在卸下或更换可移动的 DVD 驱动器之前,请确保系统已断电。只要接通交流电源,多处位置都会有电压。即使关闭了主电源开关,此电压仍然存在。

随着蓝光的脚步越来越近,DVD 的市场越来越小,尤其是当 HD - DVD 决定退出 DVD 市场的时候大家都认为 DVD 即将被蓝光取代,但就在这个时期,一个重要的技术却让步入生命周期晚期的 DVD 播放机又重新焕发了生机,这就是现在市场上疯狂炒作的"倍线"机能,有了这个功能,普通的 DVD 也能瞬时变成 1080P 高清了。实现倍线 DVD 的方法有两种,一种是模拟倍线 DVD,一种是数字倍线 DVD。

四、刻录机

光盘的存储原理比较特殊,里面存储的信息不能被轻易地改变。如果你有一个刻录机和空的 CD-R/RW 光盘,就能将自己的数据资料写在光盘上。DVD 等其他介质的刻录也是一样的,要注意的是,绝大部分 DVD 刻录机都能刻录 CD,即所谓的"向下兼容",如图 3-20 所示。

1. 刻录机的分类

刻录机从外表上看和普通光盘驱动器没什么不同,但内部结构却不相同,它专用于把用户数据写入刻录光盘中,解决了 CD-ROM 和 DVD 光盘中数据不能修改的问题,因此,在家庭生活和办公场所得到了广泛使用。

图 3-20　刻录机

常见的刻录机主要分为两类:

①CD-R/RW 驱动器:用于 CD 光盘的刻录,所用盘片为 CD-R 或 CD-RW。

②DVD 刻录机:用于 DVD 光盘的刻录,所用盘片要求是 DVD-R 或 DVD-RW。

2. 刻录机的工作原理

(1)CD-R/RW 驱动器的工作原理

CD-R/RW 驱动器所用的刻录光盘要求是 CD-R 或 CD-RW 盘片,其容量一般为 700MB。刻录光盘上面所记载资料的方式与普通 CD-ROM 光盘一样,也是利用激光束的反射来读取资料,所以刻录盘也可以放在上边读取,不同的是 CD-ROM 盘不能写入,CD-R 盘可以写一次,而 CD-RW 光盘可以反复擦写,反复使用。理论上来说,好的 CD-RW 光盘可以反复擦写约 1000 次,对于文件备份十分方便,而它的价格也不贵。所以一般用 CD-RW 光盘做备份,用 CD-R 光盘刻录一些经常需要并且不会改变的东西,如系统安装盘、软件安装盘、电影电视等。

在刻录 CD-R 盘片时,通过大功率激光照射 CD-R 盘片的染料层,在染料层上形成一个个平面(Land)和凹坑(Pit),光驱在读取这些平面和凹坑的时候就能够将其转换为 0 和 1。由于这种变化是一次性的,不能恢复到原来的状态,所以 CD-R 盘片只能写入一次,不能重复写入。CD-RW 的刻录原理与 CD-R 大致相同,只不过盘片上镀的是一层 200 ~ 500 埃(1 埃 $=10^{-8}$cm)厚的薄膜,这种薄膜的材质多为银、铟、硒或碲的结晶层,这种结晶层能够呈现出结晶和非结晶两种状态,等同于 CD-R 的平面和凹坑。通过激光束的照射,可以在这两种状态之间相互转换,所以 CD-RW 盘片可以重复写入。刻制的光盘与普通 CD-ROM 的读取原理基本相同。

(2)DVD 刻录机的工作原理

目前,主流 DVD 刻录机是 DVD-R/RW 驱动器和 DVD + R/RW 驱动器,它们与 CD-R/RW 驱动器一样是在预刻沟槽中进行刻录的。不同的是,这个沟槽通过定制频率信号的调制而成为“抖动形”,被称作抖动沟槽。它的作用就是更加精确地控制马达转速,以帮助刻录机准确掌握刻录的时机,这与 CD-R/RW 刻录机的工作原理是不一样的。另外,虽然 DVD-R/RW 和 DVD + R/RW 的物理格式是一样的,但由于 DVD + R/ RW 刻录机使用高频抖动技术,所用的光线反射率也有很大差别,因此这两种刻录机并不兼容。

DVD-R/RW、DVD + R/RW 与 CD-R/RW 光盘类似,在其记录层上加入了相变材料,可以通过转换其状态达到多次擦写的目的。在进行写入操作时,激光照射强度提升至最大,使写入区域的相变材料迅速超过熔点温度,之后立即停止照射进行冷却后,该区域就变为非结晶状态。在进行数据擦除时,用中等功率的激光对非结晶状态的区域进行相对长时间的照射,当该区域超过结晶温度时就调低功率,该区域就恢复为结晶状态。

3. 刻录机的技术指标

(1)接口形式

主要有 IDE、SATA 和 USB 三种。

(2)刻录速度

CD-RW 标注的格式通常为 24X/6X/4X 的形式,其中 24X 表示 CD-ROM 读盘速度为 24 倍速,4X 表示盘片的写入速度是 6 倍速,2X 表示复写速度是 4 倍速。

目前,主流指标分别为 32X/8X/4X 和 24X/6X/4X。

(3)内置与外置

从结构形式分有内置和外置两种。内置节省空间、价格较便宜;外置有较好的散热性,独立供电，便于携带，但价格较高。

从放置盘片方式分托盘式和插入式。托盘式与普通光驱完全一样；插入式用专门的盒子来装载 CD-RW 盘片，刻写的时候插到刻录机里面，有较好的防尘性能。

(4)防缓存欠载技术

刻录机将数据写入光盘的暂时存储区。如果数据进入缓存的速度低于离开缓存的速度，就会发生欠载运行，导致坏盘。大容量缓存对刻录的稳定性，尤其是 IDE 和 SATA 接口产品起到了相当大的作用，因此 4 倍速以上产品最好具备 2MB 或更多的缓存。2 倍速产品具有 1MB 或者 512KB 就足够了。

(5)Firmware 固件

它与刻录机的关系如 BIOS 和主板的关系，每种型号的刻录机，都有其专用 Firmware。大多数刻录软件都会根据 Firmware 来辨认刻录机的品牌和特性。

(6)防尘设计

由于刻录机的激光头是水平向上发射聚焦激光束来实现刻录的，所以，进入刻录机的灰尘一旦落在激光头上就很容易被烧结，造成激光束聚焦不良，直接影响正常刻录。因此，有防尘设计技术是我们应该着重考虑的因素。

(7)CLV、CAV、P-CAV 和 Z-CLV

恒定线速度(CLV)、恒定角速度(CAV)、局部恒定角速度(PCAV)的概念在前面讲光盘驱动器的时候就已经描述过，而 Zone-CLV(区域恒定线速度)应用在高速刻录机上，也简写为 Z-CLV；在刻录时，是将一张刻录盘由内到外分成数个区域，刻录时以区域为单位逐步提升速度，同一个区域内的刻录速度是恒定的，这样可以在刻录机保证稳定的前提下再将速度提升到更高的阶段，避免了马达转速过高带来的不稳定因素。

4. 刻录方式

①整盘刻录：用于光盘的复制，光盘一次性刻录完成，剩余空间也无法再使用。

②区段刻录：一次只刻录一个区段而不是整张光盘，余下的空间可以继续使用。

③轨道刻录：一次只刻录一个轨道的数据，所以可给光盘多次写入数据。

④飞盘：先将数据转换成 ISO-9660 格式映像文件，然后再刻录。

⑤封装刻录：可以对盘片进行复制、粘贴、添加、修改、删除等操作，但实际可用存放数据的空间为光盘容量的 80% 左右。

⑥多轨道刻录：允许分多次把数据刻录到光盘中，这样可以充分利用刻录盘的空间。

【重点提示】

刻录机的读盘性能往往很一般，不要用它经常看 VCD 影碟和读烂盘等，这些功能最好另备一个读盘性能比较好的专用 CDROM 来完成，尽量保护好刻录机。另外，还要注意刻录机的散热，刻录机工作时发热量很大，所以要使用比较宽敞的机箱，而且不要让它和其他发热量大的设备靠太近。

五、COMBO 驱动器

COMBO，中文名为康宝，其含义为“结合物”、“联合体”。它是一种集合了 CD-ROM、DVD-ROM、CD 刻录为一体的多功能光存储产品，如图 3-21 所示。它既具有 DVD 光驱读取 CD/DVD 的功能，又具有刻录机的功能，可谓“一机多用”。

1. COMBO 驱动器的工作原理

由于 COMBO 是将 DVD、CD-RW 等功能整合到了一个光驱中，所以很明显它的最大特点就在于功能的高度集成化，不但释放了原本就狭小的机箱空间，节省了主板接口，并且降低了耗电量，让使用和维护成本大大降低，也降低用户总体拥有成本，能最大限度地提高产品的性价比。

图 3-21 COMBO 驱动器

COMBO 驱动器和其他光驱不同，关键在于其激光头能够产生不同能量和波长的光源，所以可以方便地实现不同功能之间自动转换。这使得 COMBO 能够自动辨别和处理 CD、DVD 和 CD-RW 介质，用户不需要事先判别和设定，只要插入相应的光盘，COMBO 就能自动进入 CD-ROM 或 DVD 播放状态，或者调用相应的软件方便地进行刻录，用户使用起来更加简便。

2. 第三代 COMBO(康宝)使用的新技术

第三代 COMBO 作为新一代的复合型光储产品，各项速度指标已经具备了当前市场上单项光储产品的主流速度，并融合了五束光道错误检测、新型激励器、环纹聚焦镜等技术。

(1)五束光道错误检测技术

五束光道错误检测技术，与上一代产品相比大大提高了异常盘片的可读性。所谓的异常盘片主要是指整盘的刻点深度不一，致使激光束不能正确聚焦，也就不能正确还原数据的光盘片。这种盘片是经常可以碰到的，只不过由于一两个字节没有被正确还原并不影响这个数据的读取和写入，所以关心它的人并不多。如同即使是昂贵的正版音乐 CD 在多次翻刻以后也会“变质”的道理。在上一代三束光道错误检测原理的基础上成功地研发出了五束光道错误检测技术，通过对激光噪声的降低提高信噪比，不仅大大地提高了各种盘片的播放能力，而且还提供了一整套完美的读写总体解决方案。

(2)新型激励器技术

新型激励器技术同样是第三代 COMBO 的一大亮点。此技术的运用使第三代驱动器无论是在低速还是在高速对盘片的读取过程中，均提高了对数据读取的稳定性。当激光头开始发射激光读取数据的时候，激励器本身的温度也开始升高，而这种过高的温度无疑是激励器最致命的杀手。新型激励器使用了较高的电压输入，降低了自身的功耗，同时加入了过流保护，大大延长了激励器的使用寿命。

(3)环纹聚焦镜

环纹聚焦镜是利用“到达光感电路的激光强弱决定光驱纠错能力强弱”的原理，通过在透镜特殊位置刻上精心计算的环状纹样，在不影响透镜聚焦的同时，加大透镜的受光面积，减小光阻，使激光信号畅通无阻地穿过透镜到达光感电路，从而极大地增强了 COMBO 驱动器的纠错能力。

3. 为何选购 COMBO 驱动器

如今的电脑以整合为美，这就是在主板市场上集成显卡、集成声卡的中低档主板销量最大的原因所在。COMBO 光驱和普通的 DVD-ROM、CD-ROM、CD-R/RW 没什么区别，就是把三者的功能融为一体。所以 COMBO 光驱的选购和普通光磁产品的选购也没太大区别。电脑市场已经从感性消费到了理性消费，家用电脑已经不再是家庭高档的装饰品，消费者已经不再盲目追求高效能。普通家庭用户一个月就刻录 3 ~ 10 张盘,如果单独购买一个 CD-RW 多数时间处于“休息”状态,再说看 DVD,一个家庭在电视上看 DVD 的次数要远远大于在电脑上看 DVD 的次数,康宝的出现,正好迎合了这些客户的需求,使得康宝市场迅速成长起来,同时也给 CD-RW 及 DVD 市场带来了冲击。至于 DVD 刻录机,由于目前价格居高不下,短时期内不会有所作为。所以说要根据自己的实际需求和性价比理性购买。

六、声卡

声卡是多媒体计算机的主要部件之一,是实现声波/数字信号相互转换的一种硬件。声卡不仅仅作为发声之用,还兼备了声音的采集、编辑、语音识别、网络电话等功能。它是把来自话筒、磁带、光盘的原始声音信号加以数字化处理,然后转换成模拟信号,输出到耳机、扬声器、扩音机、录音机等声响设备,或通过音乐设备数字接口(MIDI)使乐器发出美妙的声音。

1. 声卡的基本结构(如图 3-22 所示)

①音效处理芯片:主要完成 WAVE 波形的采样与合成、MIDI 音乐的合成,同时混音器、效果器也在其内部实现,是声卡最基本的部件。

②后置输出插孔:将音频信号输出到有源音箱或功率放大器。

③线性输出插孔(LINE OUT):将音频信号输出到有源音箱/耳机或功率放大器。

④话筒输入插孔(MIC IN):用于连接话筒,主要用来语音输入。

⑤线性输入插孔(LINE IN):用于将随身听等外部设备的声音信号输入电脑。

⑥电话应答设备接口(Telephone Answering Device,TAD):用来提供标准语音 MODEM 的连接并向 MODEM 传送话筒信号,所以配合 MODEM 卡和软件,可使电脑具备电话自动应答功能。

⑦模拟 CD 音频输入接口(CD-IN):使用 CD 音源线将来自 CD/DVD 光驱的模拟音频信号接入。

⑧辅助设备接口(AUX-IN):用于将电视卡、解压卡等设备的声音信号输入声卡并通过音箱播放。

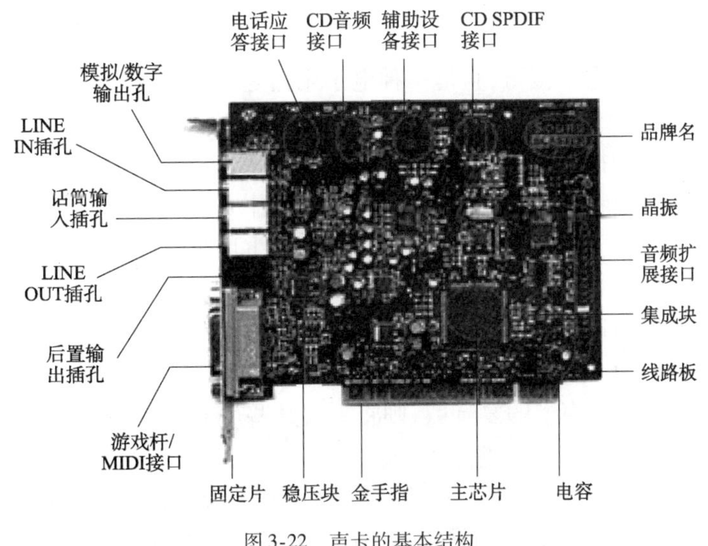

图 3-22　声卡的基本结构

⑨数字 CD 音频输入接口(CD-SPDIF):用来接收来自光驱的数字音频信号。

⑩音频扩展接口(SPDIF-EXT):接到数字 I/O 子卡,实现数字信号的输入和输出,并可输出 AC-3 信号等。

⑪游戏杆/MIDI 插口:用于连接游戏杆、手柄、方向盘等外界游戏控制器或 MIDI 键盘/电子琴,也可先购买一个光纤 MIDI 套件再插入上述设备。

2. 声卡的工作原理

声卡是多媒体电脑用来处理声音的接口卡,是计算机对声音进行信号处理的适配器。从结构上分,声卡可分为模/数转换电路和数/模转换电路两部分。模数转换电路负责将麦克风等声音输入设备采到的模拟声音信号转换为电脑能处理的数字信号;而数模转换电路负责将电脑使用的数字声音信号转换为喇叭等设备能使用的模拟信号。

声卡具有三个基本功能:一是模拟音频处理功能,二是语音合成功能,三是混音和音效处理功能。另外,声卡处理的声音信息在计算机中以文件的形式存储。声卡工作应有相应的软件支持,包括驱动程序、混频程序(mixer)以及 CD 播放程序等。

3. 声卡的技术指标

声卡在将模拟音频信号数字化的过程中,每隔一定时间对音频信号进行一次采样。采样频率指的是单位时间内采样的次数。对采样得到的数据要用若干二进制数进行描述,也就是量化。量化宽度指的是这个二进制位数。采样频率越高,量化宽度越宽,对声音的数字化和回放的质量就越高。

(1)采样位数

采样位数即采样值或取样值。它是用来衡量声音波动变化的一个参数,也就是声卡的分辨率。它的数值越大,分辨率越高,所发出声音的能力越强。由于受人耳的声音精确度限制,多媒体电脑中采用 16 位的声卡。

(2)采样频率

采样频率即取样频率,指每秒钟取得声音样本的次数。采样频率越高,声音的质量越好,声音的还原也就越真实,但同时它占的资源比较多。由于人耳的分辨率很有限,太高的频率并不能分辨出来。在 16 位声卡中有 22KHz、44KHz 等几级,其中,22KHz 相当于普通 FM 广播的音质,44KHz 已相当于 CD 音质了。

(3)MIDI

MIDI 称为音乐设备数字接口,它是一种电子乐器之间以及电子乐器与电脑之间的统一交流协议。很多流行的游戏、娱乐软件中都有不少以 MID、RMI 为扩展名的 MIDI 格式音乐文件。MIDI 文件是一种描述性的“音乐语言”,它将所要演奏的乐曲信息用字节进行描述。譬如在某一时刻,使用什么乐器,以什么音符开始,以什么音调结束,加以什么伴奏等,也就是说 MIDI 文件本身并不包含波形数据,所以 MIDI 文件非常小巧。

(4)复音数量

声卡中的“32”和“64”其含义是指声卡的复音数,它代表了声卡能够同时发出多少种声音。复音数越大,音色就越好,播放 MIDI 时可以听到的声音就越多,越细腻。如果一首 MIDI 乐曲中的复音数超过了声卡的复音数,则将丢失某些声部,但一般不会丢失主旋律。

(5)信噪比

信噪比是信号功率与噪声功率的比值,单位是 dB(分贝)。信噪比越高,说明声卡的滤波效果越好,声卡的质量就越高。通常声卡的信噪比应大于 80dB。

(6) 波表合成

通过对声音进行取样，并将其保存下来，重播时依靠声卡上的微处理芯片或系统 CPU 经过处理来发声，称为波表合成。根据取样文件放置位置和处理方式的不同，波表合成又常分为软波表和硬波表。

【重点提示】

我们在使用电脑的时候，如果出现没有声音的问题，可能有以下原因：

①系统默认输出为"静音"。单击屏幕右下角的声音小图标，出现音量调节滑块，下方有"静音"选项，单击前边的复选框，清除框内的对号，即可正常发音。

②声卡与其他插卡有冲突。解决办法是调整 PNP 卡所使用的系统资源，使各卡互不干扰。有时，打开"设备管理"，虽然未见黄色的惊叹号(冲突标志)，但声卡就是不发声，其实也是存在冲突，只是系统没有检查出来。

③声卡没有驱动。一般系统都会给主板集成软声卡安装驱动，但有些硬声卡和独立声卡需要安装专门的驱动程序才能正常运行。

④安装了 Direct X 后声卡不能发声，说明此声卡与 Direct X 兼容性不好，需要安装更新的驱动程序。

七、音箱

音箱指将音频信号变换为声音的一种多媒体设备。通俗地讲就是指音箱主机箱体或低音炮箱体内自带功率放大器，对音频信号进行放大处理后由音箱本身回放出声音。音箱必须配合声卡使用才能使计算机发出优美动听的声音，如图 3-23 所示。

图 3-23　音箱

1. 音箱的分类

(1)按使用场合来分

按使用场合音箱分为专业音箱与家用音箱。家用音箱的特点是音质细腻柔和，外形较为精致、美观，放音声压级不太高，承受的功率相对较少，一般限于家庭所用。专业音箱灵敏度较高，放音声压高，力度好，承受功率大，一般用于歌舞厅、卡拉 OK、影剧院、会堂和体育场馆等专业文娱场所。

(2)按有无电源来分

按有无电源分为无源音箱和有源音箱。无源音箱价格便宜，里面只安装扬声器，而没有功率放大电路，扬声器完全依靠声卡上的功放模块发出声音。有源音箱里有一套专门的功率放大电路和电源。能把声卡输出的音频信号，经过高保真功率放大器再次放大后输出到扬声器。和无源音箱相比，有源音箱有了自己的功放，所以对声卡依赖较小、要求较低，输出功率比较大，音质较好，效果比无源音箱好得多。

2. 音箱的构造原理

音箱的构成主要分成六部分，分别是箱体设计、音箱外壳、功能电源、功率放大部分、扬声器单元和特殊音效与功能电路。其工作原理是多媒体计算机将其声音文件通过电脑中的声卡，把数字音频信号转换成模拟音频信号，再由声卡输出口输出，这时音频信号电平较弱，一般只有几百毫伏的电压，还不能推动喇叭正常工作。而推动喇叭工作至少需要几伏左右的信号电压。这时就需要将声卡输出的音频信号通过音箱的放大器加以放大,放大后的音频信号就可以推动喇叭将音频信号转换成声音信号了。然后我们就可以听到音箱发出的真实声音。音箱在声音转换中的作用如图3-24所示。

图3-24 音箱在声音转换中的作用

3. 音箱的技术指标

评价音箱性能的标准是音箱能否真实地把声音进行还原,具体有以下几点:

(1)功率

功率决定了音箱所能发出的声音声强,一般有两种标注方法,分别是标准功率和最大承受功率。标准功率也叫额定功率,它决定了音箱可以在什么样的状态下长期稳定工作;最大承受功率是指扬声器短时间所能承受的最大功率。

(2)频响范围

频响范围包含两部分:频率范围和频率响应。频响范围是指音箱最低有效频率与最高回放频率之间的范围,单位为赫兹(Hz)。频率范围越大,音域越广,音箱质量越好。

频率响应是指给音箱系统连接一个恒电压的音频信号,音箱产生的声压随其频率的变化而发生增大或衰减,相位也随频率而发生变化,这种声压、相位与频率相关联的变化关系称为频率响应,单位为分贝(dB)。

(3)失真度

失真度分为谐波失真、互调失真和瞬态失真三种。谐波失真指在声音回放的过程中,增加了原信号没有的高次谐波成分而导致的失真。互调失真主要影响声音的音调,是来自两个频率F1和F2,在F1+F2与F1-F2(取绝对值)之间所产生的谐波,这些谐波彼此之间又能继续组合出和、差、乘积。瞬态失真是因为扬声器具有一定的惯性质量存在,盆体的震动无法跟上瞬间变化的电信号的震动,而导致的原信号与回放音色之间存在的差异。普通多媒体音箱的失真度应小于0.5%,低音炮的失真度应小于5%。

(4)信噪比

即放大器的输出信号的电压与同时输出的噪声电压的比。一般来说,信噪比越大,说明混在信号里的噪声越小,声音回放的质量越高,否则相反。信噪比一般不应该低于70dB,高保真音箱的信噪比应达到110dB以上。

(5)阻抗

阻抗是指输入信号的电压与电流的比值。音箱的输入阻抗一般分为高阻抗和低阻抗两类,一般高于16Ω的是高阻抗,低于8Ω的是低阻抗,一般音箱标准阻抗是8Ω。

【重点提示】

音箱连接功放时,一定注意极性不能接反,正极与正极相对应,负极与负极相对应,正、负极端子在功放和音箱上一般均有明显的标志。在使用中,不能突然提高音量。对于音调的高低音调节要适当,尽量不要调节到极限。唱卡拉OK时,混响、延迟电位器都要调节适当,否则会因此产生自激,烧毁音箱的中高音喇叭。

八、视频卡

视频卡,也称视频采集卡,如图3-25所示。它是多媒体计算机中处理活动图像的适配器,它能有效地处理各种不同的音频和视频输入信号,并把它们从模拟信号转换为数字信号或从数字信号转换为模拟信号。

1. 视频卡的工作原理

视频采集卡是微型机系统中用于对视频进行采集、处理、播放的部件。计算机通过视频卡可以接收来自视频输入端的模拟视频信号,对该信号进行采样,量化成数字信号“0”和“1”,然后压缩编码成数字视频序列。通常在采集过程中,对数字信号还进行一定形式的实时压缩处理,较高档的采集卡依靠特殊的处理芯片进行硬件实时数据压缩处理;而那些没实时硬件压缩功能的视频卡,也可通过电脑上的 CPU 进行被称为软件压缩的处理。另外,对于开始流行的数码摄像机这类数字视频源,通过它们上面的 IEEE 1394 端口,不必再添加任何采集卡,就可以用电脑上的 IEEE 1394 端口进行视频采集。

图 3-25　视频卡

2. 视频卡的技术指标

(1)结构制式

视频卡根据其结构的不同可以分为内置和外置两种制式,外置式视频卡也叫视频接收盒,用它可以无须打开计算机和运行软件就可以利用视频接收盒来接收视频信息了。在附加功能上都提供 AV 端子和 S 端子输入、多功能遥控、多路视频切换等,其清晰度优于内置卡。内置视频卡除提供标准视频接收功能外,还往往提供了不同程度的视频捕捉功能,可以把捕捉动态/静态的视频信号转换成数据流。具备视频捕捉的视频卡在接收视频信息之余,还能配合模拟制式摄像装置构成可视通信系统。

(2)捕捉效果

在捕捉效果上,应选择动态捕捉效果更接近于标称的 30 帧/秒或 25 帧/秒产品为佳,还应保证捕捉到的图像画面的色彩、高度、对比度的失真最小。

(3)分辨率

视频卡的分辨率与计算机密不可分,如果想通过视频采集卡来获取一些高质量的视频画面,应该留意视频采集卡在播放动态视频时的分辨率大小,分辨率越高则越好。

(4)视频格式

有的视频卡只能保存 AVI 一种视频格式,并且没有影像压缩的功能。为了能适应多种格式的视频信息的编辑处理,我们最好选用分辩率高,可以保存多种影像格式,而且具有图像压缩功能的视频采集卡。

(5)接口类型

目前,视频采集设备与电脑相连的接口类型主要有复合端口、S-VIDEO 端口、色差分量接口 YUV 和 IEEE 1394 接口。

(6) 编码方式

编码方式是指通过特定的压缩技术,将某个视频格式的文件转换成另一种视频格式文件的方式。目前、视频流传输中最为重要的有国际电联的 H. 261、H. 263、运动静止图像专家组的 M – JPEG 和国际标准化组织运动图像专家组的 MPEG 系列标准。

3. 视频卡采集过程

采集 DV 的视频卡使用很简单,安装时,系统会自动安装 1394 驱动,然后用 1394 连接线连接 DV 到电脑的 1394 视频采集卡输入端。然后视频卡还需安装硬件驱动程序以实现 PC

机对视频卡的控制和数据通信。根据不同的采集卡所要求的操作系统环境,各有不同的驱动程序。只有把采集卡插入了PC机的主板扩展槽并正确安装了驱动程序以后才能正常工作。采集卡一般还配有采集应用程序以控制和操作采集过程,也有一些数字视频编辑软件如Adobe Premiere等也带有采集功能,但这些应用软件都必须与采集卡硬件配合使用。打开这些采集应用软件,选择“采集”,选择设备为DV机选择采集的格式,一般选择mpeg或avi格式,点击采集按钮就能采集了。

声卡和音箱的安装

一、操作目的

①掌握声卡的安装过程。

②掌握音箱的安装过程。

二、操作工具及设备

CRT显示器1台、立式主机箱1台,声卡1块(如图3-26所示)、音箱1台(如图3-27所示)以及螺丝刀1把。

三、操作步骤

(1)声卡安装过程(如图3-28所示)

①找一空余的PCI插槽,并从机箱后壳上移除对应PCI插槽上的扩充挡板及螺丝。

②将声卡小心地对准PCI插槽并且很确实地插入PCI插槽中。注意,务必确认将卡上的金手指的金属触点很确实地与PCI插槽接触在一起。

③将螺丝用解刀锁上使声卡确实固定在机箱壳上。

④确认无误后,重新开启电源,即完成声卡的硬件安装。

⑤ 然后进入操作系统安装声卡驱动程序,重启后声卡就可以正常使用。

图3-26　声卡

图3-27　音箱

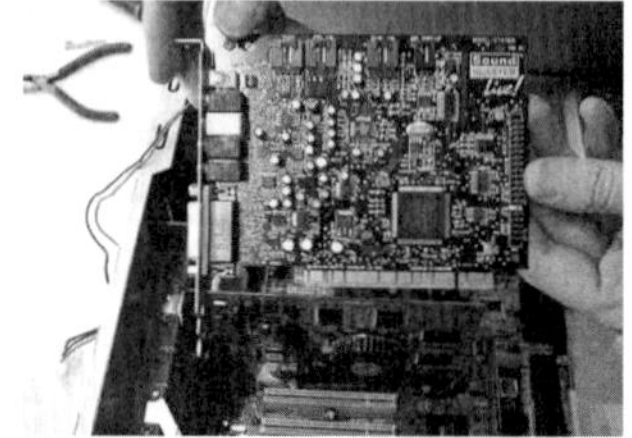

图3-28　安装声卡

(2)音箱安装过程

①不要开启电源,首先把两个主次音箱连接好,连接时要注意音箱的正负极,还要注意连接线的颜色对应,避免短路。

②将主音箱的声频插头接入到声卡的输出接口(LINE - OUT)。

③插上电源,把主音量调节旋钮调至适当的位置,打开电源开关,根据需要来调节低音音量旋钮,这时电脑就可以通过音箱放出优美的音乐。

【重点提示】

放音时请使用适当的音量聆听，因为过大的声音可能会损伤听觉系统或破坏音响系统。当音源的输出信号较大时，开大音量，可能会出现失真，所以可以把音源的输出音量和本系统的音量调节到适当的位置。环绕声道的音量也不宜过大，过大的环绕声也将影响听音效果。此外，当虚拟4.1系统放音时，音箱的环绕音量会自动变小。

四、注意要点

①拆卸硬件时，应该按照正确要求操作，不可以用力过大，以免损坏部件。

②在拿取硬件部件时，尽量避免用手接触插卡的连接部分，以免汗渍腐蚀金属片。

任务工作单

<table>
<tr><td rowspan="3">项目学习：外围设备的使用
工作任务：多媒体设备的使用</td><td>班级</td><td colspan="3"></td></tr>
<tr><td>姓名</td><td></td><td>学号</td><td></td></tr>
<tr><td>日期</td><td></td><td>评分</td><td></td></tr>
</table>

一、工单内容

1. 掌握声卡的安装过程。

2. 掌握音箱的安装过程。

二、准备工作

1. 光盘的物理结构包含五层，分别为________、________、________、________、________。

2. 光驱的接口方式一般有________、________、________。

3. DVD 的存储方式主要有两种：单层 DVD 容量有________，双层 DVD 有________。

4. 刻录机都具备防缓存欠载技术，一般 4 倍速的刻录机至少具有________的缓存。

5. 第三代刻录机的新技术主要有________、________、________。

6. 声卡具有三个基本功能，分别是________、________、________。

7. 音箱构成分六部分，分别是________、________、________、________、________、________。

8. 视频采集设备与电脑接口类型主要有________、________、________、________。

9. 下列哪种光盘不属于刻录盘。(　　)

A. CD-R　　B. CD-RW　　C. DVD-RW　　D. CD-ROM

10. 光驱的读取方式有三种，下列哪项不是光驱读取方式。(　　)

A. CLV　　B. ZCLV　　C. CAV　　D. PCAV

11. 下列哪种光驱不具备刻录机的功能。(　　)

A. COMBO　　B. DVD + R/RW 驱动器

C. CD-ROM 驱动器　　D. CD-R/RW 驱动器

12. 下列哪个不是刻录机的刻盘方式。(　　)

A. 飞盘　　B. 轨道刻录　　C. 封装刻录　　D. 点刻录

13. 声卡工作应有相应的软件支持，下列哪个不属于支持声卡的软件。(　　)

A. 声卡驱动程序　B. 混频程序　　C. Firmware　　D. CD 播放程序

14. 下列哪项不属于音箱的失真度技术参数。(　　)

A. 谐波失真　　B. 互调失真　　C. 瞬态失真　　D. 动态失真

三、任务操作

1. 简述光盘的种类和区别。

2. 简述光驱的外部结构和技术参数。

3. DVD 驱动器技术指标有哪些?

4. 简述刻录机的工作原理,以及有哪些刻录方式?

5. 简述 COMBO 的功能特点。

6. 简述声卡的构成和技术指标。

7. 简述音箱的构成和技术指标。

8. 简述视频卡的构成和技术指标。

四、工作小结

1. 在完成工作任务的过程中,你是如何计划并实施的,在小组中承担了哪些具体工作?

2. 对本次工作任务,你有哪些好的建议和意见?

工作任务五　常见网络设备的使用

任务概述

小罗经常跟家里通电话，为此电话费花费不少，于是就想到给家里配个电脑上网，可以通过视频网络电话聊天，这样就可以节省很多电话费了。可他妈妈是个电脑盲，他又不在身边，即使找人安装好了电脑，也不能上网。于是，小罗想起了他有个中学同学在电信公司上班，或许可以帮助小罗妈妈解决上网难题。

随着网络技术高速发展，从简单的局域网连接，到全球 Internet 互联网信息资源共享，计算机网络给整个世界信息化带来翻天覆地的变化。它是用通信线路和通信设备将分布在不同地点的多台计算机系统连接起来，按照共同的网络协议，共享硬件、软件和数据资源的系统。

网络设备是构成计算机网络的部件，如网卡、调制解调器、集线器、交换机和路由器等。独立工作的计算机是通过网络设备访问网络上的其他计算机。本工作任务我们着重介绍几种常见的计算机网络设备。

任务知识

一、网卡

网卡即网络接口卡，又称网络通配器，它是计算机与外界连接的网络接口。网卡插在计算机的 PCI 扩展槽上，通过网线与网络上的其他计算机交换数据、共享资源。

1. 网卡的分类

①按所支持网络带宽不同，网卡可分为 10M 网卡、100M 以太网卡、10M/100M 自适应网卡、1000M 以太网卡四种。

②按网络接口的不同，网卡可分为 AUI 接口（粗缆接口）、BNC 接口（细缆接口）和 RJ-45 接口（双绞线接口）三种接口类型。

③按总线接口类型的不同，可分为 ISA 接口网卡、PCI 接口网卡、PCI- X 总线接口网卡（用于服务器上）、PCMCIA 接口网卡（用于笔记本电脑）以及 USB 总线网卡。

④按网卡的应用领域不同，网卡可分为普通工作站网卡和专业服务器网卡。

⑤按连接方式的不同，网卡可分为有线网卡（如图 3-29 所示）和无线网卡（如图 3-30 所示）。

图 3-29　有线网卡

图 3-30　无线网卡

2. 网卡的工作原理

网卡是在局域网中连接计算机和传输介质的接口，是工作在数据链路层的网路组件，它不仅能实现与局域网传输介质之间的物理连接和电信号匹配，还涉及帧的发送与接收、帧的封装与拆封、介质访问控制、数据的编码与解码以及数据缓存的功能等。

网卡在物理结构上装有处理器和存储器（包括 RAM 和 ROM）。它和局域网之间的通信是通过电缆或双绞线以串行传输方式进行的。而网卡和计算机之间的通信则是通过计算机主板上的 I/O 总线以并行传输方式进行。因此，网卡的一个重要功能就是进行串行/并行转换。由于网络上的数据率和计算机总线上的数据率并不相同，因此在网卡中必须装有对数据进行缓存的存储芯片。

3. 网卡的技术指标

（1）传输速率

传输速率是指网卡所提供的带宽，一般有 10M/s、100M/s、1000M/s 等。

（2）半双工与全双工

在半双工方式下工作时，有另一台设备正在发送数据，那么接收方必须等待，只有当那台设备的传输结束时，才可以发送数据。而全双工是指通信双方可以同时执行信息数据传送。

（3）接口方式

由于局域网普遍采用双绞线作为传输介质，并进行结构化布线，所以一般选择 RJ－45 接口的网卡就可以了。随着无线网络的发展，USB 接口的无线网卡也得到广泛应用。

（4）远程唤醒

远程唤醒技术（Wake-on-LAN，WOL）是由网卡配合其他软硬件，可以通过局域网实现远程开机的一种技术，无论被访问的计算机离我们有多远、处于什么位置，只要处于同一个局域网内，就都能够被随时启动。这种技术非常适合具有远程网络管理要求的环境，如果有这种要求在选购网卡时应注意是否具有此功能。

4. 无线网卡

无线网卡是终端无线网络的设备，是在无线局域网的无线覆盖下通过无线连接网络进行上网使用的无线终端设备。具体来说无线网卡就是使电脑可以利用无线上网的一个装置，但是有了无线网卡也还需要一个可以连接的无线网络，如果你在家里或者所在地有无线路由器或者无线 AP（Access Point，无线接入点）的覆盖，就可以通过无线网卡以无线的方式连接无线网络上网。

无线网卡的工作原理是微波射频技术。笔记本目前有 WIFI、GPRS、CDMA 等几种无线数据传输模式来上网，后两者由中国移动和中国联通来实现，前者电信或网通有所参与但不多，主要是自己拥有接入互联网的 WIFI 基站（其实就是 WIFI 路由器等）和笔记本用的 WIFI 网卡。基本概念是差不多的，通过无线形式进行数据传输。无线上网遵循 802.1q 标准，通过无线传输，由无线接入点发出信号，用无线网卡接收和发送数据。

二、调制解调器

调制解调器的英文是 MODEM，我们通常称之为“猫”，其实就是 Modulator（调制器）与 Demodulator（解调器）的简称。所谓调制，就是把数字信号转换成电话线上传输的模拟信号，解调，即把模拟信号转换成数字信号，合称调制解调器。它是模拟信号和数字信号的“翻译员”,其作用是在发送端通过调制将数字信号转换为模拟信号,而在接收端通过解调再将模拟信号转换为数字信号。

1. 调制解调器分类

(1)内置式调制解调器(如图 3-31 所示)

内置式 MODEM 和普通的计算机插卡一样,它是一块即插即用的 MODEM。卡上没有跳线,一般有两个接口,一个标明“Line”的字样,用来接电话线;另一个标明“Phone”的字样,用来接电话机。此外,它是一块支持语音的 MODEM 卡,除正常的两个插口外,它还有一个麦克风接口和声音出口。

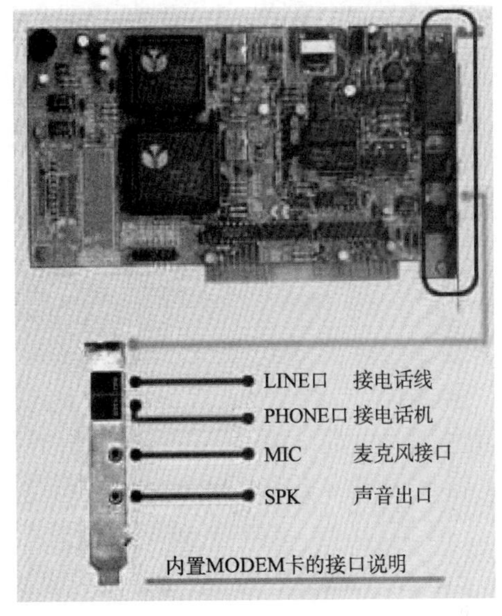

图 3-31 内置式调制解调器

(2)外置式调制解调器(如图 3-32 所示)

外置式的 MODEM 有 25 针的 RS232 接口,用来和计算机的 RS232 口(串口)相连。标有“Line”的接口接电话线,标有“Phone”的接口接电话机。不同的 MODEM 外形不同,但这些接口都是类似的。除此之外,它带有一个变压器,为其提供直流电源。在外置调制解调器上,我们经常看到一些指示灯,它们指示 MODEM 的工作状态,它们的含义如表 3-1 所示。

MODEM 上各指示灯的含义 表 3-1

MR	调制解调器就绪或进行测试	TR	终端就绪	SD	发送数据
RD	接收数据	OH	摘机	CD	载波检测
AA	自动应答	HS	高速		

(3)USB 接口的 MODEM(如图 3-33 所示)

USB 技术的出现,给电脑的外围设备提供更快速、更简单的连接方法。市场上早就推出了 USB 接口的 56K 的 MODEM,其体形小巧,给传统的 MODEM 带来挑战。只需将它连接在主机的 USB 接口就可以。

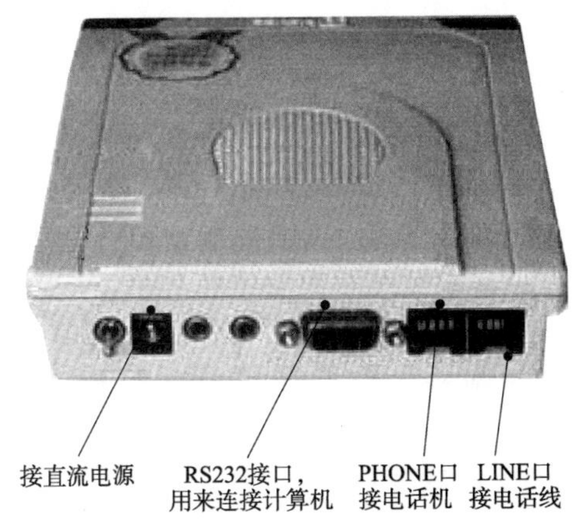

图 3-32 外置式调制解调器

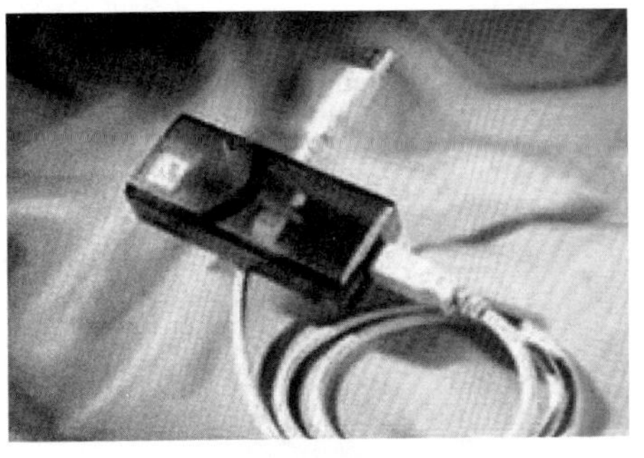

图 3-33 USB 接口的 MODEM

【重点提示】

外置调制解调器用一条标准的串行电缆线(一般调制解调器都有此配件)的一端插入调制解调器的 DTE 口,一端插入计算机后面的串口(COM1 或 COM2),如果接口不匹配的话,就需要一个 9-25 芯的转换器;内置式调制解调器需要将调制解调卡插到计算机主板上。调制解调器安装后将电话线的 RJ－11 插座插入调制解调器的 Line 接口中,电话机的 RJ－11 插座插入调制解调器的 Phone 接口中,这样调制解调器和电话线就共享外线了。

2. 解调器的工作原理

电子信号一般分为两种,分别是模拟信号和数字信号。我们使用电话线路传输的是模拟信号,而 PC 机之间传输的是数字信号。所以当想通过电话线把自己的电脑连入 Internet 时,就必须使用调制解调器来“翻译”两种不同的信号。连入 Internet 后,当 PC 机向 Internet 发送信息时,由于电话线传输的是模拟信号,所以必须要用调制解调器来把数字信号“翻译”成模拟信号,才能传送到 Internet 上,这个过程叫作“调制”。当 PC 机从 Internet 获取信息时,由于通过电话线从 Internet 传来的信息都是模拟信号,所以 PC 机必须要用它来把模拟信号“翻译”成数字信号 0 和 1,才能被计算机所接受,这个过程我们叫作“解调”。正是通过这样一个“调制”与“解调”的数模转换过程,实现了两台计算机之间的远程通信。

3. 调制解调器的技术指标

(1)传输模式

Modem 一般用于数据传输,但随着用户需求的不断增长以及厂商之间的激烈竞争,目前市场上越来越多地出现了一些“二合一”、“ 三合一”的 Modem。这些 Modem 除了可以进行数据传输以外,还具有传真和语音传输功能。

(2)传输速率

Modem 的传输速率是 Modem 每秒钟传送的数据量大小。通常所说的 56K 指的就是 Modem 的传输速率。传输速率以 bps(比特/秒)为单位。而一般影响传输速率的因素主要有电话通话质量、是否有足够的带宽以及对方电脑 MODEM 的传输率等。

(3)传输协议

Modem 的传输协议包括调制协议、差错控制协议、数据压缩协议和文件传输协议。这三种协议在本书不作详细介绍。

三、集线器

集线器英文名为“Hub”,它属于数据通信系统中的基础设备,如图 3-34 所示。集线器被广泛应用于局域网的环境下,和网卡一样,处于 OSI(开放系统互联参考模型)参考模型第一层物理层,属于纯硬件网络底层设备,基本上不具有交换机的“智能记忆”能力和“学习”能力。它也不具备交换机所具有的 MAC 地址表,所以它发送数据时都是没有针对性的,而是采用广播方式发送。

图 3-34　集线器

1. 集线器的工作特点

集线器内部采用了电器互联,当维护局域网的环境是逻辑总线或环形结构时,完全可以用集线器建立一个物理上的星形或树形网络结构。在这方面,集线器所起的作用相当于多端口的中继器。其实,集线器实际上就是中继器的一种,其区别在于集线器能够提供更多的端口服务。其主要功能是对接收到的信号进行再生整形放大,以扩大网络间的传输距离,同时把所有节点计算机集中在以 Hub 为中心的节点上。也就是说当它要向某节点发送数据时,不是直接把数据发送到目的节点,而是把数据包发送到与集线器相连的所有节点,从而实现网络互联。

据 IEEE 802.3 协议,集线器的功能是随机选出某一端口的设备,并让它独占全部带宽,与集线器的上联设备(交换机、路由器或服务器等)进行通信。由此可以看出,集线器在工作时具有以下两个特点:

第一,Hub 只是一个多端口的信号放大设备,工作中当一个端口接收到数据信号时,由于信号在从源端口到 Hub 的传输过程中已有了衰减,所以 Hub 便将该信号进行整形放大,使被衰减的信号再生(恢复)到发送时的状态,紧接着转发到其他所有处于工作状态的端口上。从 Hub 的工作方式可以看出,它在网络中起到信号放大和重发作用,其目的是扩大网络的传输范围,但不具备信号的定向传送能力,是一个标准的共享式设备。

第二,Hub 只与它的上联设备(如上层 Hub、交换机等)进行通信,同层的各端口之间不会直接进行通信,而是通过上联设备再将信息广播到所有端口上。由此可见,即使是在同一 Hub 的两个不同端口之间进行通信,都必须经过两步操作:第一步是将信息上传到上联设备;第二步是上联设备再将该信息广播到所有端口上。

随着技术的发展和需求的变化,许多 Hub 在功能上进行了拓宽,不再受这种工作机制的影响。由 Hub 组成的网络是共享式网络,同时 Hub 也只能够在半双工下工作。

【重点提示】

Hub 主要用于共享网络的组建,是解决从服务器直接到桌面最经济的方案。在交换式网络中,Hub 直接与交换机相连,将交换机端口的数据送到桌面。使用 Hub 组网灵活,它处于网络的一个星形节点,对节点相连的工作站进行集中管理,不让出问题的工作站影响整个网络的正常运行,并且用户的加入和退出也很自由。

2. 集线器的分类

集线器按照对输入信号的处理方式上,可以分为无源 Hub、有源 Hub、智能 Hub。

(1)无源 Hub

无源 Hub 不对信号做任何的处理,对介质的传输距离没有扩展,并且对信号有一定的影响。连接在这种 HUB 上的每台计算机,都能收到来自同一 Hub 上所有其他计算机发出的信号。

(2)有源 Hub

有源 Hub 与无源 Hub 的区别在于它能对信号放大或再生,这样它就延长了两台主机间的有效传输距离。

(3)智能 Hub

智能 Hub 除具备有源 Hub 所有的功能外,还有网络管理及路由功能。在智能 Hub 网络中,不是每台计算机都能收到信号,只有与信号目的地址相同地址端口的计算机才能收到。有些智能 Hub 可自行选择最佳路径,这就对网络有很好的管理。

3. 集线器的不足

集线器的这种广播发送数据方式有三方面不足:一是用户数据包向所有节点发送,很可能带来数据通信的不安全因素,一些别有用心的人就会非法截获他人的数据包;二是由于所有数据包都是向所有节点同时发送,加上我们介绍过的共享带宽方式,就会造成网络更加堵塞现象,从而降低了网络执行效率;三是它是非双工传输,网络通信效率低。集线器在同一时刻每个端口只能进行一个方向的数据通信,而不能像交换机那样进行双向双工传输,网络执行效率低,不能满足较大型网络通信需求。

四、交换机

交换机,英文名 Switch,是一种基于 MAC 地址识别,能够在通信系统中完成封装收发数据包,实现信息交换功能的网络设备,如图 3-35 所示。作为局域网的主要连接设备,以太网交换机成为应用普及最快的网络设备之一。随着交换技术的不断发展,以太网交换机的价格急剧下降,交换到桌面已是大势所趋。

图 3-35　交换机

1. 交换机的分类

①从广义上来看,交换机分为两种:广域网交换机和局域网交换机。广域网交换机主要应用于电信领域,提供通信用的基础平台。而局域网交换机则应用于局域网络,用于连接终端设备,如 PC 机及网络打印机等。

②从传输介质和传输速度上可分为以太网交换机、快速以太网交换机、千兆以太网交换机、FDDI 交换机、ATM 交换机和令牌环交换机等。

③从应用规模上又可分为企业级交换机、部门级交换机和工作组交换机等。一般来讲,企业级交换机都是机架式,部门级交换机可以是机架式(插槽数较少),也可以是固定配置式,而工作组级交换机为固定配置式(功能较为简单)。作为骨干交换机时,支持 500 个信息点以上大型企业应用的交换机为企业级交换机,支持 300 个信息点以下中型企业的交换机为部门级交换机,而支持 100 个信息点以内的交换机为工作组级交换机。

2. 交换机的工作原理

交换是指按照通信两端传输信息的需要,用人工或设备自动完成的方法,把要传输的信息送到符合要求的相应路由上的技术统称。在计算机网络系统中,交换概念的提出是对于共享工作模式的改进。集线器就是一种共享设备,集线器本身不能识别目的地址,当在同一局域网内的终端 A 给终端 B 传输数据时,数据包会在以集线器为架构的网络上以广播的方式传输数据,由每台终端通过验证数据包头的地址信息来确定是否接收。也就是说,在这种工作方式下,同一时刻网络上只能传输一组数据帧的通信,如果发生冲突还得重试,这种方式就是共享网络带宽。

一般来说,交换机的每个端口都用来连接一个独立的网段,但是有时为了提供更快的接入速度,我们可以把一些重要的网络计算机直接连接到交换机的端口上。这样,网络的关键服务器和重要用户就拥有更快的接入速度,支持更大的信息流量。

交换机的主要功能包括物理编址、网络拓扑结构、错误校验、帧序列以及流控。目前交换机还具备了一些新的功能,如对 VLAN(虚拟局域网)的支持、对链路汇聚的支持,甚至有的还具有防火墙的功能。

学习:交换机可以"学习"MAC 地址,并把其存放在内部地址表中,通过在数据帧的始发者和目标接收者之间建立临时的交换路径,使数据帧直接由源地址到达目的地址。

分段:通过对照 MAC 地址表,交换机只允许必要的网络流量通过交换机。通过交换机的过滤和转发,可以有效地隔离广播风暴,减少误包和错包的出现,避免共享冲突。

转发/过滤:当一个数据帧的目的地址在 MAC 地址表中有映射时,它被转发到连接目的节点的端口而不是所有端口(如该数据帧为广播/组播帧则转发至所有端口)。

消除回路:当交换机包括一个冗余回路时,以太网交换机通过生成树协议避免回路的产生,同时允许存在后备路径。

3. 交换机的传输模式

交换机的传输模式有全双工、半双工、全双工/半双工自适应。

交换机的全双工是指交换机在发送数据的同时也能够接收数据,两者同步进行,好像我们平时打电话一样,说话的同时也能够听到对方的声音。目前的交换机都支持全双工。全双工的好处在于延迟小,速度快。

提到全双工,就不能不提与之密切对应的另一个概念,那就是"半双工"。所谓半双工是指一个时间段内只有一个动作发生,举个简单例子,一条窄窄的马路,同时只能有一辆车通过,当有两辆车对开,这种情况下就只能一辆先过,另一辆再开,这个例子形象地说明了半双工的原理。早期的对讲机以及早期集线器等设备都是采用半双工的产品。随着技术的不断进步,半双工会逐渐退出历史舞台。

五、路由器

路由器,英文名为 Router,它是互联网的主要节点设备。它是可以连接因特网中各局域网、广域网的设备,并会根据信道情况自动选择路径和设定路由,以最佳的路径,按前后顺序发送信号的设备。作为不同网络之间互相连接的枢纽,路由器系统构成了基于 TCP/IP 的国际互联网络 Internet 的主体脉络,它的处理速度是网络通信的主要瓶颈之一,它的可靠性也直接影响着网络互连的质量。因此,网络设备技术研究领域中,路由器技术始终处于核心地位,如图 3-36 所示。

图 3-36　路由器

1. 路由器的分类

路由器分本地路由器和远程路由器。本地路由器是用来连接网络传输介质的,如光纤、同轴电缆、双绞线;远程路由器是用来连接远程传输介质,并要求相应的设备,如电话线要配调制解调器,无线要通过无线接收机、发射机。

另外,从使用范围来分,还有接入路由器、企业级路由器、骨干级路由器、太比特路由器和多 WAN 路由器。接入路由器使家庭和小型企业可以连接到某个互联网服务提供商;企业路由器可以连接一个校园或企业内成千上万的计算机;骨干级路由器终端系统通常是不能直接访问的,它们连接长距离骨干网上的 ISP 和企业网络。

2. 路由器的工作原理

路由器是用于连接多个逻辑上分开的网络,当数据从一个子网传输到另一个子网时,可通过路由器来完成。因此,路由器具有判断网络地址和选择最佳路径的功能,它能在多网络互联环境中,建立灵活的连接,可用完全不同的数据分组和介质访问方法连接各种子网,路由器只接受源站或其他路由器的信息,属网络层的一种互联设备。

路由器主要包括输入端口、输出端口、交换开关、路由处理器和其他端口。其工作原理如下：首先工作站 A 将工作站 B 的地址连同数据信息以数据帧的形式发送给路由器 R_1；然后路由器 R_1 收到工作站 A 的数据帧后，先从报头中取出地址，并根据路径表计算出发往工作站 B 的最佳路径：$R_1 \rightarrow R_2 \rightarrow R_5 \rightarrow B$，并将数据帧发往路由器 R_2；路由器 R_2 重复路由器 R_1 的工作，并将数据帧转发给路由器 R_5；路由器 R_5 同样取出目的地址，发现就在该路由器所连接的网段上，于是将该数据帧直接交给工作站 B；最后工作站 B 收到工作站 A 的数据帧，一次通信过程宣告结束。

事实上，路由器除了上述路由选择这一主要功能外，还具有网络流量控制功能。有的路由器仅支持单一协议，但大部分路由器可以支持多种协议的传输，即多协议路由器。由于每种协议都有自己的规则，要在一个路由器中完成多种协议的算法，势必会降低路由器的性能。因此，支持多协议的路由器性能相对较低。用户购买路由器时，需要根据自己的实际情况，选择需要的网络协议的路由器。

任务实施

网卡和调制解调器的安装

一、操作目的

①掌握网卡的安装过程。

②掌握调制解调器的安装过程。

二、操作工具及设备

CRT 显示器（图 3-37）、立式主机箱（图 3-38）各 1 台，网卡 1 块（图 3-39）、外置调制解调器 1 台（图 3-40）、内置 MODEM 卡 1 块、电话线 1 根、网线 1 根以及螺丝刀等。

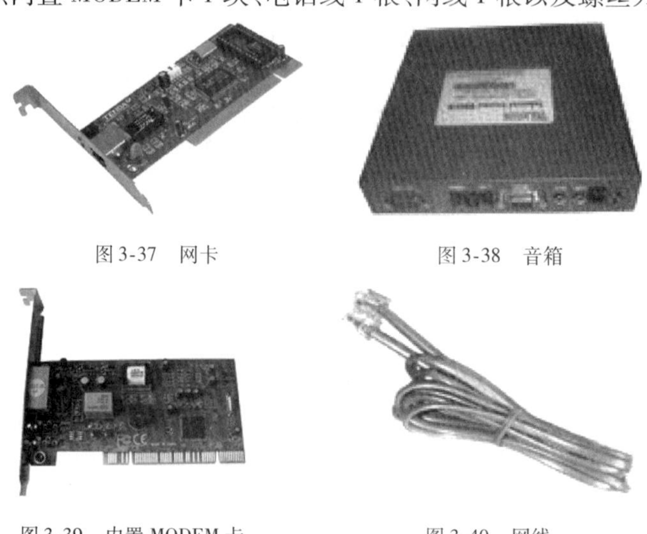

图 3-37　网卡　　图 3-38　音箱

图 3-39　内置 MODEM 卡　　图 3-40　网线

三、操作步骤

1. 网卡安装过程（如图 3-41 所示）

①首先确认机箱电源在关闭的状态下，将网卡插入机箱主板上的某个空闲的 PCI 扩展

槽中，插的时候注意要对准插槽。

②用两只手的大拇指把网卡插入插槽内，要把网卡插紧，上好螺钉，并拧紧。

③将做好的网线上的水晶头连接到网卡的 RJ45 接口上，并接通电源。

④开启电脑，如果网卡指示灯亮了，说明网卡已经安装成功。进入系统后安装网卡驱动程序（一般系统会自动检测安装），重启电脑。

⑤进入系统后检测本地连接是否正常，配置 TCP/IP 属性，完成网络连接。

图 3-41　安装网卡

2. 调制解调器（Modem）的安装过程

硬件安装分为外置式和内置式

（1）外置式 Modem 的安装

首先连接电话线。把电话线的 RJ11 插头插入 Modem 的 Line 接口，再用电话线把 Modem 的 Phone 接口与电话机连接；然后关闭计算机电源，将 Modem 所配的电缆的一端（25 针阳头端）与 Modem 连接，另一端（9 针或者 25 针插头）与主机上的 COM 口连接；最后将电源变压器与 Modem 的 POWER 或 AC 接口连接。接通电源后，Modem 的 MR 指示灯应长亮。如果 MR 灯不亮或不停闪烁，则表示未正确安装或 Modem 自身故障。对于带语音功能的 Modem，还应把 Modem 的 SPK 接口与声卡上的 Line In 接口连接，当然也可直接与耳机等输出设备连接。

（2）内置式 Modem 的安装

首先根据说明书的指示，设置好有关的跳线。由于 COM1 与 COM3、COM2 与 COM4 共用一个中断，因此通常可设置为 COM3/IRQ4 或 COM4/IRQ3；然后关闭计算机电源并打开机箱，将 Modem 卡插入主板上任一空置的扩展槽。最后连接电话线，把电话线的 RJ11 插头插入 Modem 卡上的 Line 接口，再用电话线把 Modem 卡上的 Phone 接口与电话机连接。此时拿起电话机，应能正常拨打电话。

（3）驱动安装

当硬件安装完成后，打开计算机，外置式 Modem 还应打开 Modem 的开关。对于大多数 Modem，Windows 系统会报告“找到新的硬件设备”，此时只需选择“硬件厂商提供驱动程序”，并插入 Modem 的安装盘即可。如果系统未能侦测到 Modem，也可以按以下步骤完成安装：首先进入 Windows 系统的“控制面板”，双击“调制解调器”图标，并在属性窗口中单击“添加”按钮；然后选中“不检测调制解调器，而将从清单中选定一个”，然后单击“下一步”；最后在 Modem 列表中选择相应的厂商与型号，然后单击“下一步”。或者插入 Modem 的安装盘后，选择“从磁盘安装”即可。要证明 Modem 是否安装成功，可使用 Windows 系统附件中的电话拨号程序随便拨打一个电话，如果成功的话，说明 Modem 已被正确安装。对于上网用户，还需要安装拨号网络和协议。

四、注意要点

①拆卸硬件时，应该按照正确要求操作，不可以用力过大，以免损坏部件。

②在拿取硬件部件时，尽量避免用手接触插卡的连接部分，以免汗渍腐蚀金属片。

任务工作单

<table>
<tr><td rowspan="3">项目学习:外围设备的使用
工作任务:常见网络设备的使用</td><td>班级</td><td colspan="3"></td></tr>
<tr><td>姓名</td><td></td><td>学号</td><td></td></tr>
<tr><td>日期</td><td></td><td>评分</td><td></td></tr>
</table>

一、工单内容

1. 掌握网卡的安装过程。

2. 掌握调制解调器的安装过程。

二、准备工作

1. 按所支持网络带宽不同,网卡可分为________、________、________、________四种。

2. 调制解调器分为____________、____________、____________。

3. ________被广泛应用于局域网,和网卡一样,处于OSI(开放系统互联参考模型)参考模型第一层________设备,属于纯硬件网络底层设备,基本上不具有交换机的________能力和________能力,也不具备交换机所具有的________,所以它发送数据时都是没有针对性的,而是采用________发送。

4. 我们一般使用的网卡接口为(　　)。

A. AUI接口　　B. RJ-45接口　　C. USB接口　　D. BNC接口

5. 调制解调器的技术指标不包括(　　)。

A. 传输模式　　B. 传输速率　　C. 传输协议　　D. 传输接口

6. 路由器主要包括输入端口、输出端口、________、路由处理器和其他端口。(　　)

A. 交换开关　　B. USB端口　　C. 总线端口　　D. PCI端口

三、任务操作

1. 简述网卡的分类和技术指标。

2. 简述调制解调器的种类和特点。

3. 描述集线器的工作原理和不足。

4. 简述交换机的分类和工作原理。

5. 简述路由机的分类和工作原理。

四、工作小结

1. 在完成工作任务的过程中,你是如何计划并实施的,在小组中承担了哪些具体工作?

2. 对本次工作任务,你有哪些好的建议和意见?

项目四　硬件装机实战

项目概述

一、项目分析

该项目介绍了组装微型计算机所需工具的使用方法、微型计算机各部件的安装方法以及计算机组装与初步调试方法。从事计算机管理、网络维护、计算机销售和销后客服等岗位工作的人员都必须掌握的知识和技能。根据部件知识点内容，我们将该项目分成装机前的准备工作和硬件的组装过程两个学习任务。

工作任务组织形式及培养能力：

(1)通过分组活动，培养团队协作能力；

(2)通过规范文明操作，培养良好的职业道德和安全环保意识；

(3)通过小组讨论、上台演讲评述，培养与客户的沟通能力；

(4)通过查阅资料、文献、培养个人自学能力和获取信息能力；

(5)通过项目化的任务单元活动，掌握解决实际问题的能力；

(6)填写任务工作单，制订工作计划，培养工作方法能力；

(7)能独立使用各种媒体完成学习任务。

二、项目技能

(1)掌握组装微型计算机所需工具的使用方法；

(2)掌握微型计算机各部件的安装方法；

(3)掌握微型计算机的组装与初步调试方法。

三、项目目标

根据项目设计要求，使学生能够掌握计算机各组成部件的选购及安装方法和计算机硬件的安装步骤及初步调试方法等相关知识。前期具备硬件判定、识别的能力，通过进一步熟练操作能够掌握主机硬件的性能评价，制定合理的计算机选购方案，培养学生从事计算机组装等岗位应具备的职业能力。

工作任务一　装机前的准备工作

任务概述

【情境假设】

今天,小王准备了一台计算机,需要了解计算机的装配方法与过程。于是我们先把显示器、鼠标、键盘和音箱的连接线与机箱断开,再把机箱面板打开。机箱中大块的板子上插了好多块卡,还有好多的连接线。接下来我们准备好工具,了解了各部件性能,尝试装机。

装机是一个既简单又复杂的过程,区分简单与复杂的关键在于装机前的准备工作,而装机前的准备工作主要包括以下几个方面:对市场的调查、对工具的熟悉和使用以及对计算机各部件的构造及性能的了解。

任务知识

一、市场调查与采购

计算机硬件市场变化很快,这种变化表现在产品型号和价格上,所以如果想对计算机配件的认识从书本跳跃到现实,就要到市场做一番市场调查。在调查中,把书本中介绍的有关配件的基本原理、技术指标等内容用到对配件的再认识上。并且在向销售商的咨询中,尽可能多地使用一些专业术语,如 CPU:主频、外频、倍频;内存:PC133、DDR266、DDR333、RAM-BUS;主板:P4 板、ATX;显卡:AGP4X、AGP8X;显示器:点距、纯平、液晶等。通过市场调查了解最新的市场商情,可以拟定一张购置清单,如表 4-1 所示。

微型计算机购置清单　　表 4-1

序号	部件名称	品牌型号	单　价
1	中央处理器(CPU)		
2	主板(Main Board)		
3	内存(RAM)		
4	显卡(VGA Card)		
5	显示器(Monitor)		
6	硬盘(Hard Disk)		
7	光驱(CD-ROM)		
8	软驱(Floppy Disk)		
9	机箱(Case)		
10	键盘(Key Board)		
11	鼠标(Mouse)		

续上表

序号	部件名称	品牌型号	单 价
12	声卡(Sound Card)		
13	音箱(Speaker)		
14	调制解调器(Modem)		
15	打印机(Printer)		
16	扫描仪(Scanner)		
17	其他		
18	合计		

二、工具准备

所谓“工欲善其事,必先利其器”,没有顺手的工具,装机也会变得麻烦起来,装机之前应准备的工具主要有以下几种:尖嘴钳、散热膏、十字解刀、平口解刀,如图4-1所示。

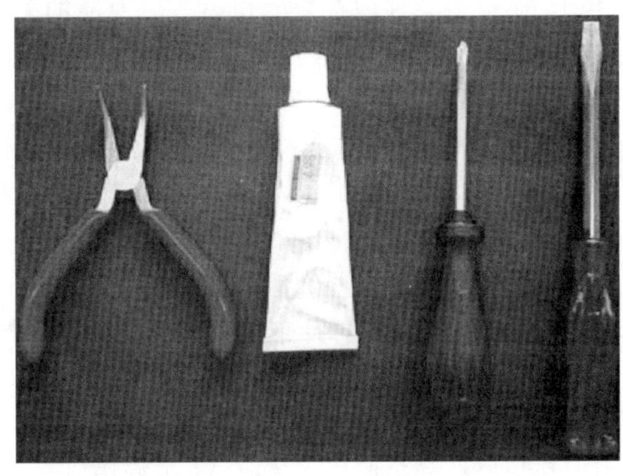

图4-1 尖嘴钳、散热膏、十字解刀、平口解刀

除此之外,以下也是需要准备的物品:一张小方桌,一个电源插座,电脑的各个部件,包括CPU、CPU风扇、主板、显卡(声卡)、硬盘、光驱、软驱、机箱、音箱、电源、键盘、内存条和显示器等,小镊子一个,皮垫一张(用来防止螺丝或小东西将主板上的铜箔损坏)。

三、硬件基础知识准备

不可否认,尽管装机是一件相当简单的事情,但是如果缺乏一些相关的基础知识,也会遇到很多困难,甚至造成无法挽回的硬件损坏。

在装机之前,我们必须逐一采购各种配件,然而这些配件必须有机地配合才能使用。具体来说,大家必须注意以下五点。

1. CPU与芯片组配合

目前,处理器主要分为两大派系:AMD的SocketA以及Intel的Socket478,它们分别需要对应不同的芯片组,因此并不是任何一款主板都能随便使用AMD或者Intel的CPU。此外,准备使用低端CPU的用户还可能遇上Tulatin Celeron等Socket370结构的处理器,此时对所用的芯片组又有不同。为了帮助大家了解芯片组与CPU的对应关系,将其总结如下:

接口类型	主流芯片组	对应主流处理器
Socket 370	I815EPT、SiS635、VIA694T	CeleronII、Celeron III、Pentium III
Socket 462	(Socket A)KT400/400A、KT600/600A、nForce2、SiS 746/748	Duron、Athlon、闪龙
Socket 478	I845/865/875 系列、SiS 648、VIA P4X400/400A	Pentium4、Celeron4

决定芯片组支持何种处理器的关键在于北桥芯片,一般位于主板的中央偏右,大家卸下散热片或者风扇即可看到其全貌。

如果说识别主板的芯片组有困难的话,大家也可以通过对主板上 CPU 插槽的外观观察进行判别。AMD 处理器所采用的 SocketA 插槽有 462 个针脚,形状较大,而且周围没有支架,而 Intel 处理器所采用的 Socket478 插槽有 478 个针脚,形状较小,周围有支架。

2. 内存与主板配合

内存插槽集成在主板上,而且与各种内存之间也有一一对应的关系。目前的内存主要分为 SDRAM、DDR SDRAM 与 RDRAM 三种。其中,SDRAM 使用 168pin 接口,而 DDR SDRAM 与 RDRAM 使用 184pin 接口。事实上,要通过针脚数来区分 168pin 与 184pin 是不现实的,不过可以通过识别内存插槽上的缺口来加以识别。采用 168pin 的 SDRAM 内存插槽在中间与偏右的位置有两个非对称缺口;184pin 的 DDR 内存插槽只有一个缺口;而 184pin 的 RDRAM 内存插槽的对称位置上有两个缺口。

主板采用何种内存也是由芯片组来决定的,因为北桥芯片中包含了极为重要的内存控制器。需要注意的是,部分采用 VIA 与 SiS 芯片组的主板可能同时支持 SDRAM 与 DDR,但是此时 SDRAM 与 DDR 内存并不能混插。

3. 电源与主板配合

到目前为止,ATX 电源接口已经完全取代了传统 AT 电源接口。

需要注意的是,部分 Pentium4 主板为了加强电源供应而特别采用了 4pin 以及 6pin 电源接口,此时需要 ATX 电源也具备相应输出接头。

6pin 电源接口相对较为少见,而 4pin 电源接口几乎是必需的,为了照顾一些升级用户,有些 Pentium4 主板采用常见的 D 型接口来替代或者干脆不需要辅助电源接口。

如果大家使用的是工作站级别的主板,那么很可能涉及 24pin 接口的 ATX 电源,其输出接头外形比普通 20pin ATX 电源更大。

4. 显卡与主板配合

对于非集成型的主板而言,使用 AGP 接口的显卡几乎是必然的。但是,如果主板与显卡在档次上相差很大,一定得注意 AGP 插槽的兼容性问题。

AGP 插槽分为 AGP 2X、AGP 4X、AGP 8X,而最早期的 AGP 1X 已经基本上看不到了。相对而言,AGP 4X 插槽是最为常见的,主流芯片组大多采用这一规范的 AGP 插槽。AGP 插槽规范的发展主要是为了解决带宽与供电问题:

虽然 AGP 显卡具有向下兼容性,但是 AGP 插槽却完全不是这样。如果将支持 AGP 8X 的显卡插到仅支持 AGP 4X 的主板上使用是可以的,只不过此时显卡以 AGP 4X 模式工作,享受不到 AGP 8X 所带来的优点;而倘若把 AGP 2X 的显卡插到支持 AGP 8X 的主板上是不行的,因为 AGP 8X 插槽只能兼容 AGP 8X 与 AGP 4X 的显卡,对于早期的 AGP 2X,与 AGP 1X 显卡不兼容。

部分支持 AGP 4X 的主板也能兼容 AGP 2X 的显卡,这主要取决于主板厂商的设计。也就是说,在这类主板上,可以使用 AGP 2X 显卡。一般而言,不兼容 AGP 2X 的 AGP 4X 主板会在明显处标明,以防 AGP 2X 显卡将主板烧毁。

除了常规的 AGP 规范,还有支持 AGP Pro 的主板,这种插槽能够提供更高的电压,方便使用那些专业级的显卡。

5. CPU 风扇与 CPU 配合

以往我们并不重视 CPU 风扇,可是随着 Pentium4 以及 Athlon 发热量的与日俱增,需要重新审视。在购买 CPU 风扇时,一般只要注意区分 SocketA 与 Socket478 风扇即可,毕竟两者需要使用不同的扣具。此外,部分低转速的 CPU 风扇可能无法适应高频率的 CPU,因此大家有必要在选购时看清 CPU 风扇的支持范围。

四、安装前的注意事项

在安装之前特别提醒注意以下内容:

①认真阅读说明书;
②防止人体所带静电对电子器件造成损伤;
③对各个部件要轻拿轻放,不要碰撞,尤其是硬盘;
④防止液体进入计算机内部;
⑤各电源插头不要插反;
⑥使用正确的安装方法,不可粗暴安装;
⑦把所有零件从盒子里拿出来;
⑧以主板为中心,把所有东西排好;
⑨通电之前全面检查,数据线、电源、各种指示灯的连接要正确。

装机前的准备工作

一、操作目的

①了解市场调查的作用及一般方法,针对电脑市场的配置价格及性能做一个市场调查。
②根据性价比与配置需求填写微型计算机购置清单(若不需购置某配件则填“无”)。

二、操作工具及设备

①网络、电脑配件性能及价格资料。
②微型计算机购置清单。

三、操作步骤

①在网络上或者是电脑市场上了解微型计算机各部件的基本价格和行情。
②在了解各部件基本功能基础上结合购置要求与经济能力定出配机价格范围。
③填写表 4-1 微型计算机购置清单(若不需购置某配件则填“无”)。

<table>
<tr><td rowspan="3">项目学习:硬件装机实战
工作任务:装机前的准备工作</td><td>班级</td><td colspan="3"></td></tr>
<tr><td>姓名</td><td></td><td>学号</td><td></td></tr>
<tr><td>日期</td><td></td><td>评分</td><td></td></tr>
</table>

一、工单内容

1. 学习掌握电脑市场调查方法。

2. 学习填写微型计算机购置清单。

二、准备工作

1. 常见的 BIOS 程序制造商有(　　)等厂商。

A. AMI　　B. Award　　C. Phoenix　　D. 以上都是

2. 存储器是存放程序和数据的装置。根据其在计算机中的作用可分为内存储器和外存储器,而根据存储材料来分类,则可分为(　　)。

A. 主存储器和辅助存储器　　B. 磁存储器和半导体存储器

C. 随机存取存储器和只读存储器　　D. 高速缓存和随机存储器

3. 关于 Intel440GX 芯片组,下面说法不正确的是(　　)。

A. 为满足服务器领域需要而开发的高档芯片组

B. 增加了在 100MHz 系统总线上对 Slot2 结构的 Xeon(至强)处理器的支持

C. 为支持高主频 PentiumⅡ而专门开发的芯片组

D. 允许 CPU 以 SMP(Symmetric Multi-Processing,对称多处理器)模式工作

4. 计算机进行的每一步操作,都是在统一的时钟脉冲控制下,一个节拍一个节拍地动作,微处理器动作的最小时间单位是(　　)。

A. 时钟周期　　B. 指令周期　　C. 总线周期　　D. 读写周期

5. 有关硬盘的说法中,不正确的是(　　)。

A. 目前硬盘常用的接口有 IDE 和 SCSI。

B. ID 接口规范是 ATA 标准

C. IDE 接口硬盘数据传输速度最快的是 Ultra DMA 33 标准(也称 ATA 4 标准)

D. Ultra ATA 66 硬盘需使用专用硬盘线

6. 声卡的主要作用之一是对声音信息进行录制与回放,在这个过程中采样的位数和采样的频率决定了声音采集的质量。现在主流的声卡采用(　　)采样位数。

A. 8 位　　B. 16 位　　C. 32 位　　D. 64 位

7. Intel 810 芯片组,是一款标志性的芯片组。下面哪些特性是以前产品完全没有的(　　)。

A. 支持 USB　　B. 采用中心加速的芯片组架构

C. 仅支持 66MHz 外频的 CPU 芯片组　　D. 集成了显示功能

8. 对于计算机来说,唯一能够直接识别和处理的语言是(　　)。

A. 汇编语言　　B. 高级语言　　C. 机器语言　　D. 以上都是

9. K7 是 AMD 公司的全新 CPU,对于它的描述,以下不正确的是(　　)。

A. 有 Slot A 和 Socket A 两种结构

B. 使用的是 Digital 公司的 Alpha 系统总线协议 EV6

C. 使用的是 INTEL 的 GTL + 系统总线协议

D. 具有 200MHz 系统总线

10. 关于 Intel CPU 的 L2 Cache，以下论述错误的是(　　)。

A. Celeron 300A 以上到 Celeron CPU 具有 256K 的同频 Cache

B. Pentium II CPU 具有 512K 的半频 Cache

C. Coppermine(0.18 微米)的 Pentium III CPU 具有 256K 的同频 Cache

D. 采用 Coppermine 内核的新型 Celeron CPU 具有 128K 的同频 Cache

三、任务操作

1. 各部件的基本功能与性能指标参数是什么？

2. 填写准备好的微型计算机购置清单时有哪些注意事项？

四、工作小结

1. 在完成工作任务的过程中，你是如何计划并实施的，在小组中承担了哪些具体工作？

2. 对本次工作任务，你有哪些好的建议和意见？

工作任务二　硬件的组装过程

任务概述

【情境假设】

今天,小王准备了一台电脑,向我了解计算机的装配方法与过程。于是我们先把显示器、鼠标、键盘和音箱的连接线与机箱断开,再把机箱面板打开。机箱中大块的板子上插了好多块卡,还有好多的连接线,于是我们运用工具,按照顺序,装配1台计算机。

选择合适的计算机配置后,现在就准备开始进行组装工作,那么硬件的组装包含哪些部分,讲究什么先后顺序,以及相关操作规范等是我们需要掌握的。

任务知识

一、最小安装系统

最小系统构成了整个PC的轴心骨,那么我们就从安装最小系统开始。在安装时应该找一个防静电带置于主板的下方,同时将主板放在较为柔软的物品上,以免刮伤背部的线路,建议使用防静电包装袋以及泡沫袋,如图4-2所示。

图4-2　防静电包装袋以及泡沫袋

1. 安装CPU

CPU的安装首先要找对方向,注意观察主板上的CPU插槽,其中有些边角处并没有针孔,这一位置也应该对应CPU上缺针的位置。以AMD的Athlon或者Duron处理器为例,其针脚有两个边角呈“斜三角”(图4-3),应该对准SocketA插槽上的“斜三角”(图4-4)。

如果方向反了,CPU无法顺利嵌入CPU插槽。至于Intel的Pentium4或者Celeron4处理器,只有一个边角呈现缺口(图4-5),对准CPU插槽的缺口即可(图4-6)。

安装CPU时应该先轻轻地90度拉起CPU插槽旁边的滑杆(图4-7)。

此时CPU可以略带阻尼感地插入CPU插槽,然后放下滑杆,以固定CPU,如图4-8所示。

图 4-3　针角两个边角呈“斜三角”

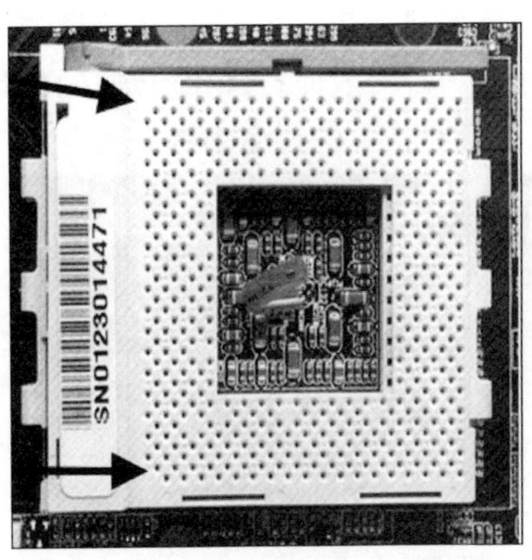

图 4-4　SocketA 插槽上的“斜三角”

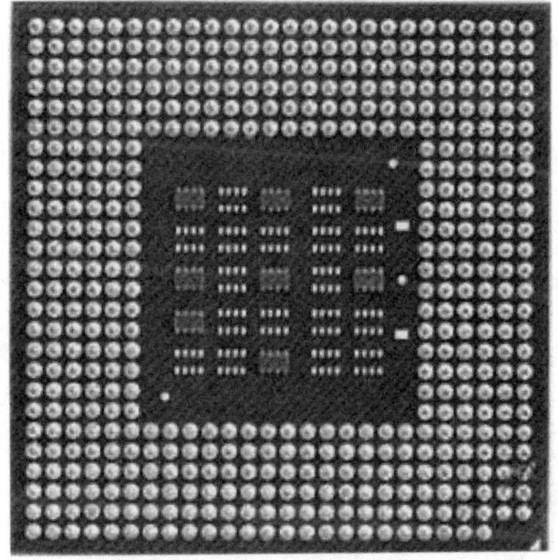

图 4-5　一个边角呈现缺口

图 4-6　对准 CPU 插槽的缺口

图 4-7　CPU 插槽旁边的滑杆

图 4-8　固定 CPU

整个过程应该相当轻松，如果遇到很大的阻力，应该立即停止，因为这很可能是 CPU 插入方向错误引起的。使用蛮力不能解决问题，反而会损坏 CPU。

2. 安装 CPU 风扇

相对而言，安装 CPU 风扇是整个装机过程中最危险的一步，因为用力不当就容易压坏 CPU 的核心。首先用导热硅脂在 CPU 的表面均匀地涂上一层（图 4-9），做这一步的目的是确保 CPU 与散热片之间紧密接触，赶走空气。当然，导热硅脂也不能涂太多，应该以装上 CPU 风扇后不溢出为标准。

为了保证散热片和 CPU 核心接触紧密,扣具往往设计得十分紧,因此大家在安装时千万不能使用蛮力。一般而言,CPU 风扇的扣具在两边的形状是不同的,一头是简单的镂空小钩,另一头是带有扶手的镂空小钩。镂空小钩如图 4-10 所示。

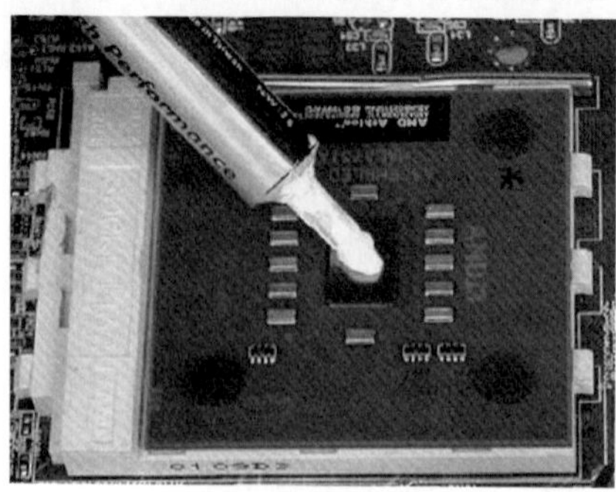

图 4-9　涂硅脂

图 4-10　镂空小钩

先将没有扶手的一头扣住 CPU 插槽(图 4-11),然后将 CPU 风扇盖住 CPU,同时按下另一头的扶手,使之扣住 CPU 插槽的另一端(图 4-12)。

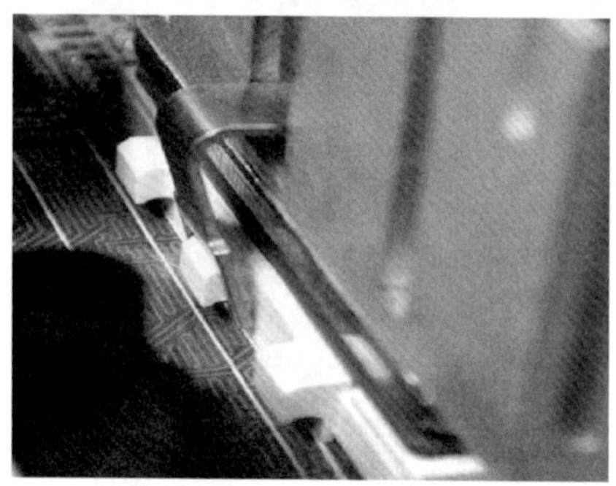

图 4-11　扣住 CPU 风扇一端

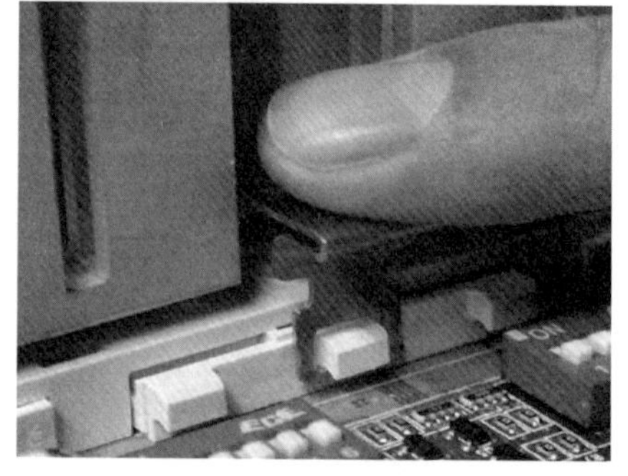

图 4-12　同时扣住另一端

由于 CPU 表面有一块突起的核心,因此在用力下压带有扶手的扣具时很容易压坏核心,特别是早期的一些杂牌风扇。如果使用的是 Pentium4 或者 Celeron 处理器,那么安装 CPU 风扇的危险就会减少,因为 Intel 采用的封装技术在核心上加了一个厚厚的铝盖(图 4-13),比较坚固。

另外,必须保证在通电前连接风扇电源。不然,可能引起 CPU 过热而烧毁。如今 CPU 风扇都采用 3pin 电源接口(图 4-14),一般位于主板上的 CPU 插槽附近。这种 3pin 电源接口有一个导向小槽,因此不用担心插反。此外,少数老式风扇可能依旧采用由 ATX 电源输出的电源接口。

图 4-13　采用铝盖封装技术

图 4-14　3pin 电源接口

此外,购买带有三点着力扣具的风扇(图4-15)也是不错的方法,这种扣具在安装时十分容易,受力均匀。

图4-15 三点着力扣具的风扇

3. 安装内存和显卡

在内存插槽上,可以注意到两个塑料纽扣,将其向外搬,然后把内存条的缺口对准内存插槽上的小梗(图4-16)。

完全插入之后再将塑料纽扣的位置复原(图4-17)。安装内存基本上没有太大的难度,只要注意方向即可。

图4-16 插槽上的小梗

图4-17 塑料纽扣的位置复原

目前,部分主板能够支持双通道内存,此时在内存安装位置的选择上就会有所讲究。通过颜色辨认是最简单的方法,将两条内存安装在同一种颜色的内存插槽上,这样即可激活双通道工作模式(图4-18),提高性能。

AGP显卡的安装也同样简单,只要将其插入主板的AGP插槽即可。此时,AGP显卡的挡板应该面向主板端口的一侧。很多主板的AGP插槽都有一个弹簧片(图4-19),当显卡正确插入之后,该弹簧片会牢牢地扣住显卡。

图4-18 双通道工作模式

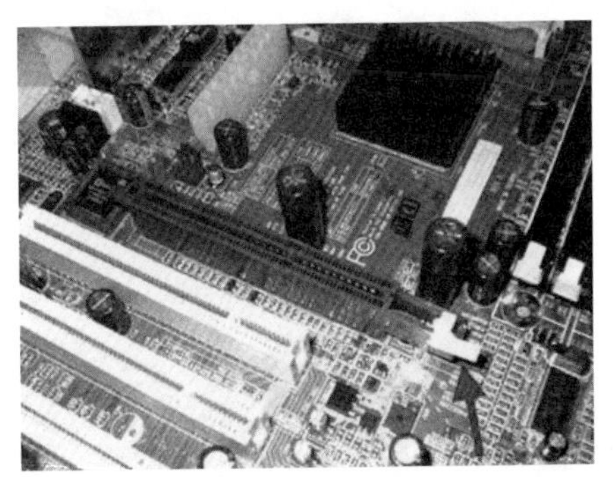

图4-19 AGP插槽的弹簧片

4. 设定跳线、加电开机

在加电开机之前,还要设置一下各个重要跳线,以免因为参数错误而导致硬件损坏。一般而言,CPU 外频跳线、倍频跳线、电压跳线是首先关注的对象。当然,并非所有的主板都需要设置这些跳线,因为有些主板采取在 BIOS 中进行设定,或者完全由系统自动识别。

在使用跳线确定外频之后,才可以在 BIOS 中小范围内调节外频,这样可以避免用户在设置 BIOS 时因为外频太高而导致 CPU 烧毁,同时主板上的时钟频率发生器可以据此来选定 AGP/PCI 的分频倍率。至于倍频跳线,大多数 Pentium4 主板都仅仅是一种摆设, Intel 已经锁上了倍频。而 AMD 处理器就需要设定倍频跳线了,建议在第一次开始时使用 Auto 值,让主板自动检测。

相对而言,CPU 电压跳线是最危险的,不过采用跳线来设定 CPU 电压的主板并不多。为了确保安全,建议使用默认电压。此外,部分主板可能通过还拥有 AGP 电压以及内存电压的跳线,应该用默认值。

完成多种跳线的设定之后,就可以接上 20pin 的 ATX 电源了。主板上的 20pin ATX 电源接口有一个导航槽,顺着方向插入即可。

最后,我们就要进行开机了。虽然没有开关按钮,但是通过短路主板上 2pin 开关即可正常开机。主板上的 2pin 开关一般位于左下角,通过说明书或者 PCB 上印刷字找到确切位置,用钥匙等导电物轻轻一碰,ATX 电源就会立即启动。

如果一切顺利的话,应该能够看到显示器出现系统自检画面,这也表明配件基本上可以协调工作。

二、完成装机

尽管最小系统已经可以正常运作,但是如果要真正完成整个装机过程,还必须固定主板、连接机箱前置面板与信号灯、安装 IDE 设备、添加板卡等。

1. 固定主板

主板不可能裸露在外进行工作,因此必须将主板固定在机箱中。固定主板并不是复杂的操作,只要将金黄色的螺丝卡座(图 4-20)安置在机箱底部的钢板即可。

然后,主板置于其上,此时可以用多个螺丝(图 4-21)将主板牢牢地固定在机箱上。整个固定过程中一定要对准位置,保证主板背后的端口能顺利露出,便于接驳。

图 4-20　螺丝卡座

图 4-21　螺丝

2. 连接机箱前置面板与信号灯

机箱前置面板上有多个开关与信号灯,这些都需要与主板左下角的一排插针一一连接。

关于这些插针的具体定义,可以查阅主板说明书,在主板上也有标识。

一般来说,我们需要连接 PC 喇叭、硬盘信号灯、电源信号灯、ATX 开关、Reset 开关,其中 ATX 开关和 Reset 开关在连接时无须注意正负极,而 PC 喇叭、硬盘信号灯和电源信号灯需要注意正负极,白线或者黑线表示连接负极,彩色线(一般为红线或者绿线)表示连接正极。

至于其余一些待机状态信号灯、待机开关,大多数机箱并不采用,可以忽略。

3. 安装 IDE 设备

对于普通用户而言,我们的硬盘、CDROM、DVDROM 以及刻录机都采用 IDE 接口,这是一种很普及的接口模式,每块主板上都至少有 2 个 IDE 插槽(图 4-22),而每个插槽又可以支持 2 个 IDE 设备,因此从原理上讲我们可以在同一台机器上安装 4 个 IDE 设备共同使用。

由于 1 个 IDE 插槽可以安装 2 个 IDE 设备,因此我们需要为每个 IDE 设备设定主从模式(图 4-23)。设定主从模式的方法就是跳线,总共分成三种:主(MASTER)、从(SLAVE)和自动选择(CABLE SELECT),建议大家将所有的 IDE 设备都跳线为 CABLE SELECT。

图 4-22　2 个 IDE 插槽

图 4-23　主从模式的设置

随后,将所有的 IDE 设备固定在机箱上(图 4-24),这一步并不难做到,只要对上孔眼螺丝即可。

接下来的一步就是连接数据线。数据线的插头是矩形的,从外观上并不容易区分插接的方向,那么该如何确定呢?在主板 IDE 插槽一端,可以按照 IDE 连接线上的一个柱形突起,对应主板 IDE 插槽上的缺口,只要这样安装就可以保证正确了。在硬盘一端,仔细地观察 IDE 连线最旁侧的两条边线,其中一条可以看到有红色的标记,而另一侧则没有。这个便是确认 IDE 连线插接方向的条件,在连接的时候,将这条有红色标记的一侧朝向硬盘电源插口的方向就可以了(图 4-25)。

图 4-24　IDE 设备固定在机箱上

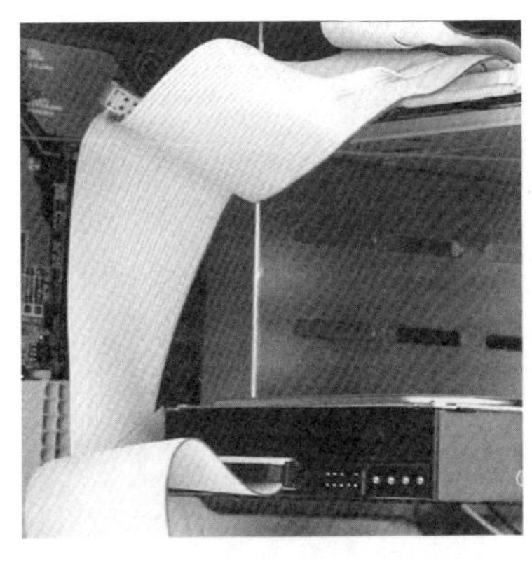

图 4-25　有红色标记的一侧朝向硬盘电源插口

图 4-26　对准位置插入 PCI 板卡

需要注意的是，在连接 IDE 硬盘时应该采用 80pin 数据线，只有这样才能激活 ATA66/100/133 工作模式，提高磁盘性能。此外，如果大家只需要安装一个光驱和一个硬盘，那么可以将这两个 IDE 设备挂接在不同的 IDE 插槽，这样可以稍微提高一些性能。

4. 添加板卡

安装板卡对大家而言应该没有什么难度，因为这与 AGP 显卡的安装如出一辙。由于目前 ISA 接口已经被淘汰，因此 PCI 板卡已经成为唯一需要添加的设备，其中主要包括声卡、网卡以及电视卡等。

安装板卡时要卸下机箱上的挡板，然后对准位置插入 PCI 板卡（图 4-26）。

此外，应该保证底部的金手指完全插入（图 4-27），这样才能避免接触不良，最后上螺丝加以固定即可。

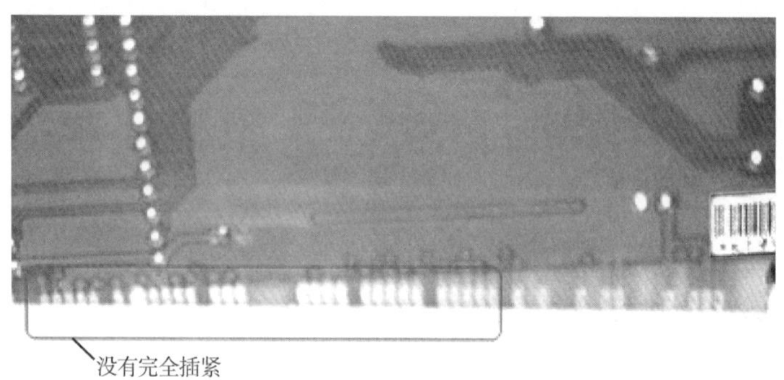
没有完全插紧

图 4-27　底部的金手指完全插入

现在大部分主板都已经集成声卡和网卡，如果需要使用额外的声卡，那么应该先将板载声卡屏蔽掉，可以通过主板上的跳线实现或者在 BIOS 中进行设定。为了能够让声卡直接播放 Audio CD，还必须在声卡与光驱之间连接一条音频线，建议使用 2pin 的数字线，如果声卡不具备该接口，那么可以改用 4pin 的模拟输出线（图 4-28）。

5. 安装电源、封闭机箱

电源安装在机箱的右上角，可以使用四颗大螺丝加以固定。当然，此时处理连接主板上的 20pin 接口，也不能忘记为各个 IDE 设备接上 D 形电源接口（图 4-29）。

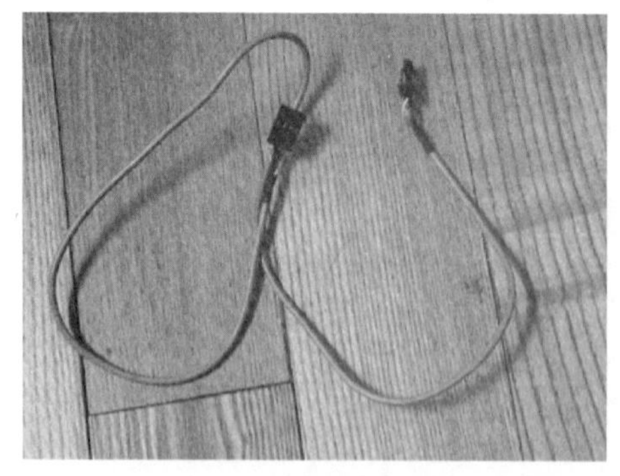
图 4-28　4pin 的模拟输出线

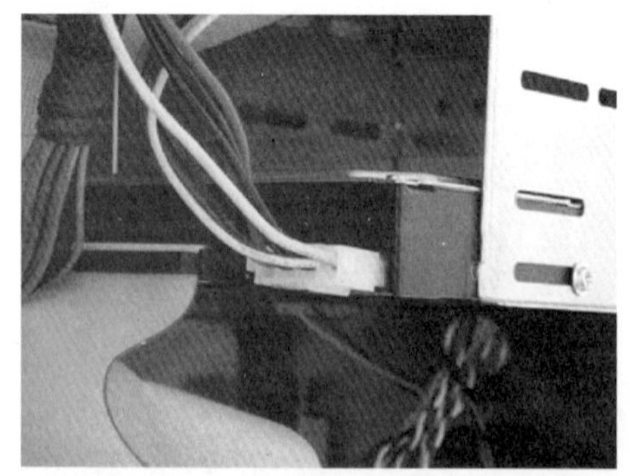
图 4-29　IDE 设备接上 D 形电源接口

在封闭机箱之前，还需要进行一些善后工作。一台安好了的机箱内有五花八门的线，往往是硬盘数据线、电源线、音频线杂乱无章地夹杂在一起，它们互相干扰，严重影响散热。此时，建议用橡皮筋扎好后固定在远离 CPU 风扇的地方。

经过以上步骤，整个装机过程就完成了。当然，使用计算机之前还需要经过 BIOS 优化、操作系统安装、应用软件安装等步骤。

三、拆卸机箱、安装底板和挡片

首先从包装箱中取出机箱以及内部的零配件（螺钉、挡板等），将机箱两侧的外壳去掉，机箱面板朝向自己，平放在桌子上。

打开零配件包，挑出其中的柱状螺钉(4～6 个)，先拿主板在机箱内部比较一下位置，然后将柱状螺钉旋入主板上的螺钉孔所对应的机箱铜柱螺钉孔内。

不同的机箱固定主板的方法不一样。全部采用铜柱螺钉固定的机箱，稳固程度很高，但要求各个铜柱螺钉的位置必须精确。主板上一般有 5～7 个固定孔，用户要选择合适的孔与主板匹配，选好以后，把固定铜柱螺钉旋紧在底板上。

一般情况下，在购买机箱时可以选择已装好电源的机器。不过，有时机箱自带的电源品质太差，或者不能满足特定要求，则需要更换电源。安装电源很简单，先将电源放进机箱的电源位，将电源上的螺丝固定孔与机箱上的固定孔对正。然后先拧上 1 颗螺钉（固定住电源即可），再将最后 3 颗螺钉孔对正位置，然后拧上剩下的螺钉即可，如图 4-30 所示。在安装电源时，首先要做的是将电源放入机箱内，这个过程中要注意电源放入的方向，有些电源有两个风扇，或者有一个排风口，则其中一个风扇或排风口应对着主板，放入后稍稍调整，让电源上的 4 个螺钉和机箱上的固定孔分别对齐。

图 4-30　螺钉的安装过程

安装时应先把 CPU 安装到主板上，再把主板装到机箱里，如果先把主板装到机箱后再安装 CPU 和内存不是很方便。

四、CPU 的安装

现在的 P4 CPU 大多使用 Socket 478 架构，安装步骤如下：

①将主板上的 CPU 插座侧面的手柄拉起，准备安装 CPU，如图 4-31 所示。

②将 CPU 插入插槽中，此时应注意插槽是有方向性的，插槽上有两个角上各缺一个针脚孔，这与 CPU 是对应的。认准方向后，将 CPU 插入插槽中，如图 4-32 所示。

③轻轻按下 CPU，使每个针脚都顺利插入针孔中，注意插座缺角的位置应和 CPU 上缺针脚的位置在同一方向。CPU 上的每个针脚都插到相应的插孔中，要放到底，但不要过于用力，以免弄坏针脚。确认 CPU 已经插好后，将金属手柄压下并恢复到原位，使 CPU 牢牢固定在主板上，如图 4-33 所示。

④在 CPU 的核心上涂上散热硅胶，主要的作用是和散热器能良好地接触，CPU 能稳定地工作，如图 4-34 所示。

图 4-31 扳起 CPU 插座旁边的手柄

图 4-32 安装 CPU

图 4-33 安装好的 CPU

图 4-34 在 CPU 涂散热硅胶

五、CPU 风扇的安装

CPU 风扇的安装较复杂,其步骤如下:

①在主板上找到 CPU 和它的支撑机构的位置,然后安装好 CPU。

②将散热片妥善定位在支撑机构上。

③将散热风扇安装在散热片的顶部,向下压风扇直到它的 4 个卡子楔入支撑机构对应的孔中。

④将两个压杆压下以固定风扇,且每个压杆只能沿一个方向压下。

⑤将 CPU 风扇的电源线接到主板上 3 针的 CPU 风扇电源接头上即可。

六、内存条的安装

常用的内存有 168 线的 SDRAM 内存和 184 线的 DDR 内存两种,其主要外观区别在于 SDRAM 内存上有两个缺口,而 DDR 内存只有一个。

1. 安装 SDRAM 内存条

安装 SDRAM 内存条具体的操作步骤如下:

①掰开 DIMM 插槽两边的两个灰白色的固定卡子。一定要扳到位,否则内存条可能装不上。

②将内存条的两个凹口对准 DIMM 插槽的两个凸起的部分,均匀用力插到底,将内存条压入主插槽内即可,同时插槽两边的固定卡子会自动卡住内存条,内存条插槽如图 4-35 所示。插槽两侧的固定卡子复位发出“咔”一声响,表明内存条已经完全安装到位。

2. 安装 DDR 内存条

DDR 内存条和 Rambus 内存条的安装与 SDRAM 是一样的,也需要注意它们的方向性

(图 4-36)。安装过程如下:

①安装内存前先要将内存插槽两端的白色卡子向两边扳动,将其打开,这样才能将内存插入。然后再插入内存条,内存条的 1 个凹槽必须直线对准内存插槽上的 1 个凸点。

②向下按入内存,在按的时候需要稍稍用力。

③紧压内存的两个白色的固定杆确保内存条被固定住,即完成内存的安装。

图 4-35 内存条插槽

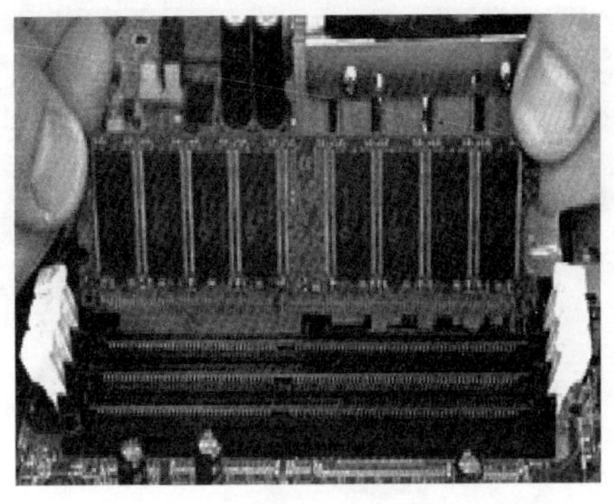

图 4-36 内存条安装的方向

七、安装机箱后面的挡片

主板的键盘口、鼠标口、串并口都要通过这个挡片上的孔和外设连接。然后再将相应 I/O 接口的挡板撬掉。可根据主板接口情况,将机箱相应位置的挡板去掉。这些挡板与机箱是直接连接在一起的,需要先用螺丝刀将其顶开,然后用尖嘴钳将其扳下。另外,需要注意的是,外加插卡位置的挡板可根据需要决定,而不要将所有的挡板都取下。然后将主板对准 I/O 接口放入机箱(图 4-37)。最后,将主板固定孔对准镙钉柱和塑料钉,用螺丝将主板固定好。

图 4-37 主板放入机箱

将电源插头插入主板上的相应插口中。从机箱电源输出线中找到电源线接头(图 4-38),同样在主板上找到相应的电源接口(图 4-39)。

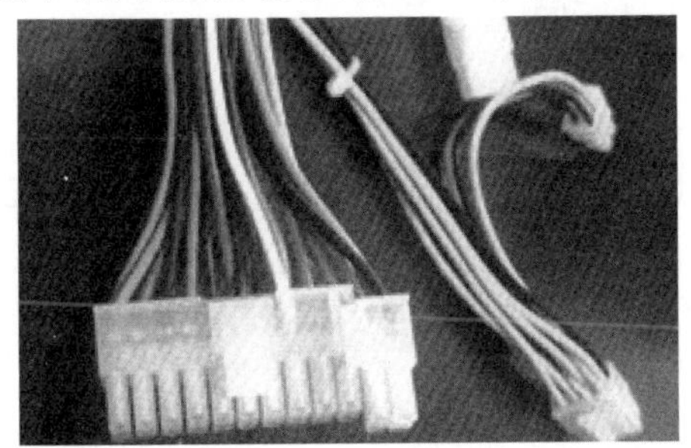

图 4-38 电源输出接头

图 4-39 主板上的电源输入接口

把电源插头插在主板上的电源插座上,使两个塑料卡子互相卡紧,以防止电源线脱落。同时这也是指示安装方向的一个标志。

八、安装硬盘

硬盘的跳线通常位于硬盘的电源接口和数据线接口之间,跳线设置有 3 种模式,即单机

(Spare)、主动(Master)和从动(Slave)。单机是指在连接 IDE 硬盘之前,必须先通过跳线设置硬盘的模式。如果数据线上只连接了一块硬盘,则需设置跳线为 Spare 模式;如果数据线上连接了两块硬盘,则必须分别将它们设置为 Master 和 Slave 模式,通常第一块硬盘,也就是用来启动系统的那块硬盘设置为 Master 模式,而另一块硬盘设置为 Slave 模式。具体如图 4-40、图 4-41 所示。

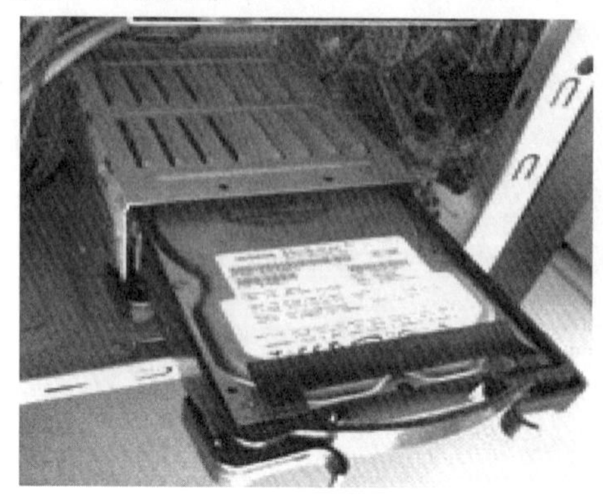

图 4-40　安装硬盘

图 4-41　连接电源线

九、安装光驱

①光驱的跳线:光驱的跳线非常重要,特别是当光驱与硬盘共用一条数据线的时候,如果设置不正确就会无法识别光驱。

②将光驱装入机箱:先拆掉机箱前方的一个 5 寸固定架面板,然后把光驱滑入。

③固定光驱:在固定光驱时,用细纹螺钉固定,每个螺钉不要一次拧紧。正确的方法是把 4 颗螺钉都旋入固定位置后,调整一下,最后再拧紧螺钉。

④安装连接线:依次安装好 IDE 数据线和电源线。

十、安装软驱

先从面板上取下一个 3 寸槽口的挡板,用来安装软驱。把软驱放到 3 寸固定架上,采用同样的方法,保持软驱的前面和机箱面板齐平,先拧一侧的螺丝。

软驱线是 34 芯的,每根可连接 2 个软驱。在线的一端,部分数据线有交叉,可以把数据线分成 3 段,如图 4-42 所示。B 段和 C 段各有一个接头,用来连接 3 寸软驱。A 段连接主板上的软驱接口。当要连接两个软驱时,就在 B 段和 C 段各接一个软驱。此时,接在 C 段的软驱在物理上为 A 驱,另一个为 B 驱;当只连接一个软驱时,要把它接在 C 段上。

十一、安装显卡

现在的显卡一般是 AGP 卡,所以只要插到相应的 AGP 插槽就行了。如为 PCI 显卡则把它插到 PCI 插槽上。下面以安装 AGP 接口的显卡为例,先将机箱后面的 APG 插槽挡板取下:

①将显卡插入主板 AGP 插槽中(图 4-43),在插入的过程中,要把显示卡以垂直于主板的方向插入 AGP 插槽中,用力适中并要插到底部,保证卡和插槽的良好接触。显卡挡板与主板键盘接口在同一方向,双手捏紧显卡边缘,竖立向下压。

②显卡插入插槽中后,用螺丝固定显卡,固定显卡时,要注意显卡挡板下端不要顶在主板上,否则无法插到位。插好显卡,固定挡板螺钉时要松紧适度,不要影响显卡插脚与 PCI/

AGP 槽的接触,避免引起主板变形。

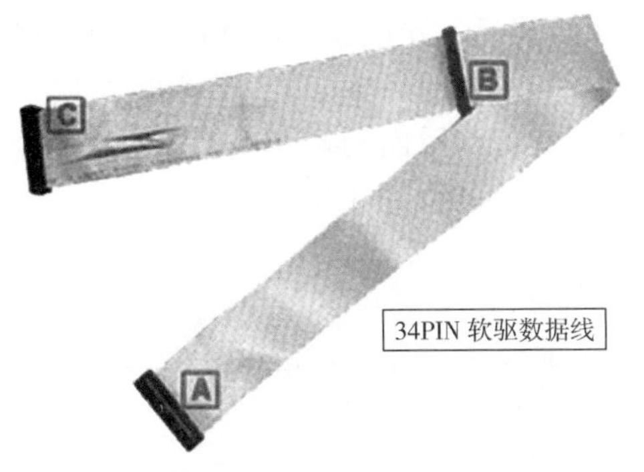

图 4-42　软驱数据线

图 4-43　将显卡插入 AGP 插槽

十二、安装电源

P4 ATX 电源是专门为配合 P4 主板而设计的新型电源,它有 5 种输出接头,比以前的电源增加了一个 6 芯的辅助电源接头和一个 4 芯的 12V 电源接头。其中 6 芯的辅助电源接头与 P4 主板上标有"AUX PRW"标识的辅助电源接口相连,4 芯的 12V 电源接头与主板上的 P4 电源接口相连。

普通 ATX 电源有 3 种输出接头,比较大的是主板电源插头,连接时只要将插头对准主板上的插座插到底就可以了。在取下时,先捏开卡子,然后垂直主板用力把插头拔起。在机箱面板内还有许多线头,它们是一些开关、指示灯和 PC 喇叭的连线,需要接在主板上,这些信号线的连接,在主板的说明书上都会有详细的说明。

这些接线的功能如下:Power LED,连接电源指示灯;RESET SW,连接 Reset 按钮;SPEAKER,连接 PC 喇叭;H. D. D LED,连接硬盘指示灯; PWR SW,连接计算机开关。

安装 POWER LED 连接线:电源指示灯的接线只有 1、3 位,1 线通常为绿色,在主板上接头通常标为"POWER LED"。连接时注意绿线对应第 1 针。

安装 RESET SW Reset 连接线:连接线有 2 芯接头,连接机箱的"Reset"按钮,它接到主板的"Reset"插针上,并且此接头无方向性,只需短路即可进行"重启"动作。

安装 SPEAKER 连接线,它是 PC 喇叭的 4 芯接头。注意红线对应"1"的位置,但该接头具有方向性,必需按照正负连接才可以。

安装硬盘指示灯线:在主板上这样的接头通常标着"IDE LED"或"H. D. D LED"字样,硬盘指示灯为 2 芯接头,一线为红色,另一线为白色,一般红色(深颜色)表示正,白色表示负。

安装 PWR SW 连接线:在面板引入机箱的连接线中找到标有"PWR SW"字样的接头,这便是电源的连线了,然后在主板信号插针中找到标有"PWRBT(或 PW2,因主板不同而异)"字样的插针,然后对应插好就可以了。

十三、安装显示器

①把显示器侧放。

②显示器底部有几个卡口。

③安装底座:第一步是将底座上突出的塑料弯钩与显示器底部的小孔对准;第二步是将显示器底座按正确的方向插入显示器底部的插孔内;第三步是用力推动底座;第四步是听见

"咔"的一声响,显示器底座就已固定在显示器上了。

④连接显示器的电源:从附袋里取出电源连接线,将显示器电源连接线的一端接到显示器上,另外一端连接到电源插座上。

⑤连接显示器的信号线:把显示器后部的信号线与机箱后面的显卡输出端相连接,显卡的输出端是一个 15 孔三排插座,只要将显示器信号线插头插到上面即可。

十四、连接鼠标、键盘

键盘和鼠标是现在 PC 中最重要的输入设备,必须安装。键盘和鼠标的安装很简单,只需将其插头对准缺口方向插入主板上的键盘/鼠标插座即可。

现在最常见的是 PS/2 接口的键盘和鼠标,这两种接口的插头是一样的,很容易弄混淆,所以在连接的时候要看清楚。

按接口类型,鼠标可以分为串口、PS/2、USB 三类,传统的鼠标是串口连接的,它占用了一个串行通讯口。PS/2 接口的鼠标是目前市场上的主流产品,USB 接口也是一种输入/输出接口,用于连接键盘、鼠标、数码相机等外部设备。USB 接口的鼠标是现在的新产品。键盘有 PS/2 接口,也有 USB 接口。

【知识拓展】

所谓超频,就是让 CPU 高于额定频率工作,让 CPU 的频率和性能提高一档甚至多档。不言而喻,既然是超过额定频率工作,对 CPU 来说,肯定是有害的。因为超频会增加发热量,这的确会对 CPU 的寿命有一定影响,但 CPU 的设计是有余量的,特别是 Intel 的 CPU,其余量还相当大,这个"余量"就是超频的本钱。

CPU 主频 = 外频 × 倍频

外频是指 CPU 与外部接口(芯片组、内存、AGP 接口、PCI 总线)交换数据的频率,即 CPU 外部总线频率;而倍频是主频与倍频之间的系数。因此,可以通过更改外频和倍频来设置 CPU 主频。

CPU 从生产线上出来,必须经过测试来确定其极限频率,再确定其正常工作的标称频率,打上标志后进入市场。为了安全起见,极限频率必须高出标称频率并保持一定的空间以备不测。我们要做的就是在稳定的前提下,创造条件尽量让 CPU 跑在它的极限频率之下,让它发挥最大的功效。

CPU 是一个集成了庞大数量晶体管的中央处理器,在很小的范围内集成了如此多的元件必将在工作时产生巨大的热量,而产生的高热量一方面使 CPU 的本身热噪声进一步增加。另一方面,高热量也是产生电子迁移现象的主要因素,影响着 CPU 的寿命。因此,要想超频成功就必须解决 CPU 的散热问题。此外,个体差异也是影响 CPU 极限工作频率的主要因素,个体差异是在生产的过程中材料、工艺和生产线调整不同而造成,有的 CPU 天生就具有特别出众的超频能力。

除了 CPU 可以超频外,主板、显卡、硬盘等硬件均可以通过超外频来提高设备的性能,但是在超频时,一定要注意超频上限,不要超过了头,否则就会造成计算机工作不稳定甚至损坏硬件。在超频以后,硬件将会承受更高的考验,同时产生的热量也会提高,如果造成散热不良,有可能会使系统在运行一段时间后死机,将会导致"电子迁移"现象的发生,有可能损坏芯片。因此,散热设备对计算机显得更为重要。

硬件的组装过程

一、操作目的

①了解计算机硬件的组成与各部件的构造。

②主机和外设的组装。

二、操作工具及设备

①立式机箱(包括已拆卸的内部设备,如主板、光驱、硬盘、内存条、CPU、电源)、显示器、鼠标和键盘。

②十字螺丝刀。

三、操作步骤

①安装电源:首先打开机箱,将电源安装到机箱里,电源一般是倒过来安装,即上下颠倒。只要把电源的螺丝位对机箱上的孔位,再把螺丝拧紧即可。

②安装 CPU:将拉杆从插槽上拉起,与插槽成 90°角,寻找 CPU 上指向拉杆旋轴的圆点或切边并将 CPU 插入稳固,压下拉杆。

③安装 CPU 风扇:将散热片妥善定位在支撑机构上并将散热风扇安装在散热片的顶部——向下压风扇直到它的 4 个卡子楔入支撑机构对应的孔中,再将 2 个压杆压下以固定风扇,需注意的是每个压杆都只能沿一个方向压下,最后将 CPU 风扇的电源线接到主板上 3 针的 CPU 风扇电源接头上即可。

④查看机箱底板上螺丝定位孔的位置,以便安装螺丝。

⑤打开机箱的后挡板,安装螺丝的底座。定位金属螺柱和塑料定位卡是在机箱底板上固定主板的紧固件,各种定位金属螺柱、塑料定位卡和螺丝钉由机箱供应商与机箱配套提供。原则上来说,最好的方式是使用定位金属螺柱来固定主板,只有在无法使用定位金属螺柱时才使用塑料定位卡来固定主板。仔细查看主板就可以发现其上有许多固定金属螺柱来固定主板。如果孔对准但是只有凹槽,表示只能使用塑料定位卡来固定主板。

⑥依照主板的螺丝孔位置,安装 4 ~6 个螺丝底座。

⑦将主板放入主板底座中,注意主板的外设接口要与机箱后对应的挡板孔位对齐。

⑧用螺丝固定好主板。

⑨安装内存条:打开插槽两端的卡子,把内存条金手指上的 2 个凹槽对准插槽上的 2 个凸陵,注意均匀用力插到底,插槽两端的卡子会自动卡住内存条。

⑩安装主板电源: ATX 电源有 3 种输出接头,其中最大的是主板电源插头,并且只有 1 个。在主板电源插头一侧由固定卡子,这样安装时不易弄反。

⑪安装显卡:将显卡的金手指对准主板上的 AGP 插槽并垂直插下。

⑫安装声卡:将声卡的金手指对准主板上的 PCI 插槽并垂直插下。

⑬安装网卡:将网卡的金手指对准主板上的 PCI 插槽并垂直插下。

⑭光驱的跳线:光驱的跳线非常重要,特别是当光驱与硬盘共用一条数据线的时候,如果设置不正确就会无法识别光驱。一般安装一个光驱时,只需要将它设置为主盘。

⑮将光驱装入机箱:先拆掉机箱前方的一个5寸固定架面板,然后把光驱从机箱前方插入机箱,插入时要注意光驱的方向,只需要将光驱平推入机箱即可。但是有些机箱内有轨道,那么在安装光驱的时候就需要安装滑轨。安装滑轨时应注意开孔的位置,并且螺钉要拧紧,滑轨上有前后两组共8个孔位,大多数情况下,靠近弹簧片的一对与光驱的前两个孔对齐,当滑轨的弹簧片卡到机箱里,听到"咔"的一声响,光驱就安装完毕。

⑯固定光驱:在固定光驱时,要用细纹螺钉固定,每个螺钉不要一次拧紧,要留一定的活动空间。如果在上第一颗螺钉的时候就固定死,那么当你上其他3颗螺钉的时候,有可能因为光驱有微小位移而导致光驱上的固定孔和框架上的开孔之间错位,螺钉拧不进去,而且容易滑丝。正确的方法是把4颗螺钉都旋入固定位置后,调整一下,最后再拧紧。

⑰安装连接线:依次安装好IDE数据线和电源线。

⑱在机箱内找到硬盘驱动器舱,将硬盘插入驱动器舱内,并使硬盘侧面的螺丝孔与驱动器舱上的螺丝孔对齐。

⑲用螺丝将硬盘固定在驱动器舱中。在安装的时候,要尽量把螺丝上紧,把它固定得稳一点,因为硬盘经常处于高速运转的状态,这样可以减少噪音以及防止震动。

⑳选择一根从机箱电源引出的硬盘电源线,将其插入硬盘的电源接口中。

㉑连接硬盘的数据线。将数据线的一端插入主板的IDE接口中。该接口也是有方向性的,通常IDE接口上也有一个缺口,正好与数据线的接头相匹配,这样就不至于接反。

㉒连接机箱面板指示灯(即HDD LED和POWER LED)和按键(即Reset和Power)连线。

㉓连接键盘与鼠标:这里的键盘和鼠标接口都是6针PS/2。主机中靠近机箱侧面的是键盘接口。

㉔连接显示器:显示器数据线接口通常是一个25针的插头,显卡上也只有一个和它唯一对应的接口,所以相连非常简单,直接插上即可,但要注意插入时要对准,不要弄弯插头中的插针。

㉕音箱的连接:首先将音箱插头插入到声卡(或集成声卡上的主板)上的LINE-OUT接口,然后将电源插头插到外部电源插座上。

㉖连接主机箱电源线与显示器电源线,即完成计算机硬件组装。

任务工作单

项目学习:硬件装机实战 工作任务:硬件的组装过程	班级			
	姓名		学号	
	日期		评分	

一、工单内容

1. 学习掌握硬件的组成。

2. 学习掌握硬件的安装过程。

二、准备工作

1. ATX主板电源除了保持传统的±5V、±12V输出以外,还提供(　　)的输出电压。

A. ±3.3V　　B. ±2.0V　　C. ±3.9V　　D. ±3.8V

2. I 810芯片组中,哪两个版本支持显示缓存(　　)。

A. i810L、i810　　B. i810L、i810DC-100

C. i810L、i810E　　D. i810DC-100、i810E

3. 32 位总线,工作频率 66MHz,则总线带宽 =(　　)。

A. 132MB/s　　B. 264MB/s　　C. 532MB/s　　D. 1.06GB/s

4. 关于 STR 的描述,以下说法错误的是(　　)。

A. STR 是 Sunspend to RAM 的缩写

B. STR 功能的实现需要主板和操作系统的支持

C. 使用 STR 模式,系统恢复时间将比 STD 快许多

D. STR 是把重新启动所需要的文件都存储在硬盘里,需要的时候从硬盘读到内存

5. 半导体存储器按工作方式可分为两大类:随机读写存储器和(　　)。

A. SRAM　　B. 只读存储器　　C. RDRAM　　D. SDRAM

6. 对于 56K 高速 MODEM,以下说法不正确的是(　　)。

A. 上行通道速率最高为 56K

B. 下行通道速率最高为 56K

C. 客户端的 56K 高速模拟调制解调器和主机端的远程接入服务器(纯数字调制解调器)必须支持相同的标准

D. 在整个传输网中只能存在一次模/数转换,即客户端的 56K 高速模拟调制解调器的模/数转换

7. 关于 PCI 总线,以下描述错误的是(　　)。

A. 能自动识别外设　　B. 与 CPU 及时钟频率有关

C. 最大数据传输速率 133MB/s　　D. 具有与处理器和存储器子系统完全并行操作的能力

8. Intel 公司最新工艺的 Pentium III 处理器的内部代码为“Coppermine”,对于它叙述正确的是(　　)。

A. Coppermine 金属层采用的技术是铜导线技术

B. 所有“Coppermine”的 Pentium III 处理器全都采用 0.18 微米工艺

C. 所有“Coppermine”的 Pentium III 处理器采用了两种封装方式:SECC2 封装和 FC - PGA 封装

D. 有些“Coppermine”的 Pentium III 处理器不支持双总线体系结构

9. i810L、i810、i810DC100、i810E 的共同点是(　　)。

A. 总线频率相同　　B. 集成的显卡芯片相同

C. 北桥芯片封装形式相同　　D. 都支持 Ultra ATA - 33 和 Ultra ATA - 66 模式

10. 在芯片组中,有一种结构,叫作南北桥结构。在南北桥结构中,北桥的作用是(　　)。

A. 实现 CPU、内存与 AGP 显示系统的连接

B. 实现 CPU 局部总线(FSB)与 PCI 总线的连接

C. 实现 CPU 等与主板上其他器件的连接

D. 实现 CPU 等器件与外设的连接

三、任务操作

1. 安装电源过程:________________

2. 安装 CPU 过程:________________

3. 安装主板过程:________________

4. 安装内存条过程:________________

四、工作小结

1. 在完成工作任务的过程中,你是如何计划并实施的,在小组中承担了哪些具体工作?

2. 对本次工作任务,你有哪些好的建议和意见?

项目五　系统软件的安装与管理

项目概述

一、项目分析

该项目介绍了计算机系统软件的安装与管理。可以通过该项目掌握BIOS设备，并了解操作系统安装方法以及系统的优化与升级，以及从事计算机管理、网络维护、计算机公司的维护和集成等岗位工作的人员必须掌握的知识和技能。根据部件知识点内容，将该项目分成BIOS和CMOS区分与设置、操作系统的安装以及系统优化与升级三个工作任务。

工作任务组织形式及培养能力：

(1)通过分组活动，培养团队协作能力；

(2)通过规范文明操作，培养良好的职业道德和安全环保意识；

(3)通过小组讨论、上台演讲评述，培养与客户的沟通能力；

(4)通过查阅资料、文献、培养个人自学能力和获取信息能力；

(5)通过项目化的任务单元活动，掌握解决实际问题的能力；

(6)填写任务工作单，制订工作计划，培养工作方法能力；

(7)能独立使用各种媒体完成学习任务。

二、项目技能

(1)掌握CMOS参数设置；

(2)掌握硬盘分区工具的使用；

(3)掌握Windows操作系统及驱动安装。

三、项目目标

根据项目设计要求，使学生能够掌握BIOS和CMOS基本概念及参数设置、硬盘分区、格式化方法等相关知识。前期具备硬盘识别与分区的能力，通过进一步熟练操作能够掌握硬盘分区、格式化方法、操作系统及驱动安装方法，制定合理的计算机软件安装方案，培养学生从事计算机软件维护等岗位应具备的职业能力。

工作任务一　BIOS 和 CMOS 区分与设置

【情境假设】

学生配置了自己的电脑，但是没有配置软盘驱动器，他每次开机的时候总是需要按 F1 键才能够进入系统，他觉得这样太麻烦了，但又不知道如何处理，我告诉他这是 BIOS 设置的问题，那么什么是 BIOS，怎么样进行设置，可以进行哪些方面的设置呢？

在日常操作和维护计算机的过程中，常常可以听到有关 BIOS 和 CMOS 的设置，BIOS 和 CMOS 经常混为一谈。本工作任务主要阐述 BIOS 设置和 CMOS 设置的基本概念及两者的区分与联系。

一、BIOS 和 CMOS 概述

1. BIOS 概述

BIOS，实际上就是计算机的基本输入输出系统（Basic Input-Output System），其内容集成在计算机主板的 ROM 芯片上，主要保存计算机系统最重要的基本输入输出程序，系统信息设置、开机上电自检程序和系统启动自举程序等。BIOS ROM 芯片可以在主板上识别，它的管理功能在很大程度上决定了主板性能是否优越。BIOS 管理功能主要包括以下 4 个方面。

（1）BIOS 中断服务程序

BIOS 中断服务程序实质上是计算机系统中软件与硬件之间的一个可编程接口，主要用来在程序软件与计算机硬件之间实现衔接。例如，DOS 和 Windows 操作系统中对软盘、硬盘、光驱、键盘、显示器等外围设备的管理，都是直接建立在 BIOS 系统中断服务程序的基础上，而且操作人员也可以通过访问 INT 5、INT 13 等中断点而直接调用 BIOS 中断服务程序。

（2）BIOS 系统设置程序

计算机部件配置记录是放在一块可读写的 CMOS RAM 芯片中的，主要保存着系统基本情况、CPU 特性、软硬盘驱动器、显示器、键盘等部件的信息。在 BIOS ROM 芯片中装有“系统设置程序”，主要用来设置 CMOS RAM 中的各项参数。这个程序在开机时按下某个特定键即可进入设置状态，并提供了良好的界面供操作人员使用。事实上，设置 CMOS 参数的过程，习惯上也称为“BIOS 设置”。一旦 CMOS RAM 芯片中关于计算机的配置信息不正确时，会使得系统整体运行性能降低、软硬盘驱动器等部件不能识别，有时还会引发系统的软硬件故障。

（3）POST（上电自检）

计算机开机后，系统首先由 POST（Power On Self Test，上电自检）程序对内部各个设备进行检查。通常完整的 POST 自检包括对 CPU、640K 基本内存、1M 以上的扩展内存、ROM、主板、CMOS 存储器、串并口、显示卡、软硬盘子系统及键盘进行测试，一旦在自检中发现问题，系统将给出提示信息或鸣笛警告。

(4) BIOS 系统启动自检程序

系统在完成 POST 自检后，ROM BIOS 首先按照系统 CMOS 设置中保存的启动顺序搜寻软硬盘驱动器及 CD－ROM、网络服务器等有效的启动驱动器，读入操作系统引导记录，然后将系统控制权交给引导记录，并由引导记录来完成系统的顺利启动。

2. CMOS 概述

CMOS（本意是指互补金属氧化物半导体存储器）是计算机主板上的一块可读写的 RAM 芯片，主要用来保存当前系统的硬件配置和操作人员对参数的设定。CMOS RAM 芯片由系统通过一块后备电池供电，因此无论是在关机状态下，还是遇到系统断电情况，CMOS 信息都不会丢失。

由于 CMOS RAM 芯片本身是一块存储器，只具有保存数据的功能，所以对 CMOS 中各项参数的设定要通过专门的程序。早期的 CMOS 设置程序驻留在软盘上（如 IBM 的 PC/AT 机型），使用很不方便。现在多数厂家将 CMOS 设置程序做到了 BIOS 芯片中，在开机时通过按下某个特定键就可进入 CMOS 设置程序而非常方便地对系统进行设置，因此，这种 CMOS 设置又通常被叫作 BIOS 设置。

二、CMOS 设置

下面以一款 I845 主板为例说明设置 BIOS 参数的一般方法。该主板支持 P4 处理器，集成了 AC 97 声卡，使用的 BIOS 版本为 Award Modular BNIOSV6.00PG。CMOS 设置的构成如图 5-1 所示。

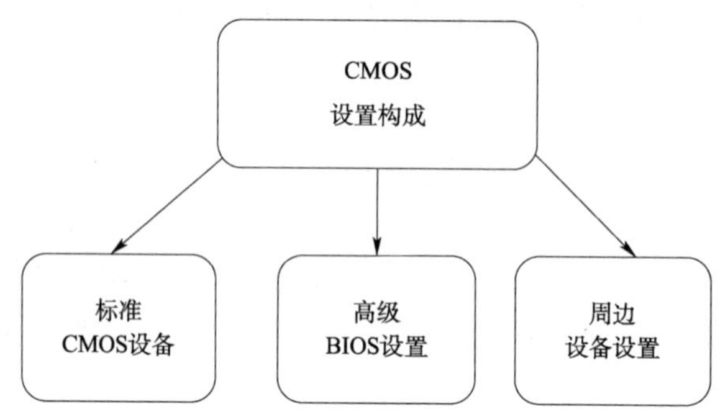

图 5-1 CMOS 设置的构成

进入设置程序的按键，如表 5-1 所示。

进入设置程序的按键 表 5-1

BIOS 型 号	进入 BIOS 设置程序的按键	有无屏幕提示
AWARD	Del 或 Ctrl + Alt + Esc	有
AMI	Del 或 Esc	有
MR	Esc 或 Ctrl + Alt + Esc	无
Compaq	屏幕右上角出现光标时按 F10	无
AST	Ctrl + Alt + Esc	无
Phoenix	Ctrl + Alt + S	无

1. 进入 BIOS 设置程序

计算机加电后，系统将会开始 POST（加电自检）过程，当屏幕上出现以下信息时，按 <DEL>键或同时按下 <Ctrl> + <Alt> + <Esc>

【TO ENTER SETUP BEFORE BOOT. PRESS <Ctrl + Alt + Esc> OR <DEL> KEY】

如果此信息在作出反映前就消失了，而仍需要进入 SETUP，则关机后再开机或按机箱上的 Reset 键，重启系统，也可以同时按下 <Ctrl> + <Alt> + <DEL>键重启系统。进入 setup 程序之后，将显示图 5-2 所示的程序主菜单。

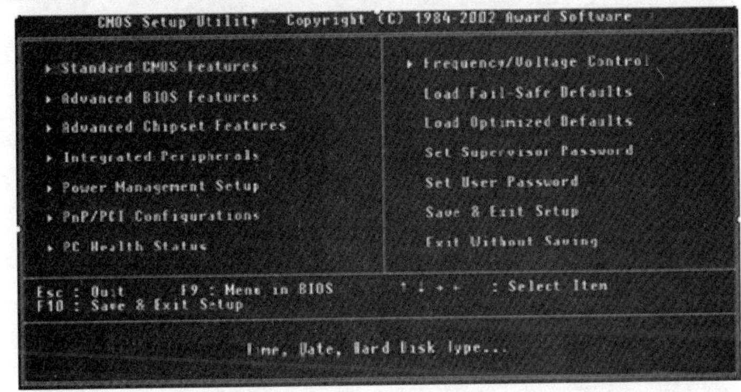

图 5-2　标准 CMOS 设置界面

2. 标准 CMOS 参数设置

按光标键将突出显示的光标条移到“Standard CMOS Features”处按 <Enter>键，将进入 CMOS 设置界面。使用方向键选定要修改的项目，然后使用 <PgUp>或 <PgDn>选择所需要的设定值。如果在某选项值处按 <Enter>键，将显示一个选择界面，用户可以按屏幕提示选择需要的参数值。将光标移到“Device A”（驱动器 A）选项的设置值“1.44M,3.5in”处按 <Enter>键后，显示驱动器 A 类型选择界面。

在当前驱动器类型右端“[ ]”内有一个“■”标记，按 <↓>或 <↑>键可以改变驱动器的类型，按 <Enter>键确定，按 <ESC>键返回标准 CMOS 设置界面。

3. 高级 BIOS 设置

在 BIOS 设置程序主界面将光标移动到“Advanced BIOS Features”选项后，按 <Enter>键将进入如图 5-3 所示界面。

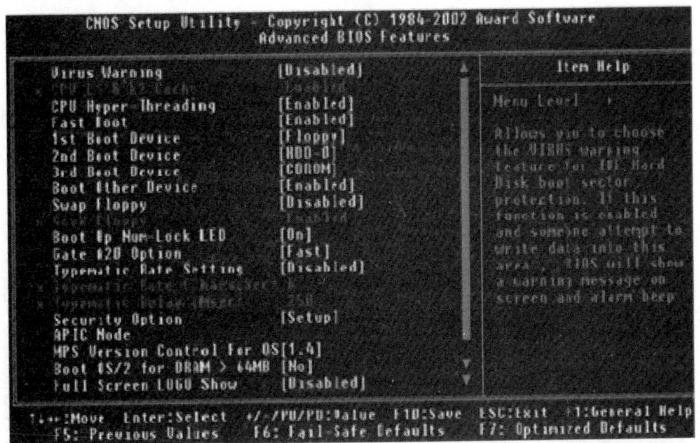

图 5-3　高级 BIOS 特性设置

4. 高级芯片组特征

在主界面中将光标移动到“Advanced Chipset Features”选项后，按 < Enter > 键将显示如图 5-4 所示界面。

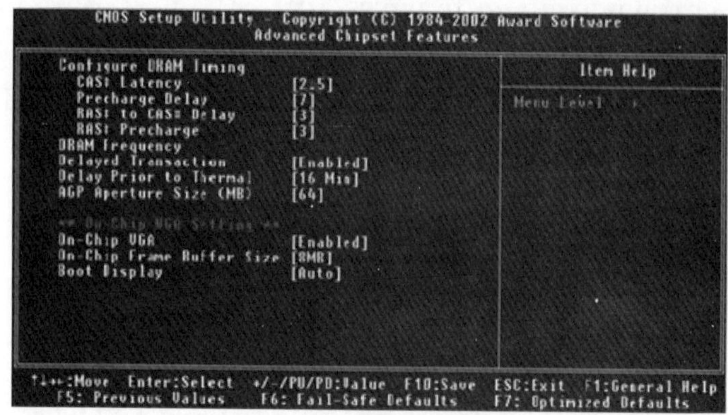

图 5-4　高级芯片组特征设置

5. 设置周边设备(图 5-5)

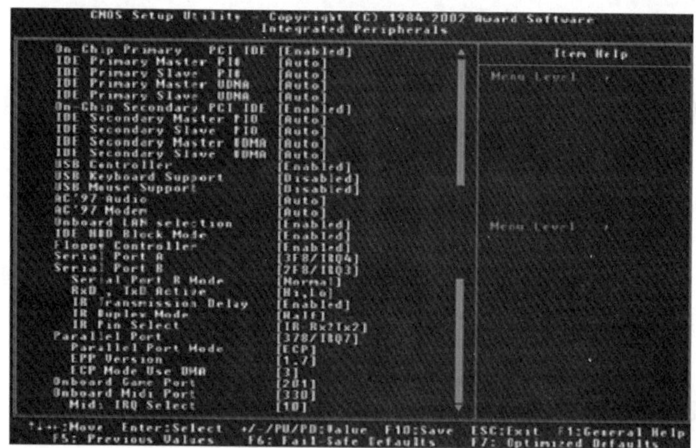

图 5-5　周边设备设置

6. 电源管理设置(图 5-6)

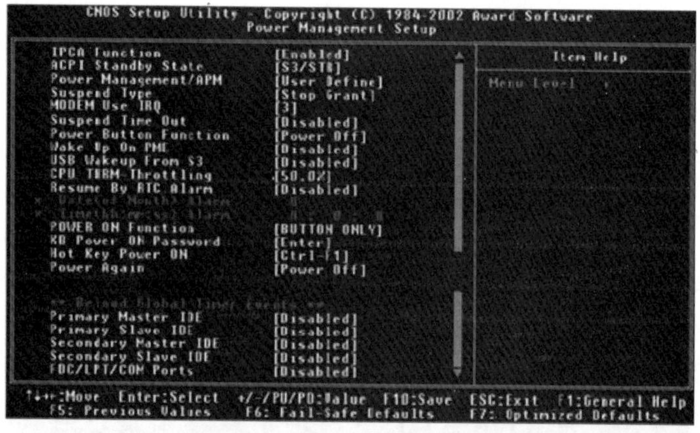

图 5-6　电源管理设置

操作系统的安装前设置

一、操作目的

①认识硬盘分区与格式化的作用。
②掌握硬盘分区与格式化的方法。

二、操作工具及设备

组装完成并通过测试的计算机。

三、操作步骤

①在分区和格式化硬盘之前,首先要启动系统。启动系统的方式有很多种,可以用 DOS 启动盘、Windows 启动盘或光盘。

②建立基本 DOS 分区:在 FDISK 主界面输入"1"并选择 Create Primary DOS Partition 选项。系统提问是否将硬盘的全部容量划分为基本分区,即 C 区。如果整个硬盘只设 1 个分区,即将所有空间全部给基本 DOS 分区(C 盘),则输入"Y";否则,若要将硬盘分为几个区,即将部分硬盘分给基本 DOS 分区,则输入"N"。输入"N"后系统显示硬盘总容量,同时提问基本 DOS 分区分成多大。输入拟给 C 区的信息即可。

③基本 DOS 分区已经建立好,按 Esc 键返回到 FDISK 命令主菜单。

④建立扩展 DOS 分区:在 FDISK 建立分区界面输入"2",建立扩展 DOS 分区。

⑤直接按 Enter 键,进入逻辑盘的设置

⑥如果只建立一个逻辑盘直接按 Enter 键即可,否则依次输入各逻辑盘的容量。用户根据提示依次输入各逻辑盘的大小,待全部硬盘容量分配完毕后,屏幕显示扩展分区中所有逻辑盘的信息。

⑦激活主分区:将基本 DOS 分区设为活动分区。在 FDISK 主界面中,按"2"进入激活分区设置,选择要激活的分区即可。

⑧分区工作完成,按 Esc 键退出 FDISK 程序,重新启动计算机。

⑨启动系统后,在提示符下输入"FORMATC:/S",参数"/S"表示格式化后,将启动盘上的系统传到 C 盘上,使 C 盘成为启动盘,能用来启动计算机。

⑩接下来还要格式化 D 盘和 E 盘,也可以在安装 Windows 成功后,用 Windows 磁盘格式化工具格式化。在 Windows 环境下格式化速度要快得多,所以建议使用后者。

⑪对于硬盘分区格式化后,按 Ctrl + Alt + Del 组合键重新启动计算机,再按 Del 键进入 BIOS 设置程序,设置启动盘为 C 盘。

<table>
<tr><td rowspan="3">项目学习:系统软件的安装与管理
工作任务:BIOS 与 CMOS 区分与设置</td><td>班级</td><td colspan="3"></td></tr>
<tr><td>姓名</td><td></td><td>学号</td><td></td></tr>
<tr><td>日期</td><td></td><td>评分</td><td></td></tr>
</table>

一、工单内容

1. 学习掌握 BIOS 与 CMOS 的作用与设置方法。
2. 学习掌握硬盘分区设置方法。

二、准备工作

1. 给硬盘分区格式化的作用是:____________________________。
2. 用 FDSIK 给硬盘分区时先分________,后分____________、____________。
3. 低级格式化与高级格式化的区别是:________________________。
4. 常见的分区格式有________、________、________,它们的主要区别是____________。对应的簇的大小分别为______________________。
5. 使用 PQ 软件的好处是____________、____________、____________、____________。
6. 使用 DM 软件的好处是____________________、____________________。

三、任务操作

1. 目前 BIOS 的类型主要有哪几种?

2. 如何使用最简单的方法引导 BIOS 进入设置画面?

四、工作小结

1. 在完成工作任务的过程中,你是如何计划并实施的,在小组中承担了哪些具体工作?

2. 对本次工作任务,你有哪些好的建议和意见?

工作任务二　操作系统的安装

任务概述

【情境假设】

电脑经常重启，系统运行非常缓慢，且在系统盘中有病毒存在，那么我们应该怎么办呢？没错，就是重装系统。那么我们应该如何进行重装呢？重装的方法和需要注意的地方是什么？接下来给大家介绍一下操作系统及驱动安装的相关知识。

BIOS 设置完成及硬盘分区和格式化后，可以开始安装操作系统，同时安装显卡、声卡等驱动程序。

任务知识

一、Windows 操作系统的安装

1. 准备工作

①准备好操作系统安装光盘，并检查光驱是否支持自启动。

②可能的情况下，在运行安装程序前用磁盘扫描程序扫描所有硬盘，检查硬盘错误并进行修复，否则安装程序运行时如检查到有硬盘错误会很麻烦。

③用纸张记录安装文件的产品密匙（安装序列号）。

④可能的情况下，用驱动程序备份工具（如驱动精灵 2004 V1.9 Beta.exe）将原操作系统下的所有驱动程序备份到硬盘上（如 F:\Drive）。最好能记下主板、网卡、显卡等主要硬件的型号及生产厂家，预先下载驱动程序备用。

⑤如果你想在安装过程中格式化 C 盘或 D 盘（建议安装过程中格式化 C 盘），请备份 C 盘或 D 盘有用的数据。

2. 用光盘启动系统

重新启动系统并把光驱设为第一启动盘，保存设置并重启。将安装光盘放入光驱，重新启动电脑。刚启动时，当出现光盘引导启动时快速按下回车键，否则不能启动系统光盘安装。

3. 安装操作系统

光盘自启动后，如无意外即可见到安装界面。

全中文提示，“要现在安装操作系统，请按 ENTER”，按回车键后，出现如图 5-7 所示的界面。

许可协议，这里没有选择的余地，按“F8”后如图 5-8 所示。

这里用向下或向上方向键选择安装系统所用的分区，如果已格式化 C 盘请选择 C 分区，选择好分区后按“Enter”键回车，出现图 5-9 所示的界面。

对所选分区可以进行格式化，从而转换文件系统格式，或保存现有文件系统，有多种选择的余地。需要注意的是 NTFS 格式可节约磁盘空间，提高安全性和减小磁盘碎片。但也存在很多问题，OS 和 98/Me 下看不到 NTFS 格式的分区，在这里选“用 FAT 文件系统格式化磁盘分区（快）”，按“Enter”键回车。

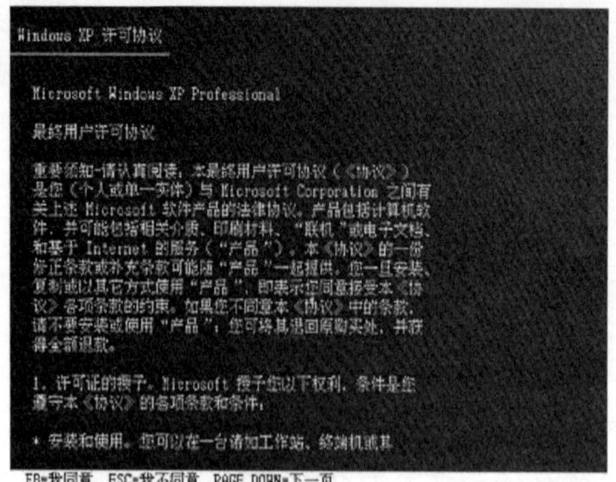

图 5-7　操作系统许可协议

图 5-8　分区界面

格式化 C 盘的警告(图 5-10),按 F 键将准备格式化 C 盘,出现图 5-11 所示的界面。

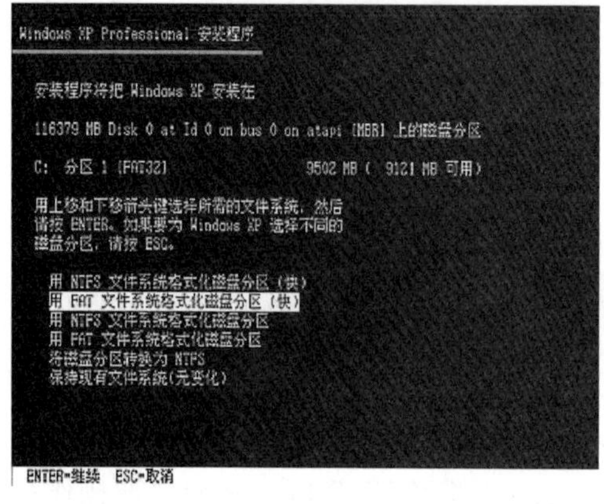

图 5-9　所选分区格式化

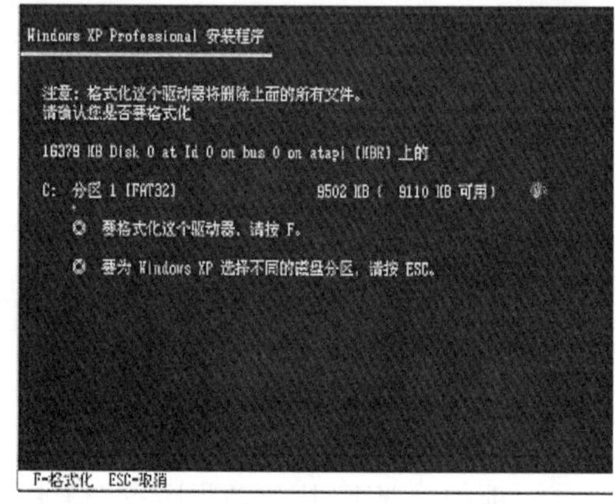

图 5-10　格式化警告

由于所选分区 C 的空间大于 2048M(即 2G),FAT 文件系统不支持大于 2048M 的磁盘分区,所以安装程序会用 FAT32 文件系统格式对 C 盘进行格式化,按"Enter"键回车,出现图 5-12 所示的界面。

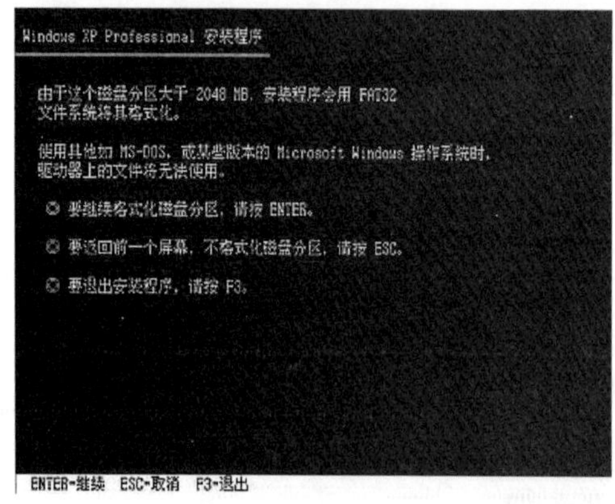

图 5-11　用 FAT32 文件系统格式格式化

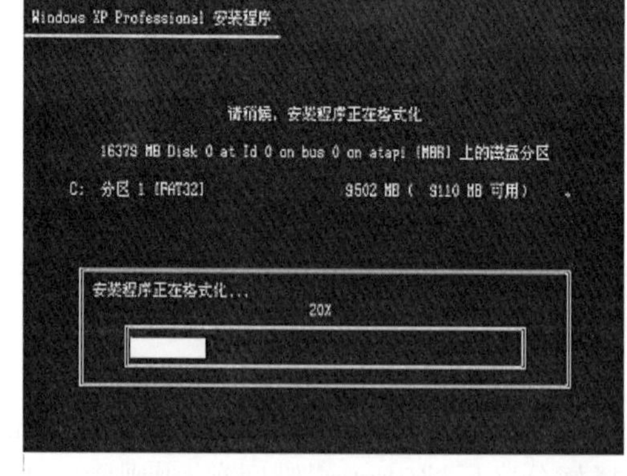

图 5-12　正在格式化 C 分区

图 5-12 中正在格式化 C 分区。只有用光盘启动或安装启动软盘启动安装程序,才能在安装过程中提供格式化分区选项;如果用 MS - DOS 启动盘启动进入 DOS 下,运行 i386\winnt 进行安装。

图 5-13 中开始复制文件，文件复制完后，安装程序开始初始化操作系统配置。然后系统将会自动在 15 秒后重新启动。重新启动后，出现图 5-14 所示的界面。过 5 分钟后，当提示还需 33 分钟时将出现如图 5-15 所示的界面。

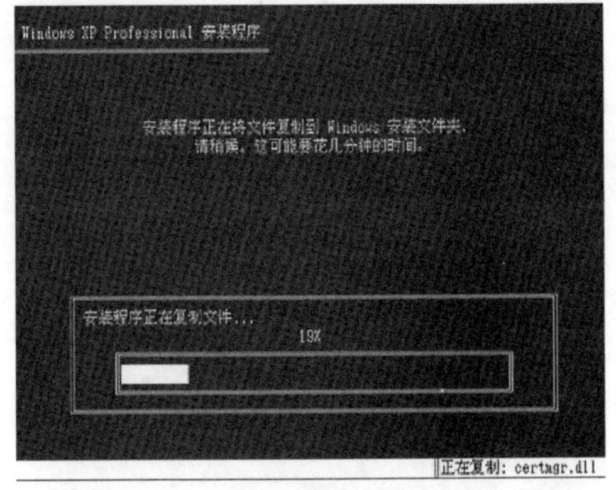

图 5-13　安装程序正在复制文件

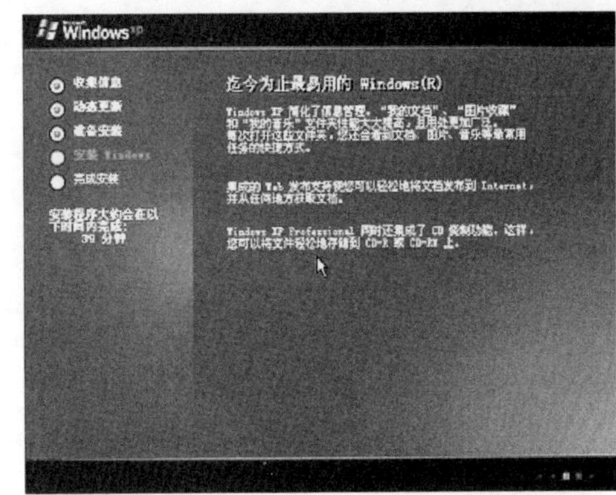

图 5-14　安装程序进度提示

区域和语言设置选用默认值，直接点“下一步”按钮，出现如图 5-16 所示的界面。

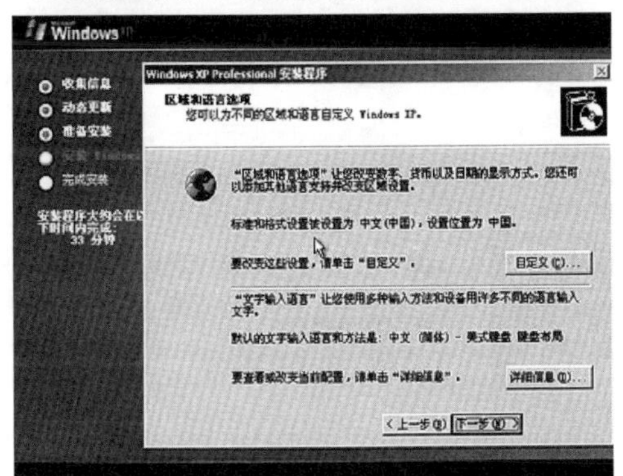

图 5-15　区域和语言选项

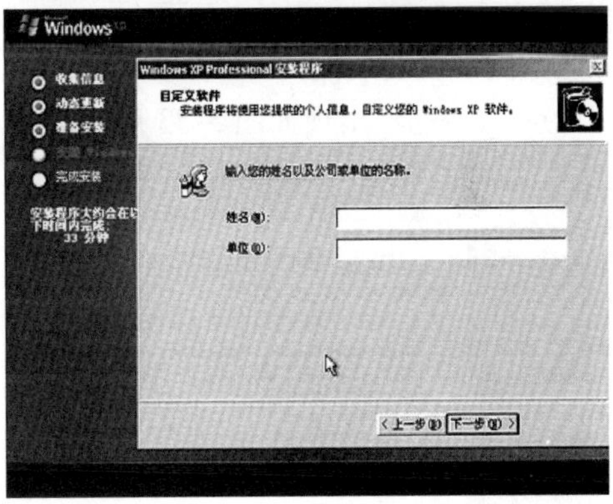

图 5-16　自定义软件

输入姓名和单位，这里的姓名是以后注册的用户名，点“下一步”按钮，出现如图 5-17 所示的界面。

一定要预先记下产品密钥(安装序列号)。这里输入安装序列号，点“下一步”按钮，出现如图 5-18 所示的界面。

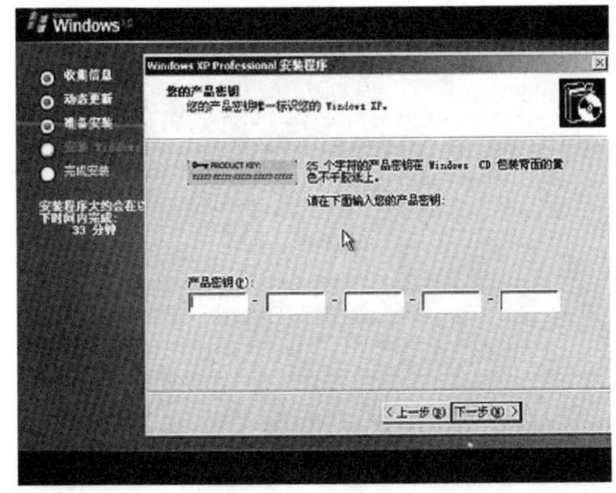

图 5-17　产品密钥

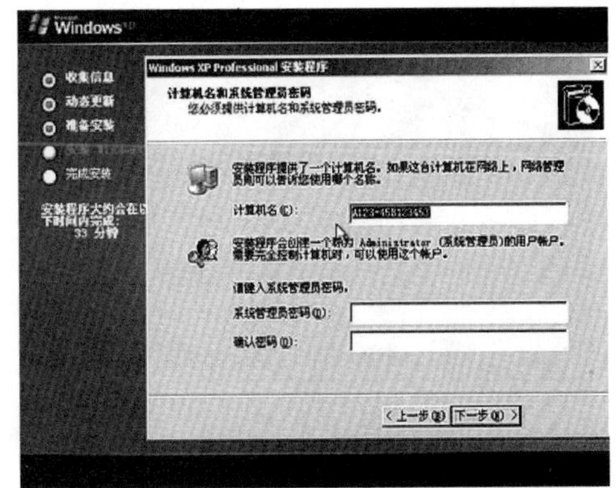

图 5-18　计算机名和系统管理员密码

安装程序自动创建又长又难记的计算机名称，自己可任意更改，输入两次系统管理员密码，要记住这个密码，Administrator 系统管理员在系统中具有最高权限，平时登录系统不需要这个账号。接着点“下一步”。

日期和时间设置（图 5-19）：选北京时间，点“下一步”。开始安装，复制系统文件及安装网络系统（图 5-20）。

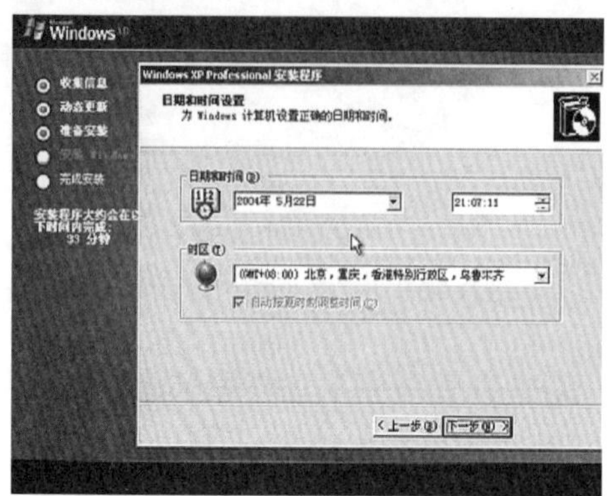

图 5-19　日期和时间设置

图 5-20　复制系统文件及安装网络系统

选择网络安装所用的方式，选典型设置（图 5-21），点“下一步”，出现如图 5-22 所示的界面。点“下一步”出现如图 5-23 所示的界面。

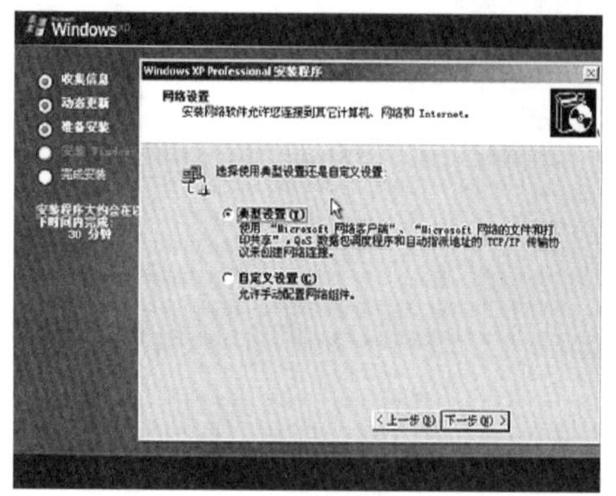

图 5-21　网络设置

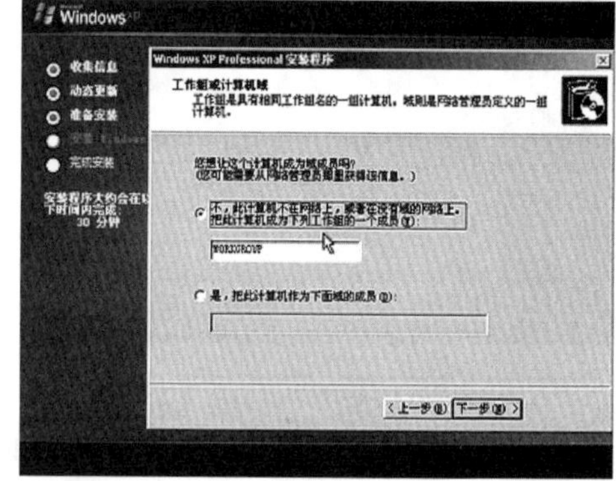

图 5-22　工作组或计算机域

继续安装，安装程序会自动完成全过程。安装完成后自动重新启动，出现启动画面，如图 5-24 所示。

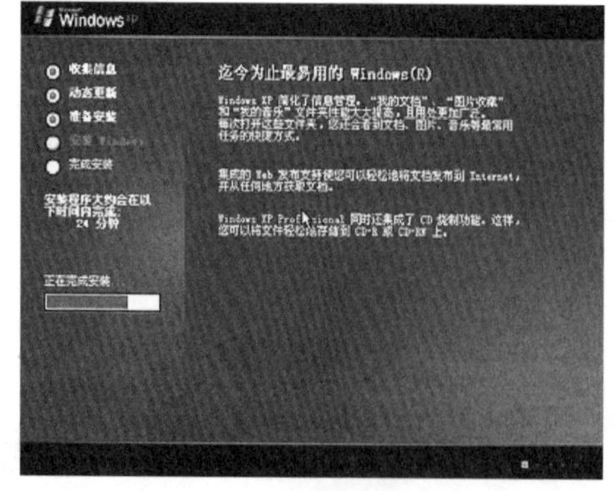

图 5-23　安装进度提示

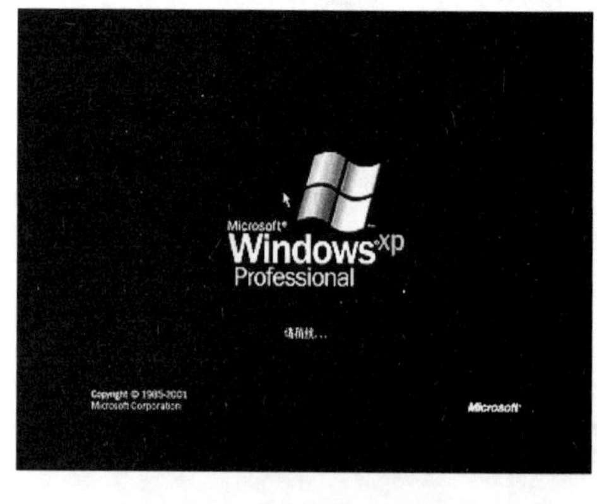

图 5-24　操作系统启动画面

二、驱动概述

1. 什么是驱动

驱动程序实际上是一段能让电脑与各种硬件设备通话的程序代码,通过它,操作系统才能控制电脑上的硬件设备。如果一个硬件只依赖操作系统而没有驱动程序的话,这个硬件就不能发挥其特有的功效。

驱动程序也有多种模式,比较熟悉的是微软的 Win32 驱动模式,无论使用的是操作系统的何种系列,同样的硬件只需安装其相应的驱动程序就可以用。

2. 查看设备信息和驱动程序信息

在操作系统下查看,在"我的电脑"上单击右键,在弹出的右键菜单中选择"属性"命令,在弹出的"系统属性"对话框中单击"硬件"标签项,在"硬件"对话框中单击"设备管理器",将会弹出"设备管理器"对话框。这时看到的是当前系统中的所有硬件设置,并可查看相关硬件的驱动信息。

3. 查看资源冲突

点选"资源"标签项,可以在该窗口中了解到该设备当前的工作状态。如果发现有冲突,可以在资源设备列表中选择资源类型,例如中断的请求、I/O 端口等,只需要选中,然后点击"更改设置"按钮就可以进行选择,需要把其相关的值改为没有被其他设备占用的数值即可。

当计算机安装了操作系统后,需要安装计算机内各部件的驱动程序,如主板、显卡、声卡、网卡等。在安装驱动程序时,应该特别留意驱动程序的安装顺序。如果不能按顺序安装的话,有可能会造成频繁的非法操作、部分硬件不能被操作系统识别或是出现资源冲突,甚至会有黑屏死机等现象出现。所以按顺序来安装也是很有必要的。

主板的驱动程序一般存放在购机时附赠的随机光盘中,将光盘放入光驱后,如果光驱的"自动运行功能"是打开的,将自动进入安装过程;否则应在"我的电脑"或"资源管理器"中找到并运行光盘中的 Setup. exe 或 Install. exe 或 Autorun. exe 程序。

【知识拓展】

驱动程序安装顺序为:主板芯片驱动和硬盘的 IDE 驱动、显卡驱动、声卡驱动、网卡驱动、通信设备驱动和触摸板驱动。主板芯片和硬盘的 IDE 的驱动程序和补丁必须先安装。

现在流行的显示卡都是 AGP 接口的,而 AGP 有个很大的特点就是在本身的显存不足的时候,会借用系统的物理内存对视频任务进行补充。在视频任务结束后,AGP 显示卡要释放所占用的物理内存。

如果 IDE 驱动没装好的话,硬盘厂家及型号还有可能无法被 Windows 识别,从而不能使用 ULTRA DMA 功能。装好了 IDE 驱动以后,Windows 使用了其 DMA 功能的工作方式,再安装其他的驱动程序和 DIRECTX 等也会更快。因此安装主板的驱动程序是首要的。

1. 让 Windows 自动搜索驱动程序

用这种方法安装驱动程序,需要硬件设备支持即插即用功能。可以在安装了新设备后启动电脑,在计算机进入 Windows 操作系统时,若用户安装的硬件设备支持即插即用功能，则在计算机启动的过程中，系统会自动进行检测新设备，当 Windows 检测到新的硬件设备时，会弹出添加新硬件向导对话框，并提示按照向导进行安装。

2. 通过“设备管理器”进行安装

如果硬件设备不支持即插即用功能（如 ISA 类的网卡），或 Windows 无法自动检测到新安装的硬件设备，可以从“设备管理器”中安装驱动程序。打开“设备管理器”，将标示有“?”和“!”的未知设备删除。单击“刷新”按钮，按照系统提示进行驱动程序的安装。

3. 双击 Setup 文件进行安装

有很多硬件厂商的驱动程序都带有 setup. exe 文件，这种情况下，只需双击该文件就可以完成驱动的安装。

4. 安装未签名的驱动程序

微软在开发 Windows 操作系统的时候，其默认状态下对当前市场上的绝大部分硬件都发放了签名驱动程序，而对一些比较老的设备或未经认证的设备驱动程序，系统不予承认，这时安装驱动程序在设备管理器区域点击“签署驱动程序”按钮，打开驱动程序签名选项。这里有三种选择：忽略、警告、阻止。其中，忽略表示在安装这类软件时不会弹出任何提醒信息；警告表示每次安装这类软件时都会提出，让用户自己选择是否继续安装；禁止表示选择此项后系统会阻止未签名的驱动程序进行安装。

操作系统的安装

一、操作目的

①认识操作系统的作用。
②掌握操作系统的安装方法。

二、操作工具及设备

已经完成分区的计算机。

三、操作步骤

①安装系统前的准备工作；
②光盘启动系统；
③安装操作系统；
④区域和语言设置、日期和时间设置等；
⑤安装驱动程序。

任务工作单

<table>
<tr><td rowspan="3">项目学习:系统软件的安装与管理
工作任务:操作系统的安装</td><td>班级</td><td colspan="3"></td></tr>
<tr><td>姓名</td><td></td><td>学号</td><td></td></tr>
<tr><td>日期</td><td></td><td>评分</td><td></td></tr>
</table>

一、工单内容

1. 学习掌握操作系统的作用。
2. 学习掌握操作系统的安装方法。

二、准备工作

1. 驱动程序的作用是____。
2. 驱动程序的安装顺序____。
3. 安装驱动程序的方法有____。

三、任务操作

1. 安装系统前的准备工作有哪些?

2. 如何进行区域和语言设置以及日期和时间设置?

3. 安装驱动程序的一般方法有哪些?

四、工作小结

1. 在完成工作任务的过程中,你是如何计划并实施的,在小组中承担了哪些具体工作?

2. 对本次工作任务,你有哪些好的建议和意见?

工作任务三　系统优化与升级

【情境假设】

小王使用电脑有一学期了，现在电脑里面安装的软件越来越多，感觉电脑速度没有当初那么快了，于是想对电脑动一个大的“手术”，可是不知如何下手？找了资料，才知道应先对系统优化，再硬盘优化。接下来，就来学习如何优化电脑吧。

在计算机原有硬件的条件下，如何提升计算机的性能，使计算机更加高效、快速。可以对系统、硬盘等进行优化。比如，删除占用内存和硬盘很大的无关文件，对硬盘碎片进行整理。

任务知识

一、操作系统的优化

个人电脑使用最多的就是操作系统，其功能强大，操作方便。下面就以此为标准提出 7 项优化方案。

1. 使用操作系统经典界面

操作系统安装后的第一感觉就是操作系统界面变得更加美观。但是外观的代价要耗掉更多的内存和显存的资源。

要想恢复到操作系统经典界面，可以在桌面上单击鼠标右键，选择“属性”命令即可进入“显示属性”的设置窗口。这里共有“主题”、“桌面”、“屏幕保护程序”、“外观”和“设置”五个选项卡。在当前“主题”选项卡中，只要在“主题”的下拉选单里选择“Windows 经典”，立即就可以在预览窗口看到显示效果。同时，外观选项卡的内容也会随之进行更改。具体如图 5-25 所示。

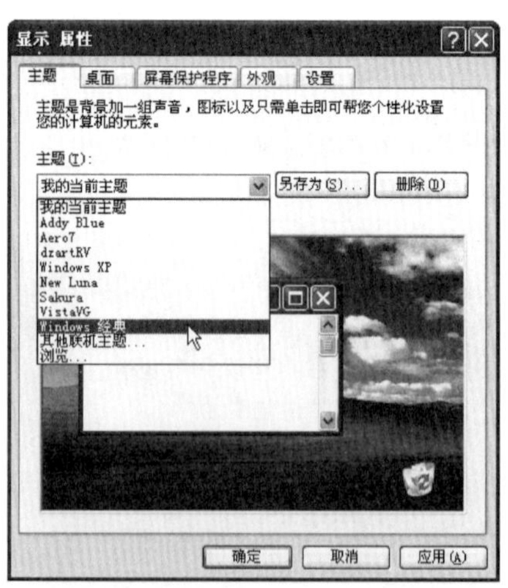

图 5-25　设置“操作系统经典”主题

2. 优化视觉效果

默认操作系统的操作界面添加了很多动态效果，消耗了大量内存。为了提升速度，可以通过右键单击“我的电脑”，点击“属性—高级”，在“性能”一栏中，点击“设置—视觉效果”，在这里可以看到外观的所有设置，可以手动去掉一些不需要的功能，也可以选择“调整为最佳外观”项将自动关闭列表框中列出的所有视觉效果。具体如图 5-26 所示。

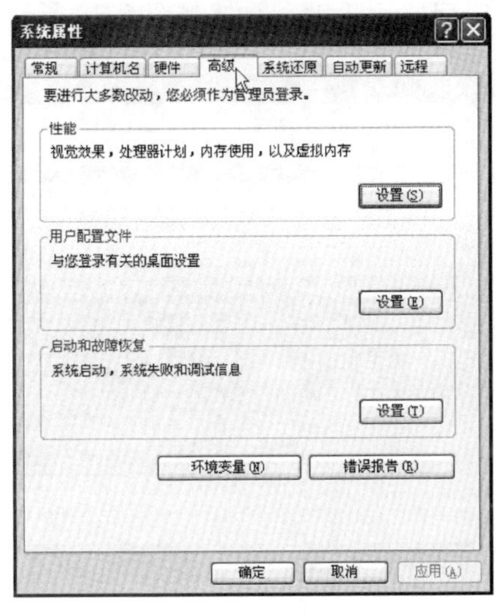

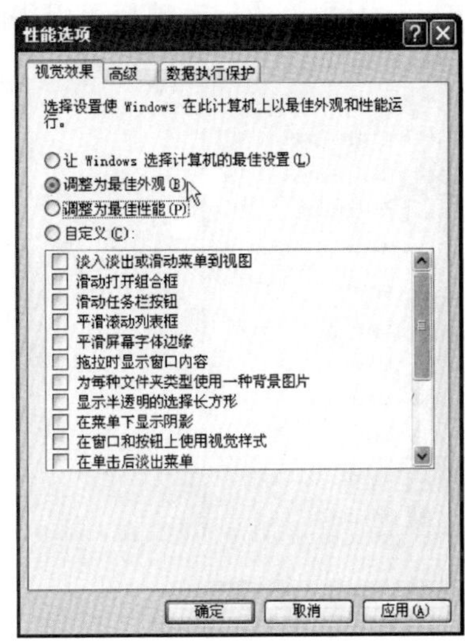

图 5-26　优化视觉效果

3. 扩充虚拟内存

在如图 5-26 所示的“性能选项”对话框中，选择“高级”标签，出现“处理器计划”和“内存使用”两个选项，分别选择“程序”优化模式，然后单击 更改(C) 进入“虚拟内存”窗口。虚拟内存最小值为物理内存 1.5 ~ 2 倍，最大值为物理内存的 2 ~ 3 倍。可以通过选择“自定义大小”选项，然后在“初始大小”和“最大值”中设定数值，再单击 设置(S) ，最后点击“确定”按钮退出。具体如图 5-27 所示。

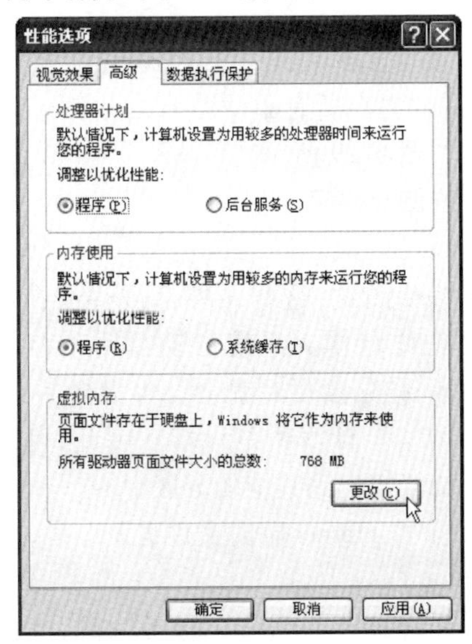

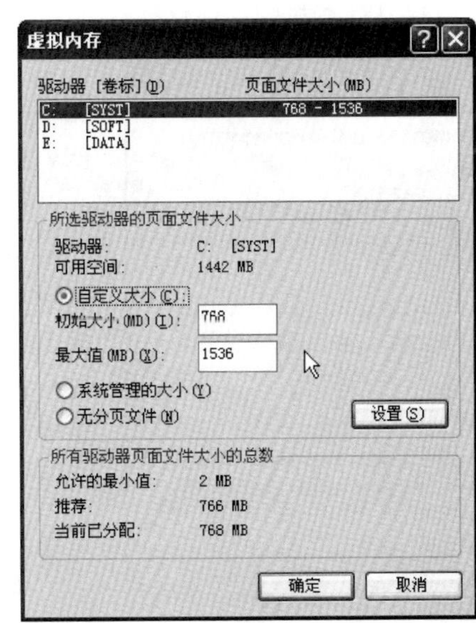

图 5-27　扩充虚拟内存

4. 减少启动时的加载项目

软件安装之后都会自动启动托盘应用程序，每次启动，系统都会自动运行，这样会延长电脑的启动时间，并且运行后还会占用系统资源。

可以单击“开始”菜单“运行”命令选项，在文本框中输入“msconfig”命令字符，单击确定即弹出“系统配置实用程序”窗口。选择“启动”标签，在启动项目中列出所有要启动的项目及来源。如果有不相关的启动项目可以去除，重启之后生效。具体如图 5-28 所示。

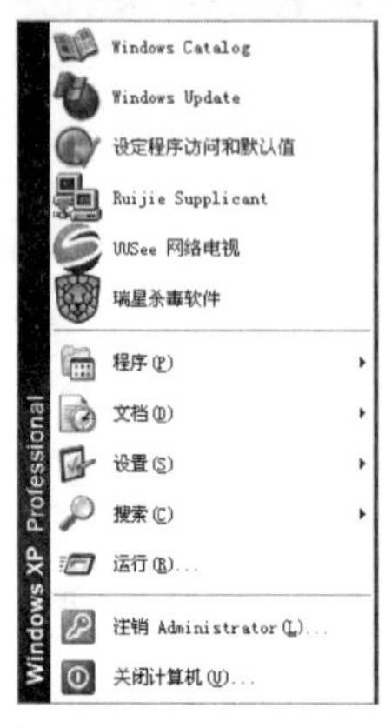

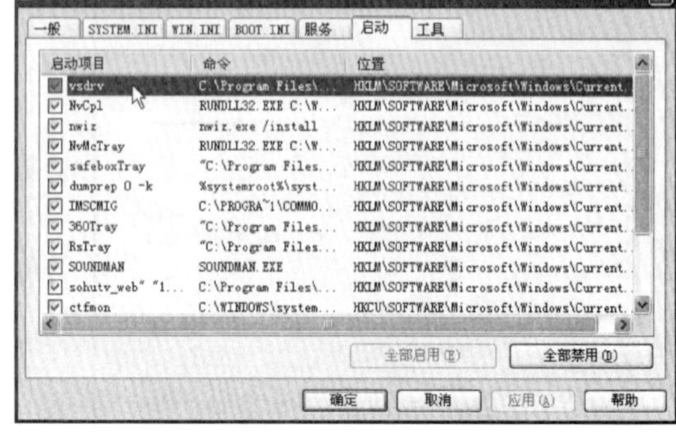

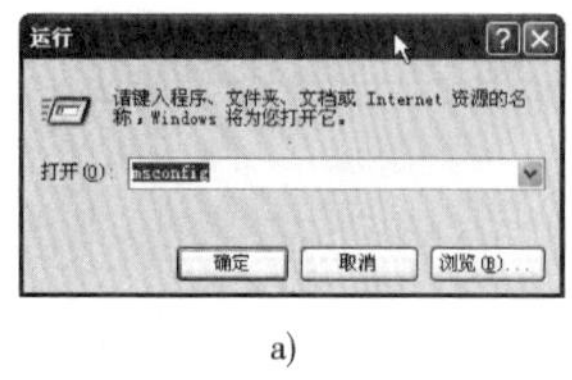

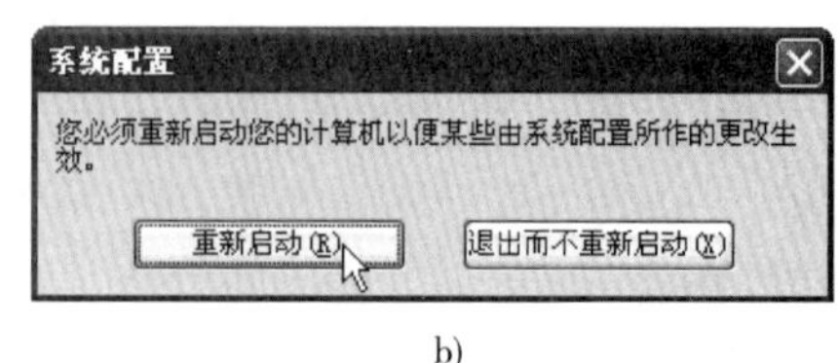

a)　　　　b)

图 5-28　选择启动时的加载项目

5. 关闭系统还原

操作系统对数据的安全考虑比较周全，会把每个驱动器中 4% ~ 12% 的硬盘空间用来进行系统还原。监视系统会自动创建还原起点，这样就会占用较多的系统资源。如果关闭系统还原，可以提升计算机的整体性能。

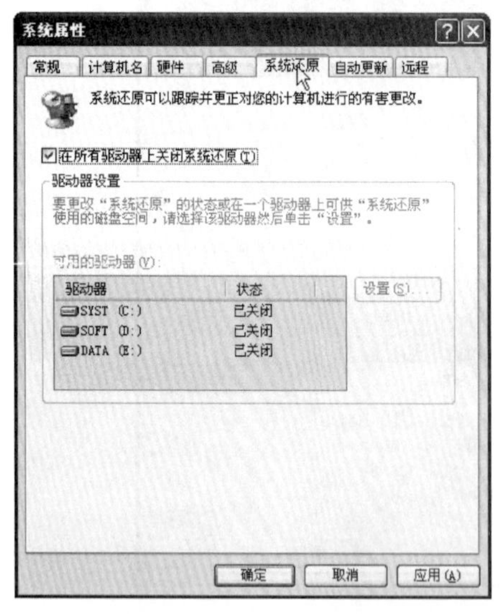

图 5-29　“系统还原”对话框

可以通过右键单击“我的电脑”，点击“属性—系统还原”，勾选“在所有驱动器上关闭系统还原”复选框。具体如图 5-29 所示。

6. 更改储存路径

浏览网页或执行网络应用程序时，都会下载一些临时文件和图片，这些文件都被存储在计算机 C 盘中。通常 C 盘作为系统启动盘用于存储核心文件，而长时间频繁读写 C 盘会产生大量的文件碎片，这样会影响整个计算机的性能。因此，可以将临时文件储存位置定位到其他的分区中。

(1)更改“Internet 临时文件夹”

在 IE 主窗口中，选择菜单“工具—Internet 选项(O)…”，然后打开“Internet 选项”对话框，选择“常规”标签，再单击“Internet 临时文件”框中“设置”按钮,弹出“设置”对话框,单击“移动文件夹”按钮将原来保存在 C 盘的临时目录移动到其他分区中。具体如图 5-30 所示。

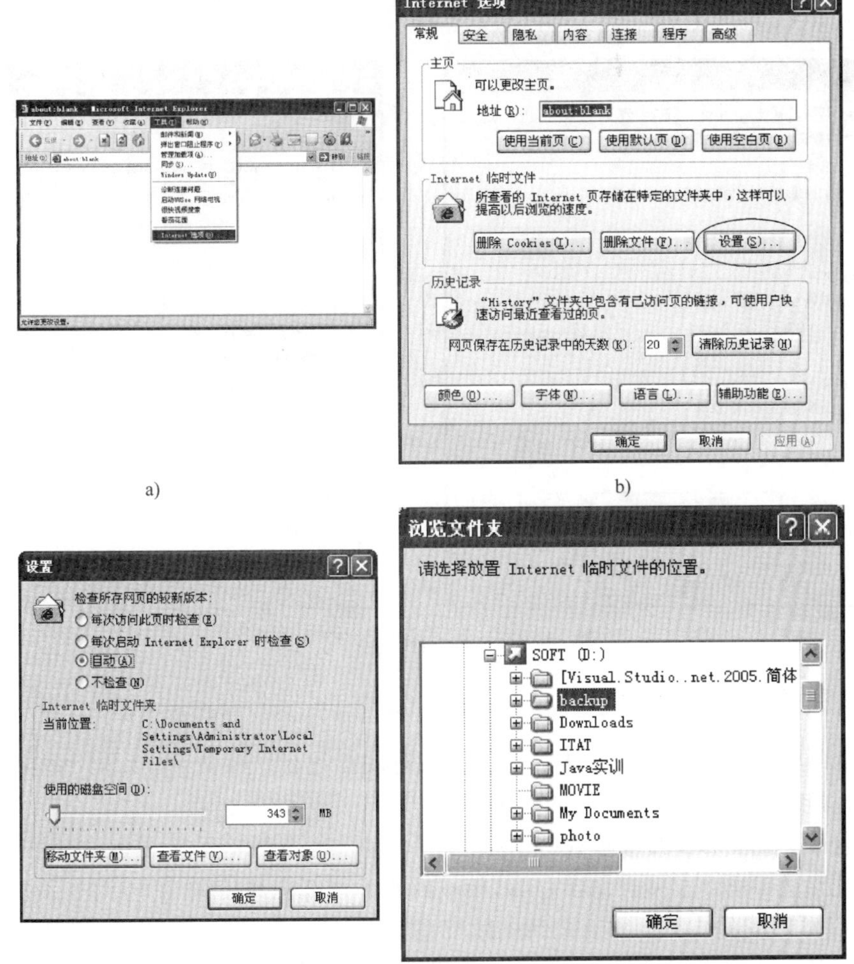

图 5-30　改变 IE 临时文件存储的位置

(2)更改“我的文档”存储路径

桌面上的“我的文档”图标,也可以改变它的存储位置。

选择“我的文档”图标后,按右键弹出对话框,选择“属性”确定。弹出“我的文档属性”对话框,就可以改变原来的保存路径。具体如图 5-31 所示。

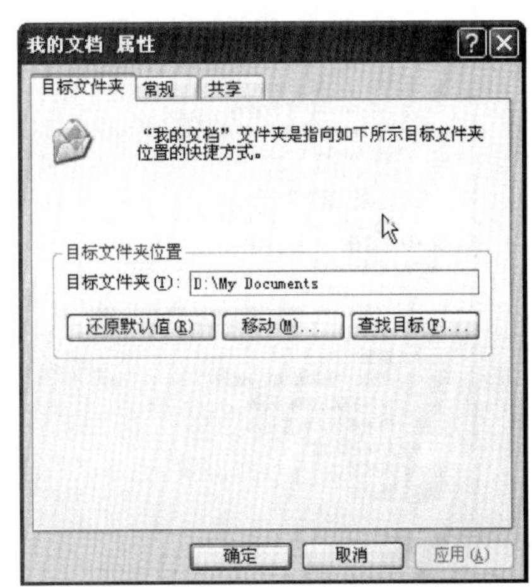

图 5-31　“我的文档属性”对话框

7. 更改“启动和故障恢复”设置

启动和故障恢复是用来针对非法操作时使用的。这种故障信息用户很少去查看,并且占用了系统资源。所以,可以更改设置提升计算机的启动时间和节省存储空间。

选择“我的文档”图标后,按右键弹出对话框,选择

"属性"确定。弹出对话框选择"高级"标签,然后选择"启动和故障修复"框中,单击"设置",去掉"将事件写入系统日志","发送管理警报","自动重新启动"选项;将"写入调试信息"设置为"无";点击"编辑",在弹出记事本文件中:[Operating Systems]timeout=30 把缺省时间 30 秒改为 0 秒。具体如图 5-32 所示。

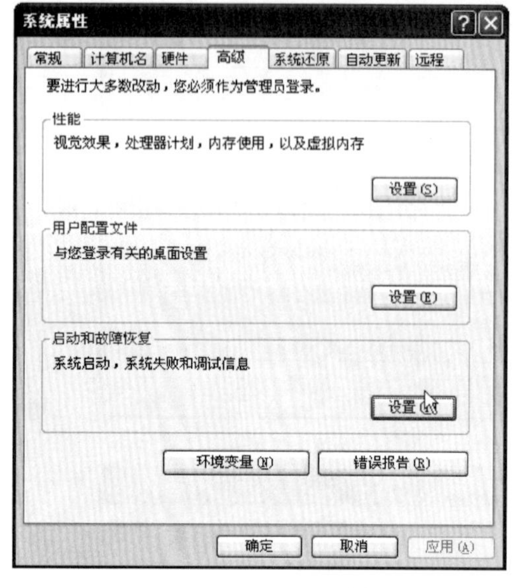

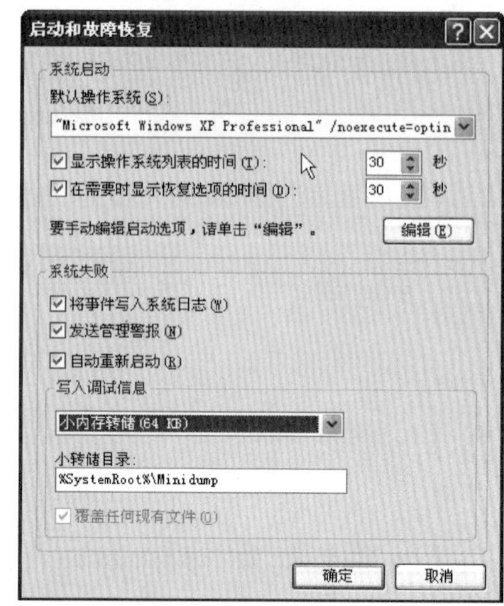

图 5-32　更改"启动和故障恢复"设置

二、硬盘的优化

下面介绍几种硬盘的优化方法。通过系统对硬盘进行一些优化,不仅可以大幅度地提高硬盘的性能,而且对于延长硬盘的使用寿命也有一定的效果。

1. 设置硬盘的 DMA 传输模式(图 5-33)

设置硬盘的 DMA(直接存储器存取)传输模式不仅能提高传输速率,而且还会降低硬盘读写时对 CPU 时间的占用。整个系统的效率也就得以提高了。一般情况下,DMA 传输模式是自动打开的。如果没有打开,就在"设备管理器"中手动将其打开。

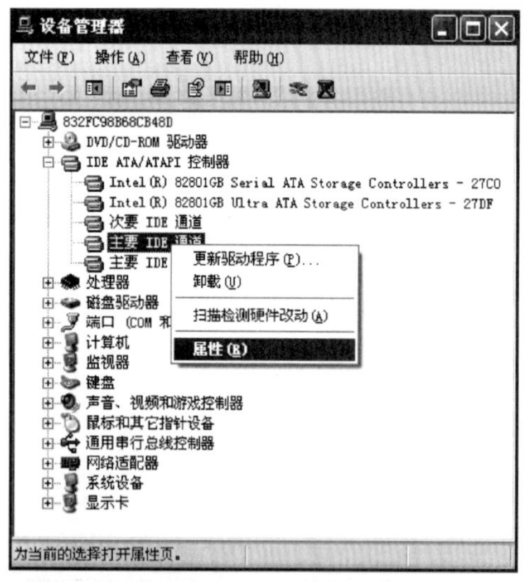

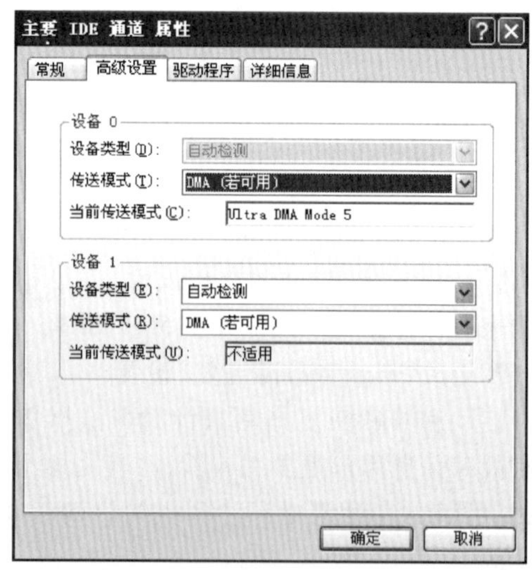

图 5-33　设置硬盘的 DMA 传输模式

操作方法是：

①从“我的电脑”的快捷菜单中选择“属性”；

②在“系统属性”对话框中选择“硬件”选项卡；

③单击“设备管理”按钮（打开“设备管理器”窗口）；

④在“设备管理器”窗口中展开“IDE ATA/ATAPI 控制器”项；

⑤从“主要 IDE 通道”的快捷菜单中选择“属性”；

⑥在“高级设置”选项卡中进行设置。

2. 启用硬盘的写入缓存（图 5-34）

磁盘缓存的大小直接影响系统软件或应用软件的运行速度和性能，为使硬盘性能得到充分的发挥，可以手动来设置磁盘缓存，以提高硬盘性能。操作方法是：

①从“我的电脑”的快捷菜单中选择“属性”；

②在“系统属性”对话框中选择“硬件”选项卡；

③单击“设备管理”按钮（打开“设备管理器”窗口）；

④在“设备管理器”窗口中展开“磁盘驱动器”项；

⑤从“磁盘驱动器”的快捷菜单中选择“属性”；

⑥在“策略”选项卡中进行设置。

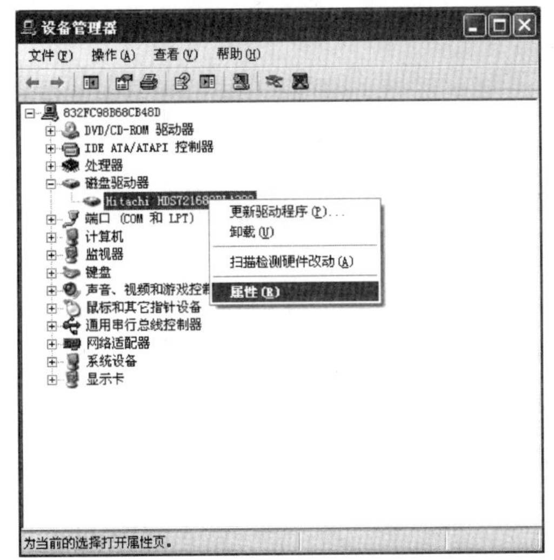

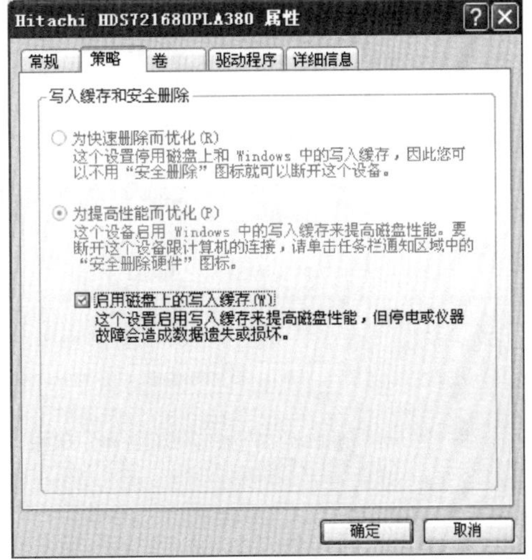

图 5-34　启用硬盘的写入缓存

设置完成后重新启动电脑。经过这样的设置，再进行磁盘读写比较频繁的操作时，可以感到硬盘灯的闪动频率比以前明显下降（即硬盘读写的频率降低）。

3. 磁盘清理（图 5-35）

在操作系统工具中有磁盘清理工具，通过选择“开始”菜单－“所有程序”菜单－“附件”菜单－“系统工具”菜单－“磁盘清理”选项，弹出对话框选择清理分区，即可开始清理磁盘。

4. 磁盘碎片整理（图 5-36）

在操作系统工具中也包括了磁盘碎片整理工具，通过选择“开始”菜单－“所有程序”菜单－“附件”菜单－“系统工具”菜单－“磁盘碎片整理”选项，弹出对话框选择整理分区，即可开始整理磁盘碎片，整个过程会需要一些时间。

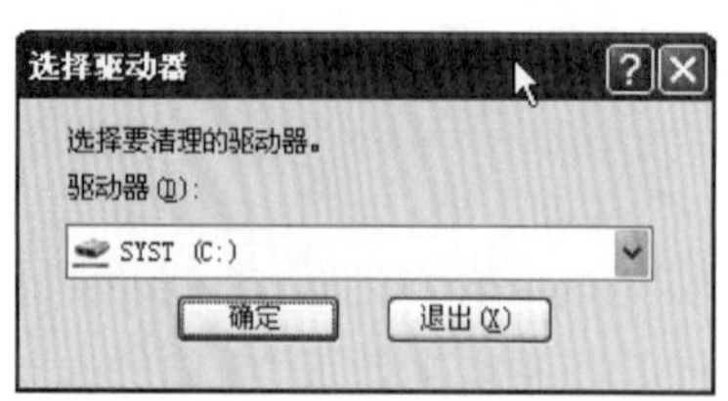

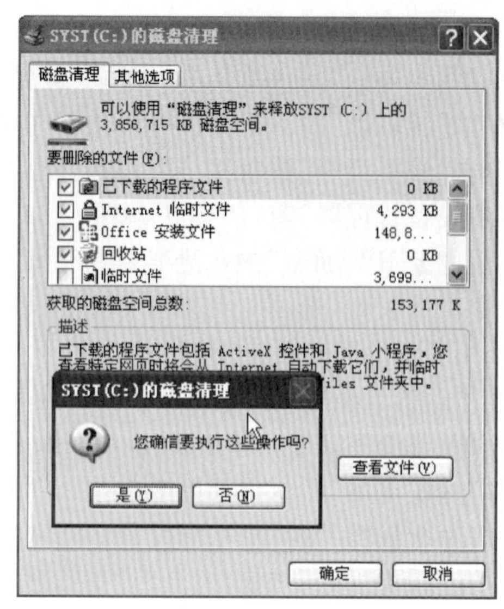

图 5-35　磁盘清理

图 5-36　磁盘碎片整理

三、优化软件的使用

对于计算机的性能优化还可以使用优化软件,优化大师是一款不错的优化软件。它能够优化系统、清理计算机的垃圾文件,可以为庞大的注册表文件“减肥”,还包含了性能检测功能。

优化大师主界面分为 4 个模块:系统检测、系统优化、系统清理、系统维护。

系统检测(图 5-37):可对计算机进行全面的检测,等同于性能测试软件的用途。

系统优化(图 5-38):包括多项系统优化,功能强大、操作方便。

系统清理(图 5-39):可以清理注册表、垃圾文件和冗余 DLL 等无用信息,操作过程为先扫描,再全部删除即可。

系统维护(图 5-40):包括系统磁盘医生、磁盘碎片整理、驱动智能备份、其他设置选项和系统维护日志 5 个选项。

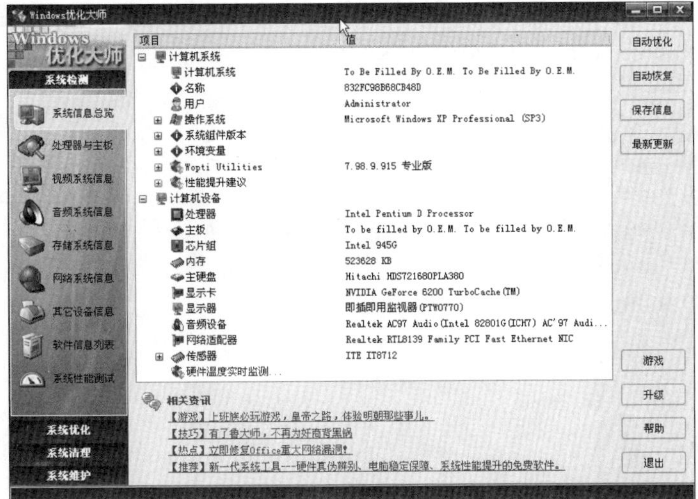

图 5-37　系统检测窗口

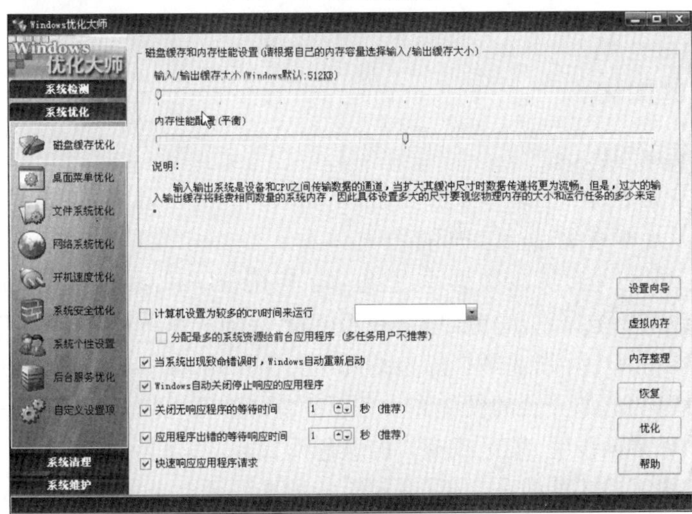

图 5-38　系统优化窗口

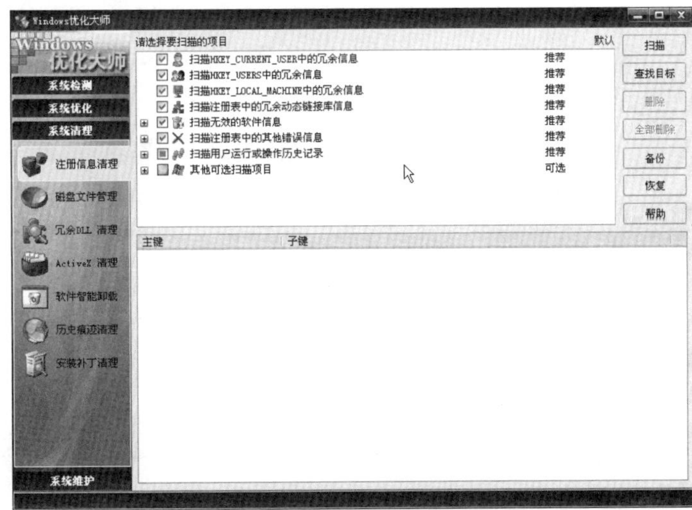

图 5-39　系统清理窗口

图5-40　系统维护窗口

四、注册表的优化

1. 注册表的基础知识

计算机采用注册表统一管理软硬件配置,从而大大提高了系统的稳定性和安全性,同时也使我们能更容易地对系统进行维护和管理。

注册表实际上是一个庞大的数据库,它包含了应用程序和系统软硬件的全部配置信息、初始化信息及其他重要数据。从一般用户的角度看,注册表系统由两部分组成:注册表数据库和注册表编辑器。其中注册表数据库包括两个文件:System. dat 和 User. dat。前者是用来保存计算机的系统信息,如安装的硬件和设备驱动程序的有关信息等;后者是用来保存每个用户特有的信息,如桌面设置、墙纸或窗口的颜色设置等。它们一般都放在 C 盘操作系统目录下。同时,微软为了防止注册表文件的损坏,特地准备了两个备份文件 System. da0 和 User. da0,也是放在 C 盘操作系统目录下。

在操作系统中还有一个专门用来储备备份文件的文件夹,相比之下,注册表编辑器是用来对注册表进行各种编辑的工具。可以在"开始"菜单中点击"运行",在"运行"的对话框中填入"Regedit"即可看到注册表编辑器(图5-41)。

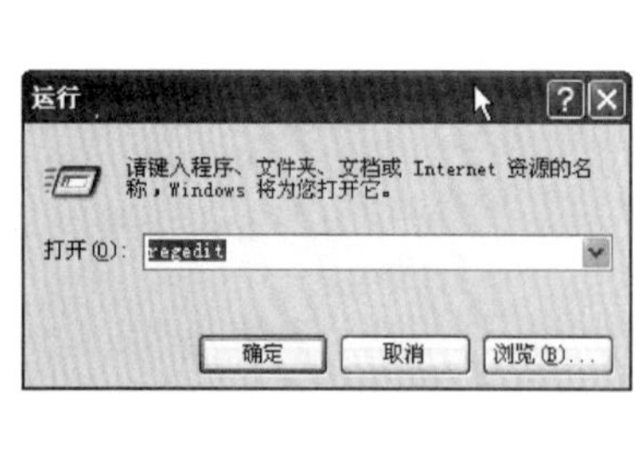

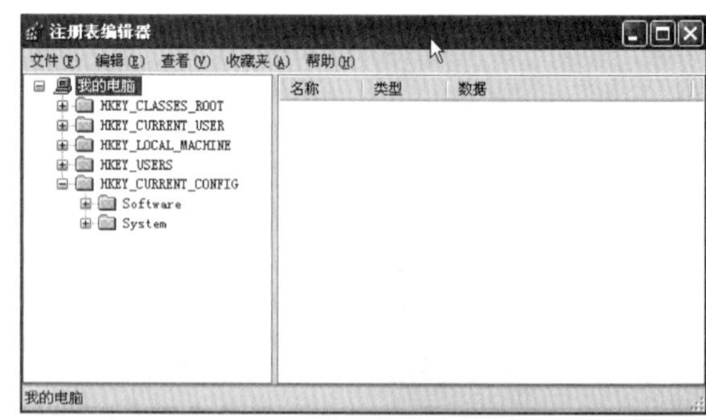

图5-41　运行注册表

下面我们具体看看系统预定义的几个主关键字:

①HKEY_CLASSES_ROOT:基层类别键,定义了系统中所有已经注册的文件扩展名、文件类型、文件图标等。

②HKEY_CURRENT_USER:定义了当前用户的所有权限,实际上是 HKEY_USERS. Default 下面的一部分内容,包含了当前用户的登录信息。

③HKEY_LOCAL_MACHINE:定义了本地计算机(相对网络环境而言)的软硬件的全部信息。当系统的配置和设置发生变化时,其下面的登录项也会随之改变。

④HKEY_USERS:定义了所有的用户信息,其中部分分支将映射到 HKEY_CURRENT_USER 关键字中,它的大部分设置都可以通过控制面板来修改。

⑤HKEY_CURRENT_CONFIG:定义了计算机的当前配置情况,如显示器、打印机等可选外部设备及其设置信息等。它实际上也是指向 HKEY_LOCAL_MACHINEConfig 结构中的某个分支的指针。

另外,每个根键再由若干主键组成,键名代表特定的注册项目,键值可分为字符串值、二进制值和 DWORD 值,都能用注册表编辑器进行修改。

2. 备份与恢复注册表

考虑到注册表的重要性,在需要修改注册表内容之前,必须学会备份。如果注册表乱了,可以通过备份的文件来恢复到正常状态。下面介绍如何备份和恢复注册表的方法。

(1)备份注册表

在操作系统中,需要使用"注册表编辑器"进行导出、导入的操作来实现备份和恢复注册表。

具体方法:"开始" -"运行"输入"Regedit"然后打开了"注册表编辑器",选"文件" -"导出"。

(2)恢复注册表

具体方法:"开始" -"运行"输入"Regedit"然后打开了"注册表编辑器",选"文件" -"导入"。

除了以上几种方法,还可以通过其他的软件来帮助备份系统,比如"超级魔法兔子"、"优化大师"等。

3. 利用注册表优化系统的几则方法

①加快开机及关机速度。

②自动关闭停止响应程序。

③清除内存中不被使用的 DLL 文件。

五、软件升级

随着网络和计算机技术的不断发展,计算机承担的工作越来越多。软件的使用从操作系统软件到应用软件版本不断更新,这样就要求用户在操作系统和应用软件两方面做到不断升级。

1. 操作系统的升级

操作系统的升级主要是增强系统的安全性,提高系统可靠性、兼容性,实现更多功能的需要。现在常用的系统补丁是以 Service Pack(简称 SP)的补丁包进行升级。

升级方法有:通过网上下载补丁包 SP,然后运行补丁程序。微软系统提供一个在线升级的连接"Windows Update",它可以自动从微软官方网站下载程序。

2. 应用软件的升级

应用软件的升级包括常用工具、应用程序、数据库等软件的升级。

升级方法有:卸载原来的软件,直接安装更新的版本;通过手动安装补丁的形式来升级软件。

六、硬件升级

1. 主板的升级

主板也称母板,是 CPU、内存和板卡安装的平台。如果主板淘汰了,或是坏了,就应该根据现在的主流主板系列来选购。它牵涉的硬件类型很多,一般不建议对主板升级。如,CPU 要根据主板的 CPU 插座来定,内存要根据主板的插槽来定。

2. CPU 的升级

CPU 是电脑的心脏,是提升计算机运行速度的关键。因此,购买一块适合于主板的 CPU 非常重要。主要考虑新买的 CPU 是否与主板 CPU 插座兼容即可。

早期还有一种关于 CPU 的升级方法,就是不用去购买新的 CPU,通过调整 CPU 的外频和倍频,强行让 CPU 满负荷运作。但是,这样会减少 CPU 的寿命,后期产品就不允许再超频了。

3. 内存的升级

内存作为存储运行数据的重要部件,不断地为 CPU 输送信息。如果它的存储容量不够,也将制约计算机的处理速度。一般主板有两条内存插槽,在购买时就应该注意插槽是什么类型,内存通常有 SDRAM、DDR、DDRII 等类型。当今主流的内存类型为 DDRII。如果要利用原来的旧内存条,就应该考虑内存条之间的兼容性,必须安装上新的内存条,开机来测试。

4. 显示卡的升级

显示卡作为文字、图形、图像处理显示的部件,同样担当着重要的作用。特别是对于图像处理的用户,有大量的数据信息需要处理。这样就对显卡芯片技术、显存容量提出了更高的要求。

在购买时也应该注意主板显示卡的插槽类型。显示卡通常有 PCI、AGP、PCI-E 等类型。当今主流的显示卡类型为 PCI-E。

系统优化与升级

一、操作目的

①掌握计算机性能测试、优化的方法。

②熟悉计算机软、硬件升级,提出一套合理的升级方案。

二、操作工具、设备和测试、优化软件

①提供计算机(图 5-42)。

②五把螺丝刀、五把软毛刷(图 5-43、图 5-44)。

图 5-42　计算机

图 5-43　螺丝刀

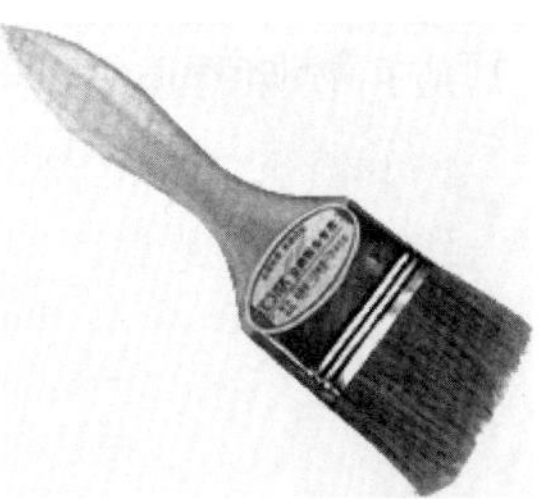

图 5-44　软毛刷

三、操作步骤

①启动电脑下载、安装测试软件 EVEREST。

②启动 EVEREST,调用其主界面查看计算机所有硬件信息,检测计算机性能。

③下载、安装优化大师,调用其优化功能,对计算机全面优化。

④对比优化前计算机的使用情况,查看使用情况是否有所改善。

⑤对于现有的硬件,提出一份合理的硬件升级方案。

⑥从内存上扩容考虑,增加同型号或可兼容的内存条。

⑦可以考虑更换速度更快的 CPU,再替换一块显存更大的显卡。

⑧可以考虑把主板替换掉,提升整体的性能。必须注意的是主板替换掉之后,其他硬件就需要与其相对应。

⑨考虑到硬件条件因素,需要写出一份详细的升级方案。

任务工作单

<table>
<tr><td rowspan="3">项目学习:系统软件的安装与管理
工作任务:系统优化与升级</td><td>班级</td><td colspan="3"></td></tr>
<tr><td>姓名</td><td></td><td>学号</td><td></td></tr>
<tr><td>日期</td><td></td><td>评分</td><td></td></tr>
</table>

一、工单内容

1. 学习掌握系统优化方法。

2. 学习掌握系统升级方法。

二、准备工作

1. 常见的操作系统有__________、__________、__________、__________。

2. 硬件升级包括__________、__________、__________、__________、__________。

3. 计算机性能优化主要指__________、__________、__________、__________、__________。

4. 常见的操作系统优化软件有__________、__________、__________、__________。

5. 软件升级主要指__________________________。

三、任务操作

1. 简述计算机的主要性能指标。

2. 简述计算机系统的升级要领。

3. 在因特网上查找最新版本的 SiSoft Sandra,学习如何安装和使用。

4. 在因特网上查找最新版本的 HWiNFO,学习如何安装和使用。

5. CPU 维护主要有哪几个方面?

6. 日常使用硬盘时应该注意什么?

四、工作小结

1. 在完成工作任务的过程中,你是如何计划并实施的,在小组中承担了哪些具体工作?

2. 对本次工作任务,你有哪些好的建议和意见?

项目六　计算机故障检测与日常维护

项目概述

一、项目分析

本项目主要涉及硬件的测试、故障排除及日常维护,从主板、CPU、内存条和硬盘等部件故障现象分类到诊断排除,解决硬件报错的常见问题,保障计算机的正常使用。项目内容为测试软件的使用方法、计算机系统故障的分类、计算机各部件的常见故障和计算机系统日常维护与安全。项目划分为计算机的测试、计算机故障的辨别与排除和计算机日常维护与使用安全3个工作任务。

工作任务组织形式及培养能力:

(1)通过分组活动,培养团队协作能力;

(2)通过规范文明操作,培养良好的职业道德和安全环保意识;

(3)通过小组讨论、上台演讲评述,培养与客户的沟通能力;

(4)通过查阅资料、文献、培养个人自学能力和获取信息的能力;

(5)通过项目化的任务单元活动,掌握解决实际问题的能力;

(6)填写任务工作单,制订工作计划,培养工作方法与能力;

(7)能独立使用各种媒体完成学习任务。

二、项目技能

(1)掌握各种测试软件的使用方法;

(2)掌握软件系统知识,能够准确判断系统和应用软件类型;

(3)检查主机内部,能够描述主机组成部件;

(4)检查外围设备,学会检查电源和数据线的连接情况;

(5)了解字长、时钟主频、内存容量等专业术语,具备评价主机特点的能力;

(6)利用机型、性价比和售后服务等知识,掌握合理选购计算机的能力。

三、项目目标

根据项目设计要求,使学生能够掌握计算机测试软件、计算机系统故障的分类、各部件的常见故障、系统日常维护与安全、计算机硬件故障和计算机的日常维护与清洁工作等相关知识。具备测试和分析计算机软、硬件数据的能力,学会辨别系统故障的类型并准确排除计算机硬件故障,掌握计算机的日常维护与清洁,培养学生从事计算机硬件维修和文秘办公等岗位应具备的职业能力。

工作任务一　计算机的测试

【情境假设】

小王新配了一台电脑,刚刚安装好了一些简单的应用软件,新手的他不知道计算机整体性能如何,于是求助于小明。小明说:"我也不清楚你这台电脑整体性能如何?光凭感觉是不准确的,我们把这个问题交给性能测试软件吧,测试软件比我们都要精确、可靠。"

通过任务式教学了解计算机综合测试软件及 CPU、显卡、硬盘的专项测试软件,利用测试软件查看计算机的基本信息、主板、操作系统、网络和数据库等项目,综合分析测试数据,提供计算机性能测试的总体报告。

一、测试软件的种类

计算机性能反映计算机系统运行能力的高低,如果只凭用户简单地使用来感知是不准确、也不可靠的。因而,存在一种专门针对计算机性能的测试软件。

按照测试的部件和主要功能不同,测试软件可以分为整体性能测试软件和单部件测试软件。其中 CPU 性能测试软件、显示卡性能测试软件、硬盘性能测试软件和内存测试软件等属于单部件的测试。

1. 整体性能测试软件

这类测试软件主要用于综合性能的测试,它包括计算机各个方面的测试,如 CPU、硬盘、内存、CD- ROM/DVD、主板、芯片组等部件。目前,这类流行的测试软件有 EVEREST (AIDA32)、SiSoftware Sandra、HWiNFO32、PCMark05 等。

2. CPU 性能测试软件

这类软件可以提供全面的 CPU 相关信息报告,包括处理器的名称、厂商、时钟频率、核心电压、超频检测、CPU 所支持的多媒体指令集,并且还可以显示出关于 CPU 的 L1、L2 的资料(大小、速度、技术),支持双处理器。如 Intel 公司推出的 Intel Processor Identification Utility V2.5 CPU 检测软件,AMD 公司推出的 AMD CPU Information Display Utility V1.0 测试软件。其他的还有 Hot CPU Tester Pro、Super π 等。

3. 显示卡性能测试软件

显示卡性能测试软件主要有 3D Mark、ViewPref 和 AquaMark 3 等。FutureMark 的 3D Mark 系列测试软件操作简便,显示直观,已经成为标准的显卡测试软件。ViewPref 包含了大部分的 OpenGL 应用范围,主要用于测试系统在专业 OpenGL 应用中的速度。该软件所包含的测试主要针对显卡在真实软件中的性能而设计,这些项目主要用于 CAD/CAM/CAE 以及数码内容制作。

4. 硬盘性能测试软件

主要用于硬盘性能的测试。根据硬盘品牌可分为以下几种测试工具:

①Data Lifeguard Tools:西部数据公司的数据卫士工具;

②Drive Fitness Test:日立(IBM)硬盘信息检测工具;

③ATA Diagnostic Tool:磁盘检测工具;

④Seagate Sea Tools:希捷公司的硬盘检测工具。

除了一些硬盘常规参数测试,此类软件还面向硬盘物理性能进行测试。利用 VXD 特定模式来获得测试最大精确度的硬盘性能测试工具,如 HD Tach。这是目前硬盘测试必备的一款专门针对磁盘底层性能的测试工具软件,主要通过分段拷贝不同容量的数据到硬盘进行测试,它可以测试平均寻道时间、最大缓存读取时间和读写时间(最大、最小和平均)、硬盘的连续数据传输率、随机存取时间及突发数据传输率。它使用的场合并不仅是针对硬盘,还可以用于软驱、ZIP 驱动器测试。其中,平均读写时间是和平常应用最接近的情况。

5. 内存性能测试软件

该类软件主要负责内存性能的测试。其中 MaxxMEM2 就是一款内存性能检测工具,它能检测内存的复制性能、读取性能、写入性能以及内存延迟时间等。能够让用户准确知道计算机中使用的内存可不可靠。

二、测试软件的使用方法

测试软件种类很多,下面以整体性能测试工具 EVEREST(AIDA32)和 CPU 测试工具 Intel Processor Identification Utility V2.5 CPU 分别介绍测试软件的使用方法。

1. EVEREST 的使用

这款测试软件功能非常强大,涵盖了硬件和软件整体性能的测试。检测的内容包括电脑基本信息、主板、操作系统、服务器、网络和数据库等相关项目。

具体使用步骤如下:

①打开 EVEREST 主界面,如图 6-1 所示。

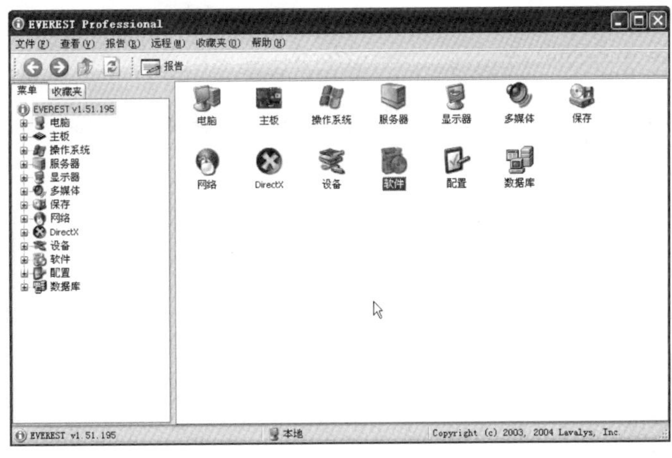

图 6-1 EVEREST 软件主界面

②单击左边导航栏中"电脑"图标,如图 6-2 所示,其中包括 5 个子项目,分别为摘要、电脑名称、DMI、电源管理、感应器。

③单击"摘要"选项,在右边窗口中显示电脑、主板、显示器、多媒体等重要信息,如图 6-3 所示 。

图 6-2 “电脑”选项窗口

图 6-3 “摘要”选项窗口

④单击“电脑名称”选项,在右边窗口中显示电脑相关名称,如 DNS 主机名称、NetBIOS 名称等,如图 6-4 所示 。

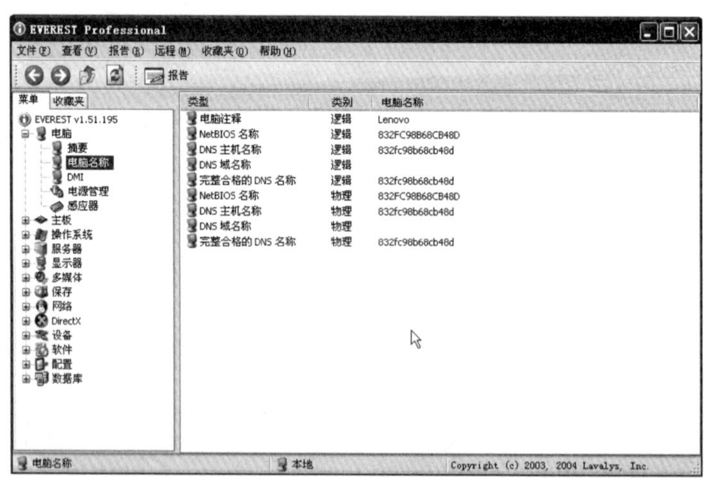

图 6-4 “电脑名称”选项窗口

⑤单击“DMI”选项,在右边窗口中显示计算机硬件信息,如 BIOS、主板、缓存大小等,如图 6-5 所示。

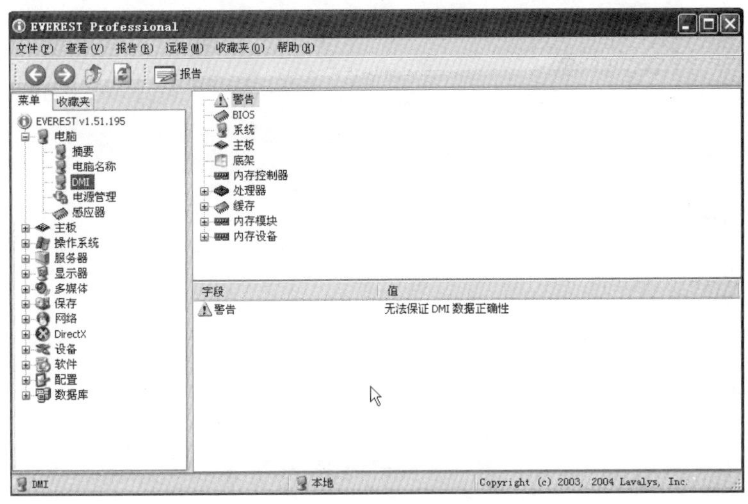

图 6-5 “DMI”选项窗口

⑥单击“电源管理”选项,在右边窗口中显示电源管理属性,如当前电源、电池状态、完整电池寿命等,如图 6-6 所示 。

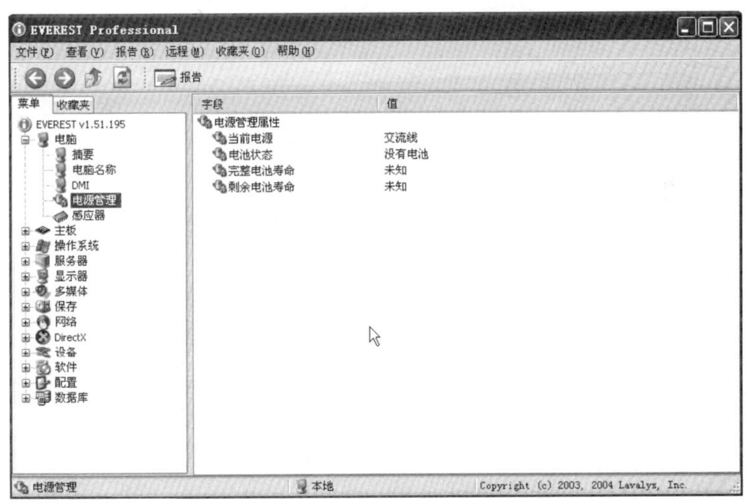

图 6-6 “电源管理”选项窗口

⑦单击“感应器”选项,在右边窗口中显示感应器属性和温度信息,如图 6-7 所示 。

⑧单击“摘要”选项,然后选择“显示器”选项中“显示适配器”这一项,可以弹出“产品信息、驱动程序下载地址”菜单。其中,驱动程序下载地址可以帮助我们对现有的硬件进行驱动程序、下载,如图 6-8 所示 。

⑨除了以上常规的一些计算机信息外,还可以单击“网络”选项,其中“Windows 网络”选项包括网卡的 Mac 地址、IP 地址、已接收和发送的字节数等,如图 6-9 所示。

⑩选择“配置”选项中“地区”图标,可以查看时区、语言、货币等设置,如图 6-10 所示。

⑪值得一提的是“数据库”选项,当你单击它时,可以查看本机数据库驱动安装的状况,方便数据库操作的用户,如图 6-11 所示。

图 6-7 “感应器”选项窗口

图 6-8 “显示器”选项窗口

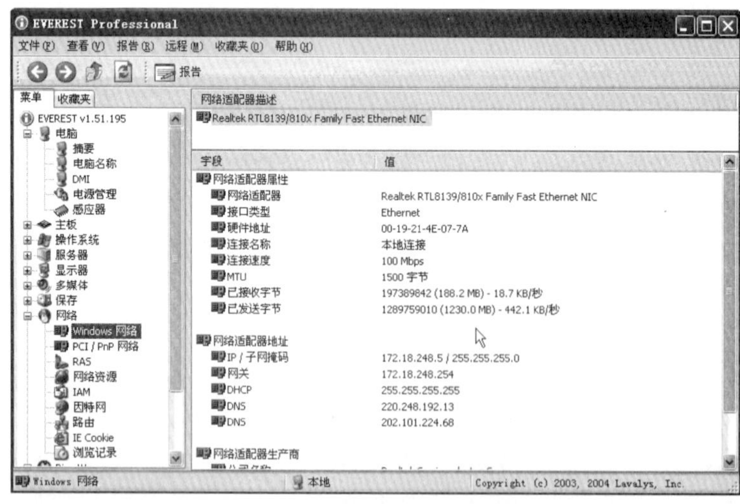

图 6-9 “Windows 网络”选项窗口

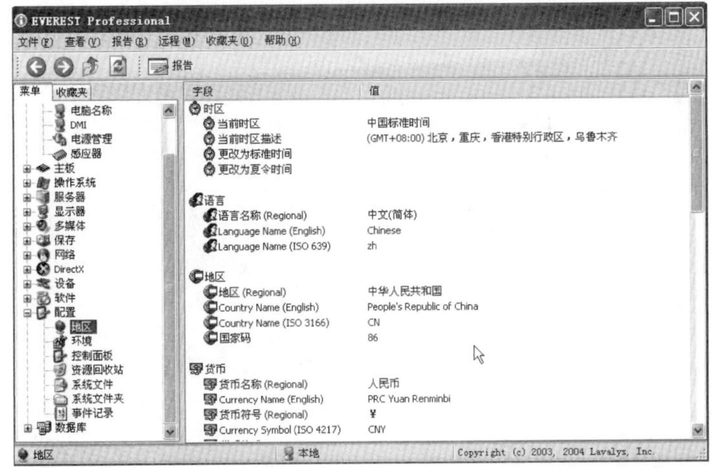

图 6-10 “地区”选项窗口

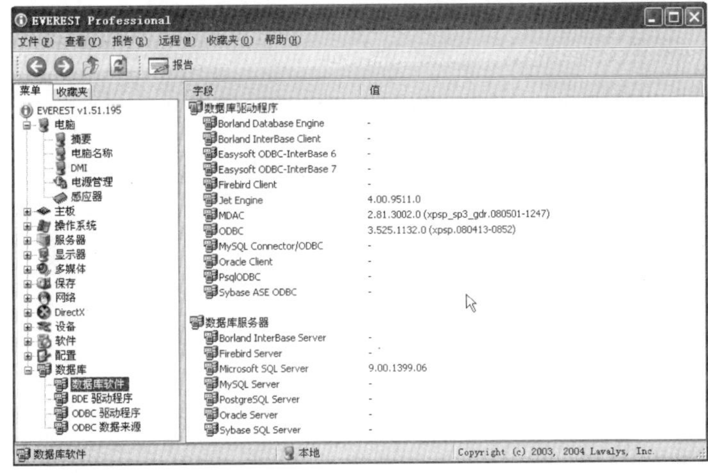

图 6-11 “数据库软件”选项窗口

以上只是列出了其中部分测试项目,其他的测试项目可以根据用户关注的情况来查看。鉴于内容过多、操作简单,这里不再讲述。

2. Intel Processor Identification Utility 的使用

为了让用户能够了解自己所使用的 Intel CPU 所有信息,该软件检测的内容包括处理器类型、处理器系列、处理器型号、处理器步进、高速缓存信息、包装信息、系统配置、处理器特性等信息。

其中主要界面有 3 项菜单选项,分别为频率测试、CPU 技术、CPU ID 数据信息。

①频率测试:介绍了 CPU 的运行速度、系统总线和 L2 高速缓存大小,如图 6-12 所示。

②CPU 技术:显示是否具备 Intel 虚拟化技术、超线程技术、Intel64 位体系结构等指标,如图 6-13 所示。

③CPU ID 数据:列出了 CPU 的类型、系列型号、封装技术、L1 和 L2 级缓存,如图 6-14 所示。

【重要提示】

测试软件种类繁多,版本不断更新。所以,通常掌握一种综合的性能测试工具即可。另外,品牌机与兼容机的测试是通用的。

图 6-12 频率测试

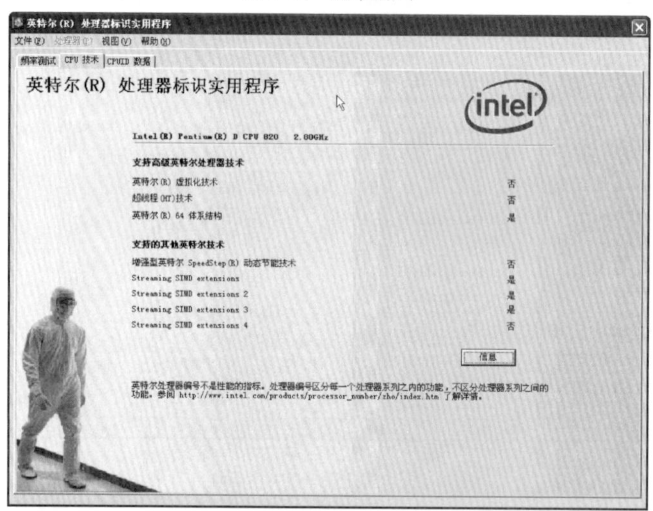

图 6-13 CPU 技术

图 6-14 CPU ID 数据

计算机的测试

一、操作目的

①了解测试软件的种类。

②掌握硬件专项测试软件和整体性能测试软件,查看与评估硬件信息。

二、操作工具及设备

①提供卧式计算机、立式计算机各 1 台。

②通过网络下载 EVEREST 综合测试软件和 CPU Tester、3D Mark、Data Lifeguard Tools、MaxxMEM2 等相关专项测试软件。

三、操作步骤

①分类介绍测试软件的用途,熟记常用测试软件,完成核对硬件信息和评价综合性能的目的。

②安装整体性能测试软件 EVEREST,安装后立即运行。

③EVEREST 测试软件包括硬件和软件的性能测试,查看详细信息,包括电脑基本信息、主板信息、显示器、操作系统、服务器、网络、数据库。

④EVEREST 软件通过导航栏方式显示,选择项目后,右边显示具体的参数信息。

⑤安装 CPU Tester 软件,查看 CPU 详细信息,包括频率测试、CPU 技术、CPU ID 数据信息。

⑥安装 3D Mark 软件,查看显示卡详细信息,包括显示卡插卡类型、显存颗粒芯片、显示技术。

⑦安装 Data Lifeguard Tools 软件,查看显示卡详细信息,包括硬盘接口类型、硬盘容量、转速、传输速率、缓存。

⑧安装 MaxxMEM2 软件,查看内存详细信息,包括内存容量、内存插槽类型、内存频率。

⑨查看综合信息和专项信息后,提供一份计算机性能测试单。

四、注意要点

①通过百度下载软件,选择正确下载链接,安装与操作系统相符合的版本软件。

②如出现无法打开或使用出错的情况,选择下载新版本后,安装重试。

<table>
<tr><td rowspan="3">项目学习:计算机故障检测与日常维护
工作任务:计算机的测试</td><td>班级</td><td colspan="3"></td></tr>
<tr><td>姓名</td><td></td><td>学号</td><td></td></tr>
<tr><td>日期</td><td></td><td>评分</td><td></td></tr>
</table>

一、工单内容

1. 下载综合测试软件和专项测试软件。

2. 安装测试,运行查看详细信息,提供一份计算机性能测试单。

二、准备工作

1. 测试软件从功能角度来划分,可以分为____________和____________两类。

2. CPU 测试报告中,包含处理器名称、厂商、____________和 L1、L2 缓存等重要指标。

3. 影响显卡运行速度的重要指标有____________和显示芯片技术。

4. EVEREST 整体性测试软件检测内容包括____________、____________、____________、____________、____________和____________。

5. 网络环境中,IP 网络地址是网络中区分节点的唯一标识,对应于硬件而言,区分网卡的标识为____________。

三、任务操作

1. 下载并安装 EVEREST 综合测试软件,分类查看详细信息,分析其硬件综合参数指标,提出适用的用户对象。

2. 下载并安装 Data Lifeguard Tools,查看硬盘容量、转速和缓存,详细描述硬盘缓存的功能。

3. 运用综合和专项测试软件对提供的计算机进行测试,得出一份计算机综合性能测试单。

四、工作小结

1. 在完成工作任务的过程中,你是如何计划并实施的,在小组中承担了哪些具体工作?

2. 对本次工作任务,你有哪些好的建议和意见?

工作任务二　计算机故障的辨别与排除

【情境假设】

小王的电脑经常出现蓝屏现象，没有任何征兆地死机。重启后，既耽误时间也容易丢失数据。于是，找来小明帮忙诊断。小明告诉小王，“要解决问题，先从软件方面下手，再从硬件方面去排除，这是故障排除的通用方法”。

本任务可以了解计算机系统故障的种类，掌握主板、CPU、内存和硬盘等常见故障和排除方法，辨别、分析计算机其他常见故障。根据BIOS和报错音等硬件信息，找出解决方案。

一、计算机故障的辨别

微型计算机故障通常可以分为软件类故障和硬件类故障两种。软件类是指由操作系统和应用软件所引起的故障，而硬件类是指由于硬件物理性损坏导致的故障。针对两类不同情况，要区别对待，首要的任务是分辨出故障的类型。

1. 软件类故障

软件类故障指由软件引起的系统故障，其产生的原因主要有以下几点：

(1)计算机病毒引起的故障

计算机病毒对系统的危害极大，全球已有上万种计算机病毒，每种病毒对计算机的危害不同。病毒会造成数据丢失、系统不能正常运行，还可能损坏硬件。如CIH病毒会损坏主板。因而，用户应加强系统的防范，养成定期升级病毒库、定期杀毒的习惯。

(2)误操作引起的故障

在很多情况下，由于命令误操作和软件程序运行误操作导致文件丢失、磁盘格式化等。所以，在执行可能致使数据丢失的操作时，一定要慎重。

(3)驱动程序不正确引起的故障

硬件驱动不正确可能导致硬件无法正常工作，使计算机整体性能下降。如错误的显示卡驱动将影响显示器内容及反应速度。

(4)操作系统的文件损坏引起的故障

操作系统的文件种类繁多，在长期使用过程中，可能被病毒损坏或文件出错导致操作系统无法正常使用。一般采取系统备份，可以在系统出错时使系统恢复到正常状况。

2. 硬件类故障

硬件类故障指计算机中部件不能正常工作引起的故障，主要包括以下几个方面：

(1)电源故障

电源是计算机运行的动力来源，计算机所有硬件都是由主机箱中的电源来供电的。如果主板电源插槽出现松动或电源接口损坏，会导致计算机无法启动。另外，电源的电压也是影响计算机正常工作的一个因素。由于电压不稳或时有时无，都会对计算机造成很大的损坏,还可能烧毁计算机中的主板。因此,平时要注意将计算机的电源与其他电器的电源分开。如果本地电压不稳,最好购买一个 UPS 稳压,还可以起到断电后延时续电的作用。

(2)芯片故障

当计算机各部件中的芯片或元器件松动、接触不良、脱落或者温度过高等都会造成系统不能正常运行。

(3)连线故障

当机箱面板上的开关和指示灯的连线错误插在主板的插针上时,会造成无法开机、短路等故障。板卡上的跳线连接脱落、连接错误或开关设置错误,也会造成部件无法正常工作。还有,显示器接头松动导致屏幕偏色、无显示等故障。

(4)兼容性故障

硬件与硬件之间由于不兼容而产生的故障。如两根不同型号的内存条不能同时放在主板插槽上,否则就会报错。

(5)部件自身故障

计算机中的主要硬件,如 CPU、主板、显示卡、显示器、键盘、鼠标、光驱等硬件出现损坏而造成的故障。

【重点提示】

对于新用户来说,使用新电脑阶段,大部分故障是由于软件使用而造成的,属于软件故障。所以,应该首先从软件方面去找原因。

二、计算机各部件的常见故障

微型计算机主要由 CPU、主板、内存条、显示卡、硬盘、光驱、显示器等硬件组成。每个部件都完成自己的任务,如果有硬件出现了问题,那么计算机将无法正常工作。计算机硬件种类较多,出现的故障也大不相同,所以要先仔细观察、再听报错音,最后处理故障。

1. 主板

主板又称母板,顾名思义是电脑的母体,其上载有 CPU、内存、各种板卡及与之连接的外部设备。因此,它既是电脑系统的重要组成部分,又是故障涉及面最多的配件。主板维修一般需要借助专门的数字检测设备才能完成,不过,有些主板常见故障并不需要专门的检测设备,自己动手就可以解决。

(1)主板常见的几类故障

①操作系统工作不稳。

主板驱动丢失、破损、重复安装会引起操作系统引导失败或造成操作系统工作不稳的故障,可依次打开“控制面板-系统-设备管理器”,检查一下“系统设备”中的项目是否有黄色叹号或问号。将打黄色叹号或问号的项目全部删除(可在“安全模式”下进行操作),重新安装主板自带的驱动,重启即可。

②接触不良、短路等。

主板的面积较大,是聚集灰尘较多的地方。灰尘很可能会引发插槽与板卡接触不良的现象,这时我们可以对着插槽吹吹气,去除灰尘。如果是由于插槽引脚氧化而引起接触不良的,可以将有硬度的白纸折好(表面光滑那面向外),插入槽内来回擦拭。另外,CPU 插槽内用于检测 CPU 温度或主板上用于监控机箱内温度的热敏电阻上附了灰尘时,很可能会造成主板对温度的识别错误，从而引发主板保护失效的问题，在清洁时也需要注意。

拆装机箱时，不小心掉入诸如小镙钉之类的导电物可能会卡在主板的元器件之间从而引发短路现象，会引发“保护性故障”。另外，检查主板与机箱底板间是否因少装了用于支撑主板的小铜柱，是否主板安装不当或机箱变形而使主板与机箱直接接触，使具有短路保护功能的电源自动切断电源供应而出现故障。

③和主板电池有关

当遇到电脑开机时不能正确找到硬盘、开机后系统时间不正确、CMOS 设置不能保存等现象时，可先检查主板 CMOS 跳线是否设为清除“CLEAR”选项（一般是 2 ~3），如果是这样的话，请将跳线改为“NORMAL”选项（一般是 1 ~2）然后重新设置。如果不是 CMOS 跳线错误，就很可能是因为主板电池损坏或电池电压不足造成的，请更换主板电池后再尝试。

④兼容性问题

遇到由于主板设计上的 BUG 或升级配件时出现的新旧事物兼容性问题的情况，可以设置 CMOS 信息，甚至刷新 BIOS。一般不推荐刷新 BIOS 操作，一旦误操作容易损坏主板。

技巧一：清除 CMOS 设置，也可以解决一些“莫名其妙”的故障，大家不妨试试。

技巧二：当安装的硬件不能被操作系统识别时，将 CMOS 设置的“PNP OS INSTALLED”（即插即用）项目设成“YES”或“NO”试试。

⑤主板北桥芯片散热效果不佳造成的。

有些主板将北桥芯片上的散热片省掉了，这可能造成芯片散热效果不佳，导致系统运行一段时间后死机。遇到这样的情况，可自制散热片安上或加个散热效果好的机箱风扇。

⑥主板电容失效。

主板上的铝电解电容（一般在 CPU 插槽周围），其内部有电解液，由于时间、温度、质量等方面的原因，会使它发生“老化”现象，这会导致主板抗干扰指标的下降，影响机器正常工作。我们可以购买与“老化”容量相同的电容，准备好电烙铁、焊锡丝、松香后，将“老化”的电容替换即可。另外，拆装电脑时工具的失落也有可能不小心将电容砸坏，也应检查排除。

⑦BIOS 受损。

由于 BIOS 刷新失败或 CIH 病毒造成的 BIOS 受损的问题，如果引导块（Award BIOS 中称为 BIOS Boot Block、Phoenix BIOS 中称为 Flash Recover Boot Block）未被破坏，可用自制的启动盘进行重新刷新 BIOS（具体方法可以自行查阅相关资料，这里就不再赘述），假如引导块也损坏的话，可用热插拔法或利用编程器进行安全修复。

（2）主板常见故障实例

①常见故障实例一：开机无显示。

电脑开机无显示，首先我们要检查的就是 BIOS。主板的 BIOS 中储存着重要的硬件数据，同时 BIOS 也是主板中比较脆弱的部分，极易受到破坏，一旦受损就会导致系统无法运行，出现此类故障一般是因为主板 BIOS 被 CIH 病毒破坏造成的。一般 BIOS 被病毒破坏后硬盘里的数据将全部丢失，所以我们可以通过检测硬盘数据是否完好来判断 BIOS 是否被破坏，如果硬盘数据完好无损，那么还有 3 种原因会造成开机无显示的现象：

a. 因为主板扩展槽或扩展卡有问题，导致插上诸如声卡等扩展卡后主板没有响应而无显示。

b. 免跳线主板在 CMOS 里设置的 CPU 频率不对，也可能引发不显示故障，对此，只要清除 CMOS 即可解决。清除 CMOS 的跳线一般在主板的锂电池附近，其默认位置一般为 1、2

短路，只要将其改跳为2、3短路，几秒钟即可解决问题。对于以前的老主板如若用户找不到该跳线，只要将电池取下，待开机显示进入CMOS设置后再关机，将电池安装上去也可达到CMOS放电的目的。

c. 主板无法识别内存、内存损坏或者内存不匹配也会导致开机无显示的故障。某些老的主板比较挑剔内存，一旦插上主板无法识别的内存，主板就无法启动，甚至某些主板不给出任何故障提示（鸣叫）。当然也有的时候为了扩充内存以提高系统性能，结果插上不同品牌、类型的内存同样会导致此类故障的出现，因此在检修时应多加注意。

②常见故障实例二：CMOS设置不能保存。

此类故障一般是由于主板电池电压不足造成的，对此予以更换电池即可，但有的主板电池更换后同样不能解决问题，此时有两种可能：

a. 主板电路问题，对此要找专业人员维修。

b. 主板CMOS跳线问题，有时候因为错误地将主板上的CMOS跳线设为清除选项，或者设置成外接电池，使得CMOS数据无法保存。

③常见故障实例三：在Windows下安装主板驱动程序后出现死机或光驱读盘速度变慢的现象。

在一些杂牌主板上有时会出现此类现象，将主板驱动程序装完后，重新启动计算机不能以正常模式进入Windows桌面，而且该驱动程序在Windows下不能被卸载。如果出现这种情况，建议找最新的驱动重新安装，问题一般都能够解决，如果实在不行，就只能重新安装系统。

④常见故障实例四：安装Windows或启动Windows时鼠标不可用。

出现此类故障的软件原因一般是由于CMOS设置错误引起的。在CMOS设置的电源管理栏有一项Modem Use IRQ项目，它的选项分别为3、4、5、…、NA，一般它的默认选项为3，将其设置为3以外的中断项即可。

⑤常见故障实例五：电脑频繁死机，在进行CMOS设置时也会出现死机现象。

在CMOS里发生死机现象，一般为主板或CPU有问题，如若按以下方法不能解决故障，那就只有更换主板或CPU了。

出现此类故障一般是由于主板Cache有问题或主板设计散热不良引起。在死机后触摸CPU周围主板元件，发现其温度非常烫手。在更换大功率风扇之后，死机故障得以解决。对于Cache有问题的故障，我们可以进入CMOS设置，将Cache禁止后即可顺利解决问题，当然，Cache禁止后速度肯定会受到影响。

⑥常见故障实例六：主板COM口或并行口、IDE口失灵。

出现此类故障一般是由于用户带电插拔相关硬件造成的，此时用户可以用多功能卡代替，但在代替之前必须先禁止主板上自带的COM口与并行口（有的主板连IDE口都要禁止方能正常使用）。

2. CPU故障

在正常使用电脑过程中CPU处理器出现故障的情况并不多见。一般情况，如果电脑无法启动或是极不稳定，可以从主板、内存等易出现故障的配件入手进行排查，如果主板、内存、显卡、硬件等其他配件没有问题，那么肯定是CPU出现了问题。

（1）电脑频繁死机故障分析与解决

由于CPU散热不良，也可能造成死机的情况。这种故障除了可能导致在Windows下经常死机,即使在 DOS 下或主板进入到 CMOS 中都可能出现死机现象。如果在 CMOS 下都死机,那么就很有可能是由于 CPU 的原因造成的。这种情况下可以重点检查 CPU 的散热情况。当故障出现的时候,可以打开机箱,探察 CPU 的温度是否非常高,例如出现烫手的现象等。

当然,这种故障的出现,也有可能是由于 CPU 超频太高导致 CPU 电压在加压的时候不能控制,这样当电压的范围超过 10% 的时候,就会产生增加 CPU 的电子迁移现象,从而导致 CPU 出现死机故障,严重的还会出现烧毁 CPU 的现象。因此,不应该对 CPU 超频太高。

(2)不断重新启动的故障分析与排除

这种情况大部分是由于 CPU 散热不良所致,由于计算机长期使用,CPU 风扇的灰尘导致风扇无法转动,从而无法散去 CPU 的热量。可以采取更换散热风扇或拆卸下来清洗的办法。

(3)CPU 频率自动下降故障分析与排除

这种故障常见于设置 CPU 参数的主板上,这是由于主板上的电池电量供应不足,使得 CMOS 的设置参数不能长久有效地保存所致的,一般当故障出现的时候,将主板上的电池更换即可解决。

另外,温度过高也会造成 CPU 性能的急剧下降。如果电脑在使用初期表现异常稳定,但后来性能大幅度下降,偶尔伴随死机现象,那么如果使用杀毒软件查杀无发现,用 Windows 的磁盘碎片整理程序进行整理也没用,格式化重装系统仍然不行,那么请打开机箱更换新散热器。

配备了热感式监控系统的处理器,会持续检测温度。只要核心温度达到一定水平,该系统就会降低处理器的工作频率,直到核心温度恢复到安全界限以下。这是系统性能下降的真正原因。同时,这也说明散热器的重要,推荐考虑一些品牌散热器。

(4)针脚接触不良造成主机无法启动故障分析与排除

这种现象对于早期的 CPU 产品可能会出现,主要原因是安装不符合规范或 CPU 插座中有异物阻碍和 CPU 的接触。现在的主流产品都没有针脚了,所以不存在针脚接触不良的故障。

(5)系统加电没有反应

在主板、电源都确定没有问题的情况下,可以更换一块新的 CPU 来测试。如果新 CPU 安装后问题解决,说明 CPU 有问题,多为内部电路损坏。

3. 内存故障

(1)开机无显示

该类故障主要是内存条与主板内存插槽接触不良引起的,处理办法是用橡皮擦擦拭金手指部位即可解决问题,不能用酒精清洗。还有就是内存损坏或主板内存槽有问题,也会造成此类故障。

因为内存条原因造成开机无显示故障,主机扬声器通常会长时间蜂鸣。

(2)Windows 注册表经常无故损坏,提示要求用户恢复。

该类故障一般是由于内存条质量不佳引起的,很难修复,只有更换内存条这一办法。

(3)Windows 经常自动进入安全模式

该类故障一般是由主板与内存条不兼容或内存质量不佳引起的,常见于高频率的内存用于某些不支持此频率的内存主板上。可以试着在CMOS设置中降低内存读取速度看能否解决问题,若不行,就只有更换内存条了。

(4)随机性死机

该类故障一般是由于采用了几种不同品牌、芯片的内存条,由于各内存条速度不同从而导致死机。对此可以在CMOS设置中降低内存读取速度看能否解决。否则,只有使用同型号内存,还有一种可能就是内存条与主板不兼容,此类现象比较少见。另外,也有可能是内存条与主板接触不良引起计算机随机性死机。

(5)内存加大后系统资源反而降低

该类故障一般是由于主板与内存不兼容引起,常见于高频率的内存用于某些不支持此频率的内存的主板上,当出现这样的故障可以尝试在CMOS中将内存的速度设置得低一点。

(6)运行某些软件时经常出现内存不足提示

此类现象一般是由于系统盘剩余空间不足造成的,删除一些无用文件即可。

4.硬盘故障

(1)硬盘物理故障

硬盘物理故障是由于硬盘自身的机械零件或电子元器件损坏引起的,常有下面几种表现形式。

①启动计算机时,不能通过硬盘引导系统;

②格式化硬盘时,中途报错,无法完成格式化;

③操作文件时,反复读写出错,或者复制文件非常慢,同时发出异样的杂音。

(2)硬盘软故障

硬盘的软故障一般是由软件造成的,比如主引导记录、分区表、启动文件等被破坏而导致系统无法启动,硬盘被病毒感染造成无法运行,以及非法操作、维护不当等,常见的有:

①分区表遭到破坏。

分区表是硬盘分区存储数据文件及目录的分配表,一旦损坏将造成数据丢失。一般情况无法恢复,唯一的方法是使用相关软件把备份的分区重新写回。

②主引导记录损坏。

由病毒破坏或操作上的失误导致主引导记录损坏,而使得硬盘无法启动。开机系统提示"Disk boot failure,Insert system disk and press enter",显示用户找不到启动文件,应插入启动盘后按回车键。

修复此故障的方法是使用高版本DOS的Fdisk带参数/mbr运行,直接覆盖、重写硬盘的主引导程序的代码区。

(3)常见硬盘故障实例

硬盘是负责存储资料的软件仓库,硬盘的故障如果处理不当往往会导致系统无法启动和数据的丢失,那么,我们应该如何应对硬盘的常见故障呢?

①常见故障一:系统不认硬盘。

系统从硬盘无法启动,从A盘启动也无法进入C盘,使用CMOS中的自动监测功能也无法发现硬盘的存在。这种故障大都出现在连接电缆或IDE端口上,硬盘本身故障的可能性不大,可通过重新插接硬盘电缆或者改换IDE口及电缆等进行替换试验,很快就会发现故障所在。如果新接上的硬盘也不被接受,一个常见的原因就是硬盘上的主从跳线,如果一条IDE硬盘线上接两个硬盘设备,就要分清主从关系。

②常见故障二:硬盘无法读写或不能辨认。

这种故障一般是由于 CMOS 设置故障引起的。CMOS 中的硬盘类型正确与否直接影响硬盘的正常使用。现在的机器都支持“IDE Auto Detect”的功能,可自动检测硬盘的类型。当硬盘类型错误时,有时干脆无法启动系统,有时能够启动,但会发生读写错误。比如 CMOS 中的硬盘类型小于实际的硬盘容量,则硬盘后面的扇区将无法读写,如果是多分区状态则个别分区将丢失。还有一个重要的故障原因,由于目前的 IDE 都支持逻辑参数类型,硬盘可采用“Normal,LBA,Large”等,如果在一般的模式下安装了数据,而又在 CMOS 中改为其他的模式,则会发生硬盘的读写错误故障,因为其映射关系已经改变,将无法读取原来的正确硬盘位置。

③常见故障三:系统无法启动。

造成这种故障通常是基于以下 4 种原因:主引导程序损坏、分区表损坏、分区有效位错误、DOS 引导文件损坏。

其中,DOS 引导文件损坏最简单,用启动盘引导后,向系统传输一个引导文件就可以了。主引导程序损坏和分区有效位损坏一般也可以用 FDISK/MBR 强制覆写解决。分区表损坏就比较麻烦了,因为无法识别分区,系统会把硬盘作为一个未分区的裸盘处理,因此造成一些软件无法工作。不过有个简单的方法,使用 Windows 2000。找个装有 Windows 2000 的系统,把受损的硬盘挂上去,开机后,由于 Windows 2000 为了保证系统硬件的稳定性会对新接上去的硬盘进行扫描。Windows 2000 的硬盘扫描程序 CHKDSK 对于因各种原因损坏的硬盘都有很好的修复能力,扫描完了基本上也修复了硬盘。

④常见故障四:硬盘出现坏道。

当用 Windows 系统自带的磁盘扫描程序 SCANDISK 扫描硬盘的时候,系统提示说硬盘可能有坏道,随后闪过一片蓝色,一个个小黄方块慢慢地伸展开,然后,在某个方块上被标上一个“B”。

其实,这些坏道大多是逻辑坏道,是可以修复的。那么,当出现这样的问题的时候,我们应该怎样处理呢?

一旦用“SCANDISK”扫描硬盘时如果程序提示有了坏道,首先我们应该重新使用各品牌硬盘自己的自检程序进行完全扫描。注意,不能选快速扫描,因为它只能查出大约 90% 的问题。如果检查的结果是“成功修复”,那可以确定是逻辑坏道;假如不是,那就没有什么修复的可能,属于物理损坏。如果硬盘还在保质期,可以去更换。

⑤开机时硬盘无法自检,系统不认硬盘

产生这种故障的主要原因是硬盘主引导扇区数据被破坏,表现为硬盘主引导标志或分区标志丢失。这种故障的罪魁祸首往往是病毒,它将错误的数据覆盖到了主引导扇区中。常见的杀毒软件都提供了修复硬盘的功能,可以尝试。但若手边无此类工具盘,则可尝试将全零数据(0)写入主引导扇区,然后重新分区和格式化,其方法如下:用一张干净的 DOS 启动盘启动计算机,进入 A:\>后输入以下命令:

```
A:\>DEBUG          (进入 DEBUG 程序)
-F 100 3FF0        (将数据区的内容清为 0)
-A 400             (增加下面的命令)
Mov AX,0301
Mov BX,0100
```

```
Mov CX,0001
Mov DX,0080
Int 13
Int 03
-G=400                  (执行对磁盘进行操作的命令)
-Q                      (退 Debug 程序)
```

用这种方法一般能使硬盘复活,但由于要重新分区和格式化,里面的数据就会丢失。以上是硬盘在日常使用中的一些常见故障及解决方法。

5. 光盘驱动器故障

光驱是读光盘存储介质的驱动设备,可以对光盘数据进行读操作。下面介绍几种光驱故障现象。

(1)系统不识别光驱

此类故障通常由于光驱硬件安装出现故障,可以排查光驱数据连接和电源连线。如果没有问题,再安装光驱驱动程序。

(2)不能读取光盘

此类故障有光盘和光驱两方面的原因,如果使用的光盘是完好无损的话,就可以确定是光驱的问题。如果是光盘本身的原因,那就读不出光盘的数据。此类故障具体表现为以下几种现象:

①光盘本身质量或材质不好,引起保护层产生砂孔,因湿气而发霉,甚至使反射层腐蚀,而使光盘无法读写。

②光盘制作面受到物理的刮损,造成激光束完全无法穿射,而使光盘无法读写。

③光盘在光驱托盘中的位置不正确,特别是小光盘容易出现这种问题。

④光盘驱动器激光读写头老化,或沾有灰尘,造成数据读取错误。

⑤光盘驱动器反射镜片有灰尘,使反射的激光束强度减弱,造成数据读取错误。

(3)光驱自动退盘

光驱托盘缩回去之后,"吱吱"旋转一会儿,自动将盘退出。此类故障一般由光驱内部组件损坏所致。拆开光驱外盖,观察其中是否有异物存在,如果没有可能是光头损坏,需要更换。

(4)光驱读盘时重新启动

计算机光驱读盘会突然降速并重新启动,产生此类现象的原因可能有两种:

①电源过载能力差:通过更换电源解决此类故障。

②冲击电流过大:光驱电机启动时冲击电流过大也可能导致此现象的产生,需要检查光驱的相应电路。

6. 显卡和显示器故障

显示卡和显示器都是用来处理显示数据的硬件设备,主机中的显示卡把处理的数据输出到显示器,通过显示器把内容显示出来,两者密不可分。当显示器工作不正常时,其问题可能会出在显示卡和显示器上。

(1)显卡散热不良引起的故障

显示器使用一段时间后,出现字符混乱,显示图形则出现花屏。

(2)显示器刷新频率引起的故障

显示器出现变形失真,或者出现数据输出超出显示范围导致无法显示内容。

(3)显示器黑屏故障

①可能由于显示器电源未接好。

②可能由于显示器亮度、对比度、显示位置旋钮未设置好。

③可能由于显示卡与主板未接触好。

④可能由于软件设置造成此类故障。

(4)显示器图像模糊故障

开机后出现图像模糊说明显像管聚焦不好，主要的原因是显像管老化、阳极高压过低或 Focus 电压不正确。处理此类故障应从以下几方面入手：

①检查显像管是否老化，对于没有专用的仪器设备，可以将显像管亮度调至最大，打开显示器观察光栅情况。如果时间较长后亮度不足，则说明已经老化。还有就是显像管有漏气和间歇打火也会造成聚焦不好。

②测量阳极高压，给显示器加电时注意听偏转线圈有无明显的高压充电声。如果有，高压就没有问题；如果没有，说明没有高压或高压不足。

7. 鼠标及键盘常见故障

(1)鼠标常见故障排除

鼠标是计算机的基本输入设备，属于易耗设备，常见鼠标故障可从以下几方面查找原因：

①检查鼠标连接是否正确，通常鼠标接口与键盘接口相同，容易混淆。

②判断故障是主板鼠标接口，还是鼠标本身，可以通过一个好的鼠标来替换测试。排除鼠标故障后，看看是否正常工作。

③对于无线鼠标，附加一个 USB 接口发射器。正确安装之后，还需要设置鼠标背面 PC 和 MS 开关。

④鼠标移动缓慢，甚至抖动光标。大部分由于灰尘导致，对于机械鼠标更是如此，需要清洗处理。

(2)键盘常见故障排除

键盘也是计算机基本的输入设备，属于易耗设备，使用频率高，所以容易出现故障。下面介绍几种常见键盘故障：

①键盘接口与主板接触不良，或与鼠标接口混淆。

②开机后，电脑发出“滴滴”的响声，可能由于某个按键被按下不能弹出造成。

③由于质量原因，按键内部接点出错或是弹簧失去弹性，可用清洁剂喷洗或换弹簧。如果无效，就需要更换键盘。

8. 声卡、音箱常见故障

(1)声卡常见故障排除

①音箱正常，播放没有声音。

此类故障一般是由于声卡接口连接出错造成的。声卡有三个接口：输入、输出、麦克风。

②播放声音出现杂音。

此类故障可能由于音箱电源的电流造成杂音，可以把音箱电源插座板放置离音箱较远的地方。如果还不行，打开机箱面板把声卡重新插拔，一般能解决问题。

③无法播放 CD、无法录音。

无法播放 CD 应该是声卡和光驱没有连接好 CD 音频线。如果无法录音，可以设置 Windows 面板中“声音和音频设备”选项，在“语声”中选择录音默认设备即可。

④声卡无法驱动。

一般是由于声卡安装了错误的驱动程序,可以先卸载,再下载声卡最新的安装程序,重新安装驱动,完成之后任务栏会有一个小喇叭出现,表示已成功驱动。

(2)音箱常见故障排除

音箱不出声或只有一个音箱出声,首先应检查电源、连接线是否接好。有时也是由于灰尘导致音箱接触不良。

9. 电源常见故障

①由于保险丝熔断导致电源不工作,主要原因有:直流滤波和变换振荡电路在高压状态工作时间太长,电压变化较大。

②无直流电压输出或电压输出不稳定导致电源故障,最终无压输出。

③电源负载能力差,导致负载能力不足。当连接的硬盘比较多时,电源出现故障。

④无直流输出故障可能是由于变压器引起保险管烧断,从而无法正常工作,可以尝试更换保险管。

10. 计算机其他常见故障

(1)开机听到报警声,计算机黑屏

计算机启动后,BIOS 就会对硬件进行检测。如果这时硬件存在故障,系统会通过机箱的喇叭或主板上的蜂鸣器发出有规律的报警声,了解这种响铃声的含义,就能明确系统故障,找出解决方法。不同厂商 BIOS 的响铃有不同的含义,常见的为 Award BIOS,如表 6-1 所示。

开机自检报警声的具体含义 表 6-1

BIOS 厂 家	报 警 声	硬 件 故 障
Award	1 短	系统正常启动
	2 短	非致命错误
	1 长 1 短	内存错误
	1 长 2 短	显示错误
	1 长 3 短	键盘控制错误
	1 长 9 短	主板 Flash RAM 或 EPROM 错误
	连续短响	内存错误
	连续短响	电源错误
AMI	1 短	内存
	2 短	内存校验错误
	3 短	基本内存错误
	4 短	系统时钟错误
	5 短	处理器错误
	6 短	键盘控制器错误
	7 短	实模式错误
	8 短	显示内存错误
	9 短	ROM BIOS 检验错误
	1 长 8 短	显示测试错误
	1 长 3 短	内存错误

(2)开机没有任何反应,计算机黑屏

此类故障很可能是由于电源故障引起,如果电源正常,再排查 CPU。若 CPU 没有问题就应该是主板的故障。

(3)开机自检时死机

此类故障大多由于内存问题造成,如果内存没有问题就应该考虑 CMOS 了。启动后,按"DEL"键进入 CMOS 界面,设置正确参数即可。

(4)进入 Windows 过程蓝屏或死机

此类故障一般由操作系统文件损坏所致,也可能由于内存故障引起。如果是系统问题,可以按 F8 进入安全模式诊断,再启动看是否正常。若还不行就只有重新安装系统了。

【知识拓展】

1. 故障检修原则

①观察。观察计算机周围的环境情况,计算机所表现的现象、显示的内容及它们与正常情况下的异同,计算机内部的环境情况,计算机的软硬件配置。

②先思考再动手。根据观察到的现象,先大致判断从何处入手,再查阅相关的资料,看到有无相应的技术要求、使用特点等,然后根据查阅的资料,结合实际情况,再着手维修。

③先软后硬。从整个维修判断的过程看,总是先判断是否为软件故障,即先检查软件问题;若软件环境是正常的,故障还是不能消失,再从硬件方面着手检查。

④抓主要矛盾。在维修过程中要分清主次。在发现故障现象时,有时可能会看到一台故障机不止一个故障现象,而有两个或两个以上的故障现象(如,启动过程中无显示,但机器也在启动,启动完后,有死机的现象等)。为此,应该先判断、维修主要的故障现象。当修复后,再维修次要的故障现象,有时可能次要故障现象已不需要维修了。

2. 微机检修步骤

对微机进行维修,应遵循如下步骤:

①了解情况。在检修微机前,应先了解故障发生前后的情况,进行初步的判断。尽可能了解故障发生前后详细的情况,了解故障与技术标准是否有冲突。

②复现故障。确认用户所报修故障的现象是否存在,并对所见现象进行初步的判断,并检查是否还有其他故障存在。

③判断、维修。对故障现象进行判断、定位,找出产生故障的原因,并进行修复。在进行判断、维修的过程中,应遵循"故障检修原则"中所述的原则、方法和注意事项。

④检验。维修后必须进行检验,确认所复现或发现的故障现象已经解决,不存在其他可见的故障,然后进行整机验机,尽可能消除未发现的故障,并及时将其排除。

3. 常见故障的检测方法

(1)观察法

观察是维修判断过程中第一要点,它贯穿于整个维修过程中。观察需要认真全面。观察的主要内容如下。

①周围的环境。

②硬件环境,包括接插头、插座和插槽等。

③软件环境。

④用户操作的习惯、过程。

(2)最小系统法

最小系统是指从维修判断的角度看,能使计算机开机或运行的最基本的硬件和软件环境,最小系统包括以下两部分。

①硬件最小系统:由电源、主板和CPU组成。在这个系统中,没有任何信号线的连接,只有电源到主板的电源连接。在判断过程中,通过声音来判断这一核心组成部分可否正常工作。

②软件最小系统:由电源、主板、CPU、内存、显示卡/显示器、键盘和硬盘组成。这个最小系统主要用来判断系统可否完成正常的启动与运行。

关于软件最小系统中的"软件"有以下3点说明:

a.硬盘中的软件环境,保留着原先的软件环境,只是在分析判断时,根据需要进行隔离(如卸载、屏蔽等)。该方法主要用来分析判断应用软件方面的问题。

b.硬盘中的软件环境,保留一个基本的操作系统环境,然后根据分析判断的需要,加载需要的应用。该方法是要判断系统问题、软件冲突或软硬件之间的冲突问题。

c.在软件最小系统下,可根据需要逐步添加或更改适当的硬件、软件,判断故障所在处。最小系统法,先判断在最基本的软硬件环境中,系统可否正常工作;如果不能正常工作,即可判定最基本的软硬件部件有故障,从而起到故障隔离的作用。

(3)逐步添加或去除法

逐步添加法,以最小系统为基础,每次只向系统添加一个部件/设备或软件,检查故障现象是否消失或发生变化,以此来判断并定位故障。逐步去除法,正好与逐步添加法的操作相反。逐步添加/去除法一般要与替换法配合,才能较为准确地定位故障。

(4)隔离法

隔离法是将可能妨碍故障判断的硬件或软件屏蔽起来的一种判断方法。它也可以用来将疑似相互冲突的硬件、软件隔离,判断故障是否发生变化。

上面提到的软件、硬件屏蔽,对于软件来说,即停止其运行,或者是卸载;对于硬件来说,是在设备管理中,禁用、卸载其驱动,或干脆将硬件从系统中去除。

(5)替换法

替换法是用完好的部件去代替可能有故障的部件,以判断故障现象是否消失的一种维修方法。完好的部件可以是同型号的,也可能是不同型号的。替换的顺序一般如下:

①根据故障的现象,考虑需要进行替换的部件或设备。

②按先简单后复杂的顺序进行替换,如先内存、CPU,后主板;判断打印故障时,可先考虑打印驱动是否有问题,再考虑打印电缆是否有故障,最后考虑打印机或并口是否有故障等。

③先考查与怀疑有故障的部件相连接的连接线、信号线等,之后是替换怀疑有故障的部件,再后是替换供电部件,最后是与之相关的其他部件。

④从部件的故障率高低,考虑最先替换的部件。故障率高的部件先进行替换。

(6)比较法

比较法与替换法类似,即用完好的部件与怀疑有故障的部件进行外观、配置、运行现象等方面的比较,也可在两台计算机间进行比较,以判断故障计算机在环境设置、硬件配置方面的不同,从而找出故障部位。

(7)升降温法

①升温法即设法降低计算机的通风能力,利用计算机自身的发热来升温。

②降温的方法有以下几种:

a. 一般选择环境温度较低的时段,如清早或较晚的时间;

b. 使计算机停机 12 ~24h;

c. 用电风扇对着故障机吹,以加快降温速度。

(8)敲打法

敲打法一般用在判断计算机中的某部件有接触不良的故障时,是通过振动、适当的扭曲,或用橡胶锤敲打部件或设备的特定部位来使故障复现,从而判断故障部件的一种维修方法。

(9)清洁法

有些计算机故障,往往是由于机器内灰尘较多引起的,这就要求维修过程中,注意观察故障机内、外部是否有较多的灰尘。如果确实存在较多灰尘,应该先进行除尘,再进行后续的判断维修。在进行除尘操作中,以下几个方面要特别注意:

①风扇的清洁。最好在清除其灰尘后,在风扇轴处,滴几滴钟表油,加强润滑。

②注意接插头、插座、插槽、板卡金手指部位的清洁。

a. 金手指的清洁,可以用橡皮擦拭金手指部分,或用无水酒精棉擦拭也可以。

b. 插头、插座、插槽的金属引脚上的氧化物的去除:一是用无水酒精擦拭,二是用金属片(如小一字改锥)在金属引脚上轻轻刮擦。

c. 注意大规模集成电路、元器件等引脚处的清洁。清洁时,应用小毛刷或吸尘器等除掉灰尘,同时要观察引脚有无虚焊和潮湿的现象,元器件是否有变形、变色或漏液现象。

③清洁工具的使用。清洁用的工具,首先,是防静电的,如清洁用的小毛刷,应使用天然材料制成的毛刷,禁用塑料毛刷;其次,若用金属工具进行清洁,必须切断电源,且对金属工具进行泄放静电的处理。

用于清洁的工具包括小毛刷、吸尘器、抹布、无水酒精(不可用来擦拭机箱、显示器等的塑料外壳)。

计算机故障的辨别与排除

一、操作目的

①观察、分辨计算机硬件故障。

②诊断主机报错故障原因,排除硬件故障。

二、操作工具及设备

①提供卧式主机、立式主机各 1 台,如图 6-15 所示。

图 6-15　实验设备示意图

②五把螺丝刀、五把软毛刷,如图 6-16 所示。

图 6-16　操作工具示意图

三、操作步骤

①分类介绍计算机硬件的故障,参照前面报警表 6-1,熟悉主机报警故障的现象。

②用螺丝刀打开主机箱面板,查看主机内各大部件。

③向外掰开内存插槽两端的卡片,然后,取出内存条。通电开机,依据报警表听取报警音,核实是否正确。听完无误后,安装好内存条。

④按规范操作要求把显示卡的卡口片掰开,再从主板上拔出显示卡。通电开机,依据报警表听取报警音,核实是否正确。听完无误后,安装好显示卡。

⑤拔下键盘接口,通电开机,依据报警表听取报警音,核实是否正确。听完无误后,接上键盘。

⑥松开 CPU 风扇上的卡架,把 CPU 插座旁的细杆掰起,取出 CPU。通电开机,听取和查看故障现象。操作完后,安装好 CPU 及风扇。

⑦同时把内存和显示卡拆卸下来,听取报警音,掌握其故障现象。

⑧设置主板 CMOS 跳线,把跳线帽放置在 2 ~3 位置,通电开机,听取和查看故障现象。操作完后复原。

⑨在第 8 步操作完后,重新开机。计算机 CMOS 放电后,应按 DEL 键进入 CMOS 设置。在主界面下装入两项默认设置,然后对个别参数进行设置。保存后重启,查看计算机状态。

四、注意要点

①拆卸硬件时,应该按照正确要求操作,不可以用力过大,以免损坏部件。

②在拿取硬件部件时,尽量避免用手接触插卡的连接部分,以免汗渍腐蚀金属片。

③观察硬件,仔细听取硬件发出的报警音。

任务工作单

<table>
<tr><td rowspan="3">项目学习:计算机故障检测与日常维护
工作任务:计算机故障的辨别与排除</td><td>班级</td><td colspan="3"></td></tr>
<tr><td>姓名</td><td></td><td>学号</td><td></td></tr>
<tr><td>日期</td><td></td><td>评分</td><td></td></tr>
</table>

一、工单内容

1. 诊断主板、CPU 和显卡等硬件故障类型,判断故障原因并排除故障。

2. 开机进入 BIOS 软件界面,设置主板等硬件初始内容:

(1)了解主板故障类型,掌握常见故障现象及排除方法;

(2)了解 CPU 故障类型,掌握由 CPU 引起的常见故障现象;

(3)了解内存故障类型,掌握常见故障现象及排除方法;

(4)了解硬盘故障类型,掌握常见故障现象及排除方法;

(5)了解光驱和电源故障类型,掌握常见故障现象及排除方法;

(6)了解显卡和显示器故障类型,掌握常见故障现象及排除方法;

(7)了解鼠标、键盘和声卡及音箱故障类型,掌握常见故障现象及排除方法;

(8)了解常见故障现象,综合判断故障实例,掌握排除方法。

二、准备工作

1. 管理和控制计算机硬件系统的管理程序是(　　)。

A. Flash ROM　　B. RAM　　C. BIOS　　D. EPROM

2. Standard BIOS Features 选项的含义是(　　)。

A. 设定标准兼容 BIOS　　B. 设置系统配置选项清单

C. 设定所有与电源管理有关的项目　　D. 设置管理者密码

3. 如果要使系统获得最佳性能,则将(　　)设定为 Enabled。

A. PC Health Status　　B. Frequency/Voltage Control

C. Top Performance　　D. Integrated Peripherals

4. 如果用户不经意更改了某些设置值,可以选择(　　)来恢复,以便于发生故障时进行恢复。

A. Advanced Chipset Features　　B. PNP/PCI Configuration

C. Load Turbo Defaults　　D. Load Setup Defaults

5. 当计算机开机自检后,发出1“滴”长音和2“滴”短音。可以判断是以下哪个硬件出现故障(　　)。

A. 显示卡　　B. 内存　　C. CPU　　D. 主板

6. ____________是只读存储器基本输入输出系统的简写,它实际上是被固化到计算机中的一组程序,为计算机提供最低级的、最直接的硬件控制。

7. 在开机时,BIOS 会负责对计算机硬件进行一系列的检测,包括____________检测、____________检测、____________、____________和____________等设备的检测。

8. 计算机故障分为____________和____________。

9. BIOS 翻译成中文是____。

10. 当计算机安装硬件后,需要正常工作,必须安装________,否则,该设备不能正常使用。

11. 如果需要保存新修改的设置参数并退出设置程序,可以选择____________。

12. 目前,BIOS 根据生产厂商的不同,主要分为____________和____________两大系列。

三、任务操作

1. 打开主机,依次拆下显卡和内存条,仔细辨别报错声音,并总结硬件声音报错规律。

2. 掰开 CPU 风扇扣条,使风扇不能及时散热,通电后,查看计算机运行状况。叙述故障现象,并列出同类现象可能出现的原因。

3. 开机后,按“Del”键进入 BIOS 界面,设备装卸初始信息,查看硬件参数是否正常,设置 U 盘启动。

4. 为提升计算机运行速度,减少开机时间,达到优化的效果,如图 6-17 所示,完成以下内容。

(1)操作桌面“属性”—“外观”设置界面,优化视觉效果。

(2)打开系统属性中“高级”—“虚拟内存”,自定义虚拟内存。

(3)在“开始”菜单中运行命令,输入“msconfig”,优化启动选项。

(4)在 IE 选项中,设置临时文件存储路径,以免系统 C 盘产生大量碎片。

(5)运行磁盘碎片整理程序,对 C 盘进行分析、碎片整理。

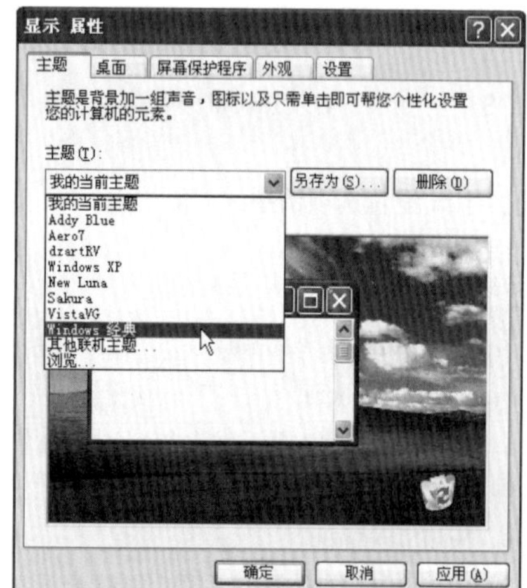

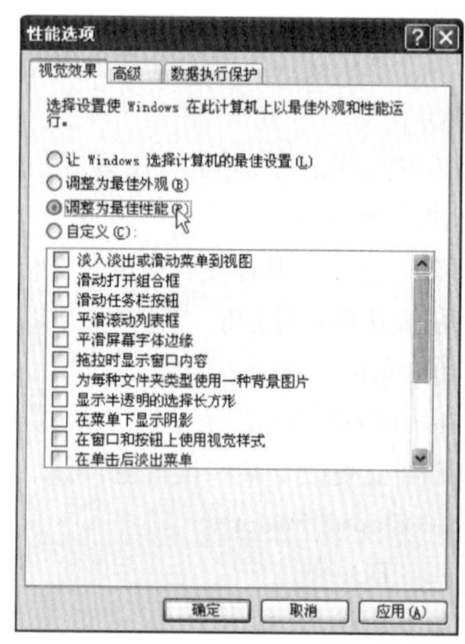

图 6-17　操作示意图

四、工作小结

1. 在完成工作任务的过程中,你是如何计划并实施的,在小组中承担了哪些具体工作?

2. 对本次工作任务,你有哪些好的建议和意见?

工作任务三　计算机日常维护与使用安全

【情境假设】

经过一段时间的学习，小王把电脑组装与维护的硬件知识全部学习了一遍。从硬件基础知识到计算机拆装再到故障排除，他对这三个内容都比较熟悉。现在，还有一个重要环节，那就是计算机的日常维护与安全使用。掌握了本工作任务内容就可以更好地预防软件和硬件出现问题，养成使用计算机的良好习惯。

随着计算机的广泛应用，计算机在工作、生活、娱乐等地方随处可见。但使用计算机还需要注意方法、环境及一些基本的维护，这样计算机才能安全、稳定、可靠地为我们提供服务。计算机的硬件清洁保养和使用习惯直接影响系统的稳定性，因而形成良好的使用习惯非常重要。

任务知识

一、注意计算机环境，加强环境管理

计算机的使用与它的环境有着密切的关系，良好的环境可以让计算机的使用寿命延长，能让计算机正常运行。下面介绍影响计算机环境因素的几个方面：

1. 温度

计算机工作的温度一般在 18℃ ~30℃。计算机运行时，机器中大部分部件都会产生热量，尤其是 CPU，所以 CPU 散热风扇很关键。为了使热量更快散去，通常在机箱中会安装一个大风扇，在机箱内形成空气对流，就可以保证合适的温度了。但如果环境温度过高，或者长时间使用，就可能造成机器内温度过高、个别芯片或部件因温度原因而无法正常工作以致损坏等故障。

2. 湿度

湿度也是计算机环境中一项重要指标，一般保持在相对湿度 40% ~60%。对于气候干燥，主要防止产生静电，以免造成元器件的损坏；而对于南方地区，则重点防止过分潮湿而造成元件和引线的锈蚀、霉烂。存储介质要特别注意湿度过大，以免霉变致使数据丢失。

3. 灰尘

一般在计算机室有条件都会铺设地毯，或静电地板，其中主要一个原因就是防止灰尘过大。机器内部灰尘过多，可能导致散热性能降低，引起短路或断路。

4. 静电

静电干扰是计算机用户必须注意的一个问题，一般需要通过精密的仪器才能测出静电产生的原因。

在安装硬件时应该将计算机的外壳及其他设备的金属外壳与建筑物或自行设置的地线保持良好的接触。

避免人体附带静电，可以通过佩戴防静电手镯，或用易导电的材料擦手除去静电，再用棉手套进行拆装操作。

5. 磁场

电磁干扰对于计算机的影响非常大。例如,显示器受到磁干扰会抖动屏幕、音箱受到磁干扰会出现杂音等。所以对于一切产生磁干扰的家电、电源、接头、元件等都要尽量避开。

6. 电压

在外部电压不稳定的情况下,计算机要良好运行需要配置一个具备稳压的UPS,以免过高的电压损坏元件。

二、计算机硬件系统的日常维护与保养

计算机使用周期时间长,如果不注意日常维护与保养,就会影响计算机的正常运行。大量的故障是由于日常维护不当造成的。对于硬件的维护,主要有以下几个方面:

1. 显示器维护

①注意磁场干扰,音箱要远离显示器放置。

②不要放置阳光照射的位置,特别是直射荧光屏。

③避免屏幕长时间静止为某一画面,应设置屏护程序防止显示器快速老化。

2. 硬盘维护

硬盘是计算机存储数据的重要部件,其质量及性能直接影响计算机系统的性能。因此,对硬盘进行维护十分重要。

(1)温度情况

硬盘是由主轴电机带动机械臂转动读取数据,并且永久性地密封固定在硬盘驱动器中。因此,周围温度如果太高,就会导致硬盘产生故障,影响硬盘的读写效果。一般工作温度在20℃~30℃。

(2)防静电、磁场干扰

硬盘中有些大规模集成电路是MOS工艺制成的,对静电特别敏感,因此要注意防静电问题。由于人体常常带静电,在拆装时不要用手触摸其电路板上的焊点。

硬盘是通过盘片表面磁层进行磁化,如果硬盘靠近强磁场,将有可能破坏磁记录,导致数据遭受破坏。所以要避免硬盘靠近音箱、喇叭、电视机等强磁场物体。

(3)保护硬盘数据

针对硬盘数据的保护,应该做到以下几点:

①每隔一段时间作一次备份。

②定期对硬盘碎片整理。

③定期用最新杀毒软件进行病毒检测。

3. 光驱维护

光驱的维护应该做到以下几点:

①避免使用脏盘、有划痕盘和已经变形的光盘。

②不要长时间弹出光驱托盘,避免灰尘污染。

③减少光驱使用时间,把光盘数据尽量复制到硬盘上使用。

④不要使用劣质光驱清洁盘,会划伤激光头滤镜或使其偏离,造成不读盘。

4. 键盘、鼠标维护

(1)键盘的维护

①有些键盘受软件的支持与管理,不同机型的键盘不能随意更换。否则,原有的键盘功

能将失效。如果要更换键盘,应切断计算机电源,再插拔键盘接口。

②键盘内尘土过多会妨碍电路正常工作,有时甚至会造成误操作,因此要定期清洁表面污垢。

③对于无防水的键盘,一旦液体流进,便会造成接触不良、腐蚀电路和短路故障。当液体进入键盘时,应当尽快关机,将键盘接口拔下,打开键盘用干净吸水的软布擦干内部的积水,最后通风晾干。

④对于键盘帽下方的灰尘,必须把键盘帽全部取出,再去清洗。

(2)鼠标的维护

鼠标的种类繁多,使用频率非常高,经常出现故障,需要做到以下维护:

①对于机械式鼠标,鼠标滚球容易吸附异物,需要使用鼠标垫。

②鼠标长时间使用后,里面有灰尘,需要拆开鼠标,逐一清洗。

③对于功能增加的鼠标,需要安装其驱动程序。

5. 计算机病毒及其防治

(1)计算机病毒及防治

病毒是指编制在计算机程序中破坏计算机功能的数据,影响计算机使用、能够自我复制的一组计算机的程序代码。它与生物学中的病毒不一样,但具备传染性、潜伏性、隐蔽性、破坏性等特点,所以做好病毒的预防尤为重要。

预防病毒的九点注意事项:

①备好启动软盘,并贴上写保护。在安装系统之后,应该及时做一张启动盘,以备不时之需。

②重要资料,必须备份。

③尽量避免在无防毒软件的机器上使用可移动储存介质。

④使用新软件时,先用扫毒程序检查,可减少中毒机会。

⑤准备一份具有杀毒及保护功能的软件,将有助于杜绝病毒感染。

⑥如果硬盘数据遭到破坏,可以使用杀毒软件或数据恢复软件(Easy Recovery)处理。恢复概率相当高。所以硬盘被病毒感染无法使用,不必急着格式化。因为病毒不可能在短时间内将全部硬盘资料破坏,故可利用杀毒软件加以分析,恢复至受损前状态。

⑦不要在互联网上随意下载软件。病毒的一大传播途径,就是因特网,潜伏在网络上的各种可下载程序中,所以不要随意下载、随意打开不熟悉的内容。

⑧不要轻易打开电子邮件的附件。最妥当的做法,是先将附件保存下来,不要打开,先用查毒软件彻底检查,再打开。

⑨不要轻易用 U 盘当中的自启动功能。现在很多病毒都依靠 U 盘交换进行传播。因此,打开 U 盘,不要通过双击的方式,要选择右键自动播放来打开。

(2)使用杀毒软件需要注意的事项

杀毒软件在检测文件时,可能会对一些不能识别或者正常的程序误判,把它们当作病毒进行清除,所以在删除文件时一定要注意,否则会导致系统或程序无法启动。

计算机日常维护与使用安全

一、操作目的

①掌握拆卸主机各部件步骤及方法。

②熟悉各硬件的清洁方法。
③病毒的预防和查杀。

二、操作工具和设备

①提供卧式主机、立式主机各1台,如图6-18所示。

图6-18　实验设备示意图

②五把螺丝刀、五把软毛刷,如图6-19所示。

图6-19　操作工具示意图

三、实训步骤

①拔下电源线和外设连线,然后打开机箱盖。
②拆下显示卡、内存条等接口卡。
③拔下光驱数据线和电源插头,再拔下主板电源插头和主板上其他插头。
④拧开主板螺丝,取出主板,再拆下光驱。
⑤使用软毛刷,对主板刷灰,清洁。
⑥使用软毛刷对内存条的金手指来回刷动,再对内存插槽进行清洁。
⑦同时使用软毛刷对显示卡等板卡进行清洁。
⑧把主板上的CPU拆下,对CPU散热风扇进行清洁。
⑨清洁电源和光驱及机箱表面的积尘。
⑩安装主板到机箱中。
⑪安装CPU到主板上,再涂些硅膏到CPU中央,然后安装CPU散热风扇。
⑫安装内存条、显示卡等板卡。
⑬连接数据线、主板电源及其他电源插头。
⑭连接机箱面板上的插针到主板中。
⑮连接外设,整体检查所有的连接线。
⑯加电测试,查看清洁后主机运行状况。
⑰下载并安装金山毒霸,熟练杀毒使用方法。
⑱全面查杀计算机文件及文件夹,正确处理查出的结果。

四、注意要点

①拆卸硬件时，应该按照正确要求操作，不可以用力过大，以免损坏部件。

②在拿取硬件部件时，尽量避免用手接触插卡的连接部分，以免汗渍腐蚀金属片。

③使用软毛刷时，要注意避免软毛掉在插槽或主板上。

任务工作单

项目学习：计算机故障检测与日常维护 工作任务：计算机日常维护与使用安全	班级			
	姓名		学号	
	日期		评分	

一、工单内容

1. 掌握显示器、硬盘、光盘、键盘和鼠标等设备的清洁方法。

2. 查杀计算机文件和文件夹，分析病毒产生的结果。

二、准备工作

1. 根据计算机工作环境要求，温度、________、________、________、________和电压对其造成影响。

2. 一般使用显示器时，应注意__________干扰，不要放置__________位置，避免屏幕长时间静止为某一画面，应设置__________防止老化。

3. 硬盘工作时，避免用力震动，应防__________、__________干扰。

4. 使用光驱时，应避免__________，注意光驱的清洁。

5. 长期使用键盘，容易沾上灰尘，应________________。

6. 病毒具备传染性、__________、__________、__________和__________特点。

7. 当程序和数据被病毒破坏后，可以使用软件__________来恢复丢失数据。

8. 当系统文件感染病毒时，系统运行后，无法删除已知病毒。为了彻底清除病毒，应__________。

三、任务操作

1. 打开主机，依次拆下显卡、CPU 和内存条，然后拆卸主板，按照正确操作方法，处理每个部件的灰尘。

2. 下载并安装金山毒霸，运行杀毒软件全面查杀，正确处理疑似病毒文件。叙述病毒和木马产生的原因，总结计算机操作的良好习惯。

四、工作小结

1. 在完成工作任务的过程中，你是如何计划并实施的，在小组中承担了哪些具体工作？

2. 对本次工作任务，你有哪些好的建议和意见？

参考文献

[1] 许伟,李小伍.计算机组装与维护[M].河北:河北大学出版社,2010.
[2] 李密生.计算机组装与维修教程[M].北京:中国铁道出版社,2010.
[3] 劳动和社会保障部教材办公室.计算机维修工(基础知识)[M].北京:中国劳动社会保障出版社,2008.
[4] 刘瑞新.计算机组装与维护教程[M].北京:机械工业出版社,2009.
[5] 陈瀚.计算机组装与维护实用教程[M].北京:电子工业出版社,2010.
[6] 王刃峰.计算机系统组装与维修教程(项目式)[M].北京:人民邮电出版社.2011.
[7] 谢峰.计算机组装与维护[M].北京:人民邮电出版社,2013.
[8] 孙承庭.计算机硬件维修[M].北京:北京交通大学出版社,2009.
[9] 卓越文化.电脑组装与维护[M].北京:电子工业出版社,2010.
[10] 王海宾.计算机组装与维修技术[M].北京:人民邮电出版社,2013.